大学程序设计基础

U0397549

主　编◎朱晴婷

副主编◎刁庆霖

　　　　王志萍

华东师范大学出版社
·上海·

图书在版编目(CIP)数据

　　大学程序设计基础/朱晴婷主编. —上海:华东师范大学出版社,2020

　　ISBN 978 - 7 - 5760 - 0749 - 7

　　Ⅰ.①大… Ⅱ.①朱… Ⅲ.①程序设计－高等学校－教材 Ⅳ.①TP311.1

　　中国版本图书馆 CIP 数据核字(2020)第 153174 号

大学计算机系列教材

大学程序设计基础

主　　编　朱晴婷
责任编辑　蒋梦婷
审读编辑　曾振炳
责任校对　蒋梦婷
版式设计　庄玉侠
封面设计　俞　越

出版发行　华东师范大学出版社
社　　址　上海市中山北路 3663 号　邮编 200062
网　　址　www. ecnupress. com. cn
电　　话　021 - 60821666　行政传真 021 - 62572105
客服电话　021 - 62865537　门市(邮购)电话 021 - 62869887
地　　址　上海市中山北路 3663 号华东师范大学校内先锋路口
网　　店　http://hdsdcbs. tmall. com

印 刷 者　上海昌鑫龙印务有限公司
开　　本　787 毫米×1092 毫米　1/16
印　　张　23
字　　数　578 千字
版　　次　2020 年 9 月第 1 版
印　　次　2023 年 8 月第 5 次
书　　号　ISBN 978 - 7 - 5760 - 0749 - 7
定　　价　58.00 元

出 版 人　王　焰

(如发现本版图书有印订质量问题,请寄回本社客服中心调换或电话 021 - 62865537 联系)

前言

  党的二十大报告提出，必须坚持"创新是第一动力"，"坚持创新在我国现代化建设全局中的核心地位"。把握发展的时与势，有效应对前进道路上的重大挑战，提高发展的安全性，都需要把发展基点放在创新上。只有坚持创新是第一动力，才能推动我国实现高质量发展，塑造我国国际合作和竞争新优势。程序设计基础是大学计算机基础教学的核心课程，其目的不是培养程序员，而是让学生理解机器是怎么思考的，学习驾驭机器的能力，培养编程思维，学会问题求解的基本方法。在程序的设计和编写训练中，学生可以逐渐形成分而治之、循序渐进、试错迭代的思维方式，从而更加适应当前互联网时代的需求。

  本书是华东师范大学计算机通识教学理科专业方向的教学用书。以前一轮程序设计基础的教学以算法为核心，历经5年的教学总结，结合理科专业大量数据分析的需求，以数据为线索组织学习内容，在快速浏览一门程序语言的构成要素之后，顺次介绍简单数值数据、字符串数据、一维数值数据、二维数值数据、高维结构数据的表示、运算、操作方法及典型应用，最后介绍数据库数据和网络数据的获取和应用。另一条支线是程序的设计模式，从最简单的 IPO 算法开始，到结构化程序设计、模块化程序设计、面向对象的程序设计、事件驱动的窗口应用程序设计，学习以模块的方式组织程序。这样的立体学习可以加深学生对数据的理解和应用，思考程序的设计模式。

  本书选择数据分析利器——Python 语言作为实现语言。Python 语言语法简洁优美、功能强大、简单易学。更重要的是，它是开源脚本语言，围绕 Python 语言的开放社区提供了超过 3 万个不同功能、不同专业领域的开源模块库，为学生今后的在各自专业的继续学习、应用提供了强有力的支持。

  本书共 9 章，内容包括：程序和程序设计语言、数据的编码和计算、批量数据的组织和计算、程序的模块化设计方法、文件和文本格式、面向对象编程、图形界面编程、数据库操作、网络数据的爬取和分析。本书的讲解注重程序设计基础的核心概念和思想，每章均配有教学目标和选择题。编程实验和实训、综合实例的内容放在配套用书《大学程序设计基础实践指导》中。

全书采用 Python 3.7.x 版本,提供所有的例题源码、电子课件、习题素材,并可为教师在 http://python123.org 网站上提供在线自动评阅的习题库。

本书由华东师范大学数据科学与工程学院计算机教学部的一线教师集体编写,具体分工如下:朱晴婷和王志萍(第 1、2、3、4 章)、刘垚和郑凯(第 5 章)、刁庆霖和裴奋华(第 6 章)、刁庆霖(第 7、8 章)、郑凯(第 9 章),最后由朱晴婷统稿。在编写过程中,部分实例使用了教学部的历年试题素材。本教材可作为普通高等院校和高职高专院校的第一门程序设计课程教学用书。

本书讲义版在试用中得到了教师们的反馈和指正意见,在此表示诚挚感谢。限于水平,不足之处在所难免,欢迎读者提出宝贵意见。作者联系邮箱:qtzhu@cc.ecnu.edu.cn。

编者

2023 年 8 月

目 录

MU LU

PART 08

第 8 章

数据库操作 / 289

PART 09

第 9 章

网络数据的爬取和分析 / 329

＊ 为拓展内容。

PART 01

第 1 章　程序和程序设计语言

< 本章概要 >

　　本章主要介绍了计算机程序设计语言的基本内容,包括程序语言的种类;高级语言基本语法要素;程序设计的一般过程,即分析问题、设计算法、编写程序、测试程序;最后讲解了程序设计的三种基本结构。

< 学习目标 >

- 了解计算机和程序运行的基本方式
- 掌握 Python 语言基本语法要素
- 掌握 Python 语言基本控制结构
- 了解程序的基本编写方法,学习简单 Python 程序的编写

1.1 计算机和程序

提到计算机,人们想到的是显示器、主机、键盘构成的机器,而如今大量的智能终端(手机、手表、平板等)的涌现,计算机的界限越来越模糊,并被广泛地应用到生产、生活、学习的方方面面,无所不在,无所不能。

计算机无论以何种面目呈现、实现何种功能。它都遵循着"存储程序、程序执行"的基本工作方式。让我们从现代计算机的主要功能部件,来了解计算机解决问题的过程。下图是计算机的主要功能部件图。

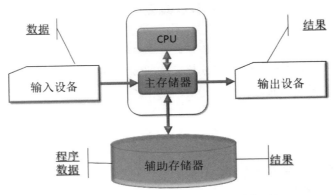

图 1-1-1 计算机的主要功能部件

1.1.1 程序与指令

中央处理器(CPU,Central Processing Unit)是计算机的核心计算部件,能够解释并执行机器指令,处理数据。每一条机器指令,简称指令(instruction),由一串二进制数码组成,执行特定的操作。包括数据传送指令、算术运算指令、位运算指令、程序流程控制指令、串操作指令、处理器控制指令等等。不同厂家生产的 CPU,有各自特定的一套 CPU 指令集,例如 Intel 公司所生产的所有 CPU 使用 80×86 指令集,一个指令集包含了上百条的指令。

一条指令是计算机的基本操作命令,只能执行一些很简单的操作,例如将一个数累加到寄存器、取一条指令、将数据放入指定的存储单元等等。为了解决某一特定问题,计算机需要执行一系列指令共同完成。这一系列的指令序列就是程序(programm)。程序是计算机能够接受的、指示计算机完成特定功能的一组指令的有序集合。

程序开始执行时,都是存储在主存储器中的,CPU 从主存储器取得待执行的指令,在指令的控制下,从输入设备输入数据,存储在主存储器中,再由 CPU 从主存储器中读取待处理的数据,又将处理好的数据送回到主存储器存储。主存储器中存储的结果也在指令的控制下输出到输出设备上。主存储器的存取速度,保证了 CPU 与它的直接访问。但是它短暂性存储(断电后存储内容消失)的特性,要求需要长期存储的程序和数据需要以文件的形式保存在辅助存储器中。

设计一组控制计算机的指令集的过程,称为编程(programming)。程序在计算机中以 0、1 组成的指令码来表示,这个序列能够被计算机所识别。如果编程直接用 0、1 序列来实现,那将是一件令人难以接受的事。所以,人们设计了*程序设计语言*(programming language),用这种语言来描述程序,同时应用一种软件将程序设计语言描述的程序转换成计算机能直接执行的指令序列。

1.1.2 程序设计语言

用于描述程序中操作过程的命令、规则的符号集合,称为程序设计语言。它是实现人与计算机交流的工具。为了让计算机按照人们的意愿处理数据,必须用程序设计语言表达要处理的数据和数据处理的流程。

程序设计语言包括:机器语言、汇编语言和高级语言。

1. 机器语言

机器语言是用二进制代码表示的计算机能直接识别和执行的一种机器指令集。这种指令集被称为机器码,是计算机可以直接解读的数据。

计算机主要由电子元器件组成的电路构成。由于电子元器件的特性,使得计算机只能识别二进制的机器代码。早期的程序设计语言就是由二进制代码指令组表示的,称为机器语言(machine language)。通常,不同的计算机,其指令系统会有所不同。每一条机器指令一般包含两个主要部分:操作码(规定了指令的功能)和操作数(规定了被操作的对象)。有的指令没有操作数,如停止指令。在这些指令的控制下,计算机可以实现最基本的算术运算和逻辑运算。

以 5+12 运算为例,若某型号计算机指令采用 16 位二进制表示,用机器语言编写一个完成 5+12 运算的程序代码如下:

① 1011 0000 0000 0101
② 0000 0100 0000 1100
③ 1111 0100

第①条指令把加数 5 送到 0 号寄存器中。第②条指令把 0 号寄存器中的内容与另一数相加,结果存在 0 号寄存器中(即完成 5+12 的运算)。第③条指令停止操作。

用机器语言编写程序,有着诸多的不便。例如,必须了解机器硬件的组织构成,如上述程序中要关心使用哪个寄存器;二进制数表示的语句冗长费解,不易使用推广;不相兼容的计算机其机器语言不同,用机器语言编写的程序在不同型号的计算机上不能通用。当然,由于指令是计算机的基本操作,因此用机器语言编写的程序不需要其他辅助程序支撑,机器可以直接执行,所以需要的存储单元少,执行速度快。

2. 汇编语言

由于机器语言编写程序十分繁琐,二进制代码编写的程序不易于阅读和修改,20 世纪 50

年代中期,相关人员开始采用一种类似英语缩略词并带有助忆符号的语言,以此替代复杂的二进制代码指令和操作数来编写程序,这就是汇编语言(assemblylanguage)。

汇编语言仍是一种低级语言,用助记符代替机器指令的操作码,用地址符号或标号代替指令或操作数的地址。在不同的设备中,汇编语言对应着不同的机器语言指令集,通过汇编过程转换成机器指令。

仍以上述完成5+12运算的程序为例,改用汇编语言编写,程序代码如下所示。

```
① MOV   AL,5
② ADD   AL,12
③ HLT
```

第①条指令把加数5送到累加器AL中。第②条指令把累加器AL中的内容与另一数相加,结果存在累加器AL中(即完成5+12的运算)。第③条指令停止操作。累加器是运算器中的一种寄存器,用于存放计算结果。

用汇编语言编写程序比机器语言显然要容易。但由于汇编语言与机器语言之间大多存在一一对应关系,因此除了用符号替换二进制数外,汇编语言保留了机器语言的许多特点。

用汇编语言编写的程序,需用翻译程序将程序中的每条语句翻译成机器语言,计算机才能执行。这种翻译程序被称为汇编程序,也叫汇编器。

3. 高级语言

用汇编语言编写程序需要了解计算机中运算器的内部组织结构和内存储器的存储结构,不符合人们的日常思维习惯,需要进一步改进。因此,20世纪60年代中期,接近于人类自然语言的高级语言(high-level language)问世。

高级语言是相对于低级语言而言的,它是以人类的日常语言为基础的一种编程语言,使用一般人易于接受的文字来表示,从而使程序编写员编写更容易,亦有较高的可读性。高级语言并不是特指的某一种具体的语言,而是包括很多编程语言,如流行的Java、C、C++、C♯、Python、VisualBasic、PHP、Javascript等。

用高级语言编写的程序简洁易懂。仍以上述程序为例,用Python语言编写的程序代码如下:

```
① 5+12
```

和汇编语言一样,用高级语言编写的程序也不能直接被计算机理解,必须经过转换才能被执行。高级语言按转换方式可分为解释类和编译类两类。

(1) 解释类语言

解释是将源代码逐条转换成目标代码(机器语言)的同时逐条运行目标代码的过程。执行翻译的计算机程序称为解释器。

解释器的执行方式类似于日常生活中的"同声翻译",应用程序源代码一边由相应语言的解释器"翻译"成目标代码,一边执行,因此效率比较低,而且不能生成可独立执行的文件,应用程序不能脱离其解释器。但这种方式比较灵活,可以动态地调整、修改应用程序并实现交互实时操作。

解释类的程序语言有 Python、BASIC 等。Python 的解释器就是 Python Shell，可以逐条计算表达式的值并执行命令。

（2）编译类语言

编译是指在源程序执行之前，就将程序源代码通过编译器一次"翻译"成目标代码（机器语言）文件，因此其目标程序可以脱离其语言环境独立执行，使用比较方便、效率较高。但应用程序一旦需要修改，必须先修改源代码，再重新编译生成新的目标文件才能执行，只有目标文件而没有源代码，修改很不方便。现在大多数的程序设计语言都是编译型的，如 C、Java、PHP 等。执行编译的计算机程序称为编译器。

高级语言与机器语言之间是一对多的关系，即一条高级语言语句对应多条机器语言语句。高级语言独立于机器，用其编写程序无须顾及与机器相关的实现细节，具体工作由与不同机器相匹配的解释器和编译器完成。

高级语言的诞生是计算机技术发展的一个重要里程碑。它的出现为计算机的应用开辟了广阔的前景。

1.1.3　Python 语言概述

Python 是一种结合了解释性、编译性和交互式的面向对象计算机编程语言。Python 优雅的语法和动态类型，使其在大多数平台的许多领域成为编写脚本或开发应用程序的理想语言。Python 语言的可读性强，又提供了丰富的内置标准库和第三方库，不需要复杂的算法处理，就能实现丰富的功能。简单易学、上手快的特性，使得 Python 语言非常适合程序设计初学者和非计算机专业人士作为第一门语言来学习。

1. Python 语言的发展历史

Python 是由荷兰人 Guido van Rossum（吉多·范罗苏姆）于 1989 年发明，第一个公开发行版发行于 1991 年。Python 语言是开源项目，其解释器的全部代码可以在 Python 的官方网站（http://www.python.org）自由下载。Python 软件基金会是一个致力于 Python 编程语言的非营利组织，成立于 2001 年 3 月 6 日。基金会拥有 Python2.1 版本以后的所有版本的版权。该组织的任务在于促进 Python 使用社区的发展，并负责 Python 社群中的各项工作，包括开发 Python 核心版本等。

Python 语言自发明以来，一直在 Python 社区的推动下向前发展。Python 2.0 于 2000 年 10 月正式发布，解决了其解释器和运行环境中的诸多问题，使得 Python 得到了广泛应用。Python 3.0 于 2008 年 12 月正式发布，这个版本在语法和解释器内部做了很多改进，解释器内部采用了完全面向对象的方式，相对于 Python 的早期版本，这是一个较大的升级。为了不带入过多的累赘，Python 3.0 在设计的时候没有考虑向下兼容。因此，所有基于 2.0 系列编写的代码都要经过修改后才能被 3.0 系列的解释器运行。Python 官方公布，会在 2020 年元旦停止对 Python 2 的官方支持。

Python 社区一直致力于第三方库的开发，形成了一个良好运转的计算生态圈，从游戏制作，到数据处理，再到数据可视化分析、人工智能等等。这些计算生态，为 Python 使用者提供了更加便捷的操作,以及更加灵活的编程方式。所有的库在官网的 PyPI 里面都可以查询到。

2. Python 语言的特点

Python 语言是一种被广泛使用的高级通用脚本语言,有很多区别于其他语言的特点,列举一些重要特点如下:

(1) 面向对象

Python 既支持面向过程的编程,也支持面向对象的编程。Python 支持继承、重载,有益于源代码的复用性。

(2) 数据类型丰富

在 C 和 C++中,数据的处理往往采用数组或链表的方式,但数组只能存储同一类型的变量;链表虽然储存的内容可变,但结构死板,插入删除等操作都需遍历列表,可以说极其不方便。针对这点 Python 提供了丰富的数据结构,包括列表、元组、字典,以及 Numpy 拓展包提供的数组、Pandas 拓展包提供的 DataFrame 等。这些数据类型各有特点,可以极大地减少程序的篇幅,使逻辑更加清晰,提高可读性。

(3) 功能强大的模块库

由于 Python 是一款免费、开源的编程语言,也是 FLOSS(自由/开放源代码软件)之一,许多优秀的开发者为 Python 开发了无数功能强大的拓展包,使所有有需要的人都能免费使用,极大地节省了开发者的时间。

Python 提供功能丰富的标准库,包括正则表达式、文档生成、单元测试、数据库、GUI 等,还有许多其他高质量的库,例如 Python 图像库等。

(4) 可拓展性(可嵌入性)

Python 的强大之处在于它的底层是由 C 和 C++写的,因此对于程序中某些关键且运算量巨大的模块,设计者可以运用 C 和 C++编写,并在 Python 中直接调用。这样可以极大地提高运行速度,同时还不影响程序的完整性。所以 Python 语言也被称为"胶水"语言。

(5) 易读、易维护性

由于上述这些优点,使得 Python 语言编写的程序相较其他语言编写的来说更加简洁和美观,思路也更加清晰。这就使得程序的易读性大大提高,维护成本也大大降低。

(6) 可移植性

基于开源本质,如果 Python 程序没有依赖于系统特性,无须修改就可以在任何支持 Python 的平台上运行。

3. Python 的集成开发环境

集成开发环境(IDE,Integrated Development Environment)是用于提供程序开发环境的应用程序,一般包括代码编辑器、编译器、调试器和图形用户界面等工具。集成了代码编写功能、分析功能、编译功能、调试功能等一体化的开发软件服务套。所有具备这一特性的软件或者软件套(组)都可以叫集成开发环境。如微软的 Visual Studio 系列,该程序可以独立运行,也可以和其他程序并用。

　　Python 语言常见的 IDE 包括 Python 官方发布的内置 IDE(IDLE)、Anaconda、Pycharm、Pyscript 等。此外微软发布的 VS Code 也可以搭建 Python 开发环境,供熟悉 Visual Studio 风格的程序员使用。

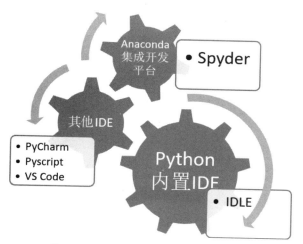

图 1-1-2　python 的集成开发环境

(1) Python 自带集成开发环境 IDLE

　　Python IDLE 是开发 python 程序的基本集成开发环境,具备基本的 IDE 的功能,是非商业 Python 开发的不错选择。可以在 Python 官网:https://www.python.org/免费获得它的最新版本。当安装好 Python 以后,IDLE 就自动安装好了,包括一个交互式 shell 窗口和程序文件编辑窗口。

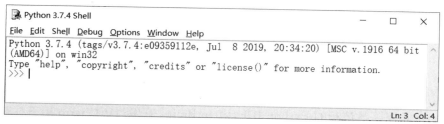

图 1-1-3　Python IDLE 的交互式 shell 窗口

```
Untitled                                                    —    □    ×
File  Edit  Format  Run  Options  Window  Help

                                                              Ln: 1  Col: 0
```

图 1-1-4　Python IDLE 的程序文件编辑窗口

(2) 科学计算集成环境 Anaconda

Anaconda 是一个跨平台的版本,支持 Windows、Linux、MacOS 等平台,包括近 200 个工具包,常见的 Numpy、SciPy、pandas、Matplotlib、scikit-learn 等库都已经包含在其中,满足了数据分析的基本需求。Anaconda 包含了多个开发工具,其中 spyder 是一个使用 Python 语言、跨平台的、科学运算集成开发环境。Jupyter notebook 是一个基于 Web 的交互式计算环境,可以编辑易于人们阅读的文档,用于展示数据分析的过程。

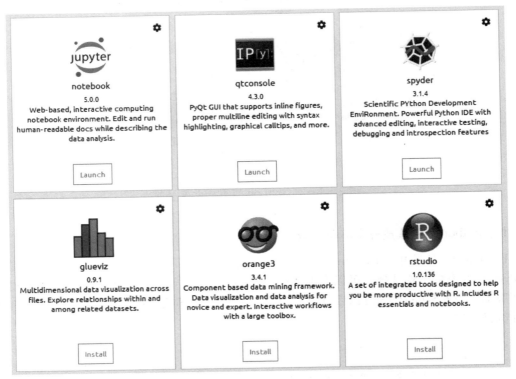

图 1-1-5 Anaconda 的工具包

(3) Python 集成开发环境 PyCharm

PyCharm 也是一款流行的 Python IDE,由 JetBrains 开发。PyCharm 用于一般 IDE 具备的功能有调试、语法高亮、Project 管理、代码跳转、智能提示、自动完成、单元测试、版本控制等等。另外,PyCharm 还提供了一些很好的功能用于 Django 开发,同时支持 Google App Engine。Django 是一个开放源代码的 Web 应用框架,由 Python 写成。采用了 MTV 的框架模式,即模型 M,模板 T 和视图 V。它最初是被开发来用于管理劳伦斯出版集团旗下的一些以新闻内容为主的网站的,即是 CMS(内容管理系统)软件。这套框架是以比利时的吉普赛爵士吉他手 Django Reinhardt 来命名的。许多成功的网站和 APP 都基于 Django。因为 PyCharm(Python IDE)是用 Java 编写的,所以必须要安装 JDK 才可以运行。

由于 Python 版本几乎按月更新,考虑到实验室环境的稳定,本书的讲解和示例将基于 Python 自带集成开发环境 IDLE3.7.x 版本。

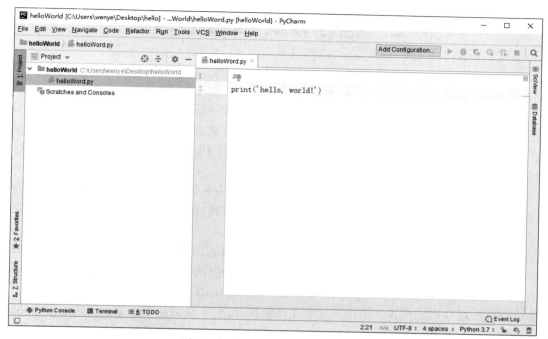

图 1-1-6　PyCharm IDE 界面

1.2 程序设计语言的语法

程序设计语言是人与计算机交流的工具,计算机要根据程序指令执行任务,必须保证编程语言写出的程序决不能有歧义,所以,任何一种程序设计语言都有自己的一套语法规则,编译器或者解释器就是负责把符合语法的程序代码转换成 CPU 能够执行的机器码,然后执行,Python 也不例外。

一个程序是由数据和算法构成的,也就是说在程序中要表示数据,还要描述数据处理的过程,程序设计语言必须具有数据表示和数据处理(控制结构)的能力。本节将以 Python 语言为例,讨论构成程序设计语言的语法要素。

Python 程序可以分解为模块、语句、表达式和对象。Python 程序语言是面向对象的语言,所有的数据都是对象;Python 程序由模块构成,一个模块即为一个以 py 为后缀的源文件,一个 Python 程序可以由一个或多个模块构成。模块是由语句构成的,执行程序时,会由上而下顺序地执行模块中的语句。语句是用来处理数据、实现算法的基本单位。语句包含表达式,表达式用于创建和处理对象。

本节的学习可以打开 Python IDLE Shell,在命令提示符>>>下输入一条命令,查看运行结果。如下图所示,在命令提示符后键入一条输出命令 print("hello world"),输出结果为:hello world。一个命令提示符后只能执行一条程序语句。

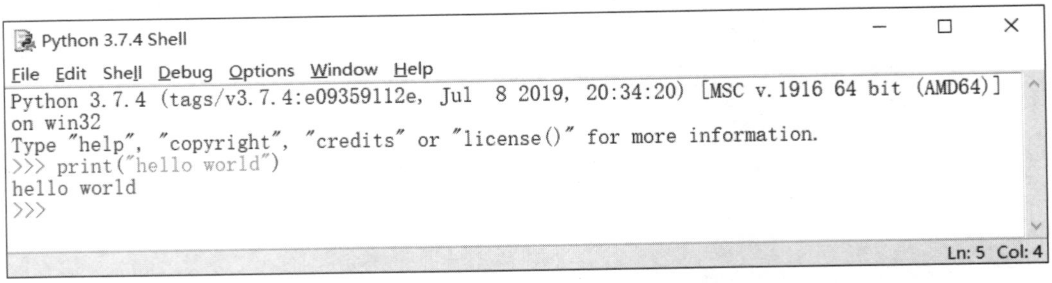

图 1-2-1 在 shell 中执行一条命令

1.2.1 基本字符、标识符和关键字

1. 基本字符

编写程序就好比使用一种语言来写文章,文章都是由字符构成的。一般把用程序语言编写的未经编译的程序称为"源程序"。源程序实际上是一个字符序列。Python 的源程序是以 py 为后缀名的文本文件,Python 语言的基本字符包括:

- 数字字符:0,1,2,3,4,5,6,7,8,9。
- 大小写拉丁字母:a~z,A~Z。

- 中文字符。
- 其他一些可打印字符,如:! @♯$%&()*?:<>+－=\[]{}。
- 特殊字符,如:空格符、换行符、制表符等。

2. 标识符

程序中有很多需要命名的对象,标识符是指在程序书写中一些特定对象的名称,包括变量名、函数名、类名、对象名等。

Python 中的标识符命名规则:
- 由大小写英文字母、汉字、数字、下划线组成。
- 以英文字母、汉字、下划线为首字符,长度任意,区分大小写。
- 不能与 Python 关键字同名。

为了增加程序的可读性,通常使用有一定意义的标识符命名变量,如 Day_of_year,ID_number 等等。

3. 关键字

Python 的关键字随版本不同有一些差异,可以在 Python Shell 中按如图 1-2-2 所示的方法查阅,下面查阅的示例是 3.7 版本的关键字。

```
>>> help()
help> keywords

Here is a list of the Python keywords.   Enter any keyword to get more help.

False           class           from            or
None            continue        global          pass
True            def             if              raise
and             del             import          return
as              elif            in              try
assert          else            is              while
async           except          lambda          with
await           finally         nonlocal        yield
break           for             not

help> quit
>>>
```

图 1-2-2　关键字

4. 标识符示例

① 合法的标识符,例如:Python_、_hello_world、a3、你好、你好 Python。

② 数字开头的标识符是不合法,例如:3c、135792468、233 次列车。

③ 用 Python 的保留字做标识符是不合法的,例如:while、True、except。

④ Python 对大小写敏感,也就是说对于标识符,Python 区分其大小写。所以,python 和 Python 是两个不同的名字。由此可见,以下这些标识符是可以使用的:While、For、IMPORT。

⑤ 包含除字母、数字、下划线、汉字的其他字符的标识符是不合法的,例如:abc$def、*py、@PikachuP。

1.2.2 对象和数据类型

1. 数据和数据类型

数据是计算机处理的对象,在计算机中存储和处理数据是区分数据类型的,不同的数据类型的表示方式和运算机制都是不同的。

按接近人的习惯设计并加以不同数据类型的区别,称为数据的文字量,是数据的"书写形式"。例如整数 389、浮点数 23.56、字符串'hello',这些数据是不会改变的,也称为字面量。

例如 1 和 1.0 在计算机的表示中一个是整数类型,一个是浮点数类型。浮点数相对于整数有着复杂的存储机制,在执行运算时也使用 CPU 的不同的运算逻辑部件。整数运算比浮点数运算要快得多。

又例如同样是由数字构成,"129"表示字符串,129 表示整数。当执行"+"运算时,"+"运算符的解释也是不同的。字符串类型执行的是连接操作,整数类型执行的是加法操作,一个字符串和一个整数执行"+"运算,由于数据类型不同会出错。

【例 1-2-1】 不同数据类型的"+"运算

```
>>>"129"+"1"
'1291'
>>>129+1
130
>>>"129"+1
Traceback(most recent call last):
  File"<pyshell#6>",line 1,in<module>
    "129"+1
TypeError:must be str,not int
```

一般说来,当数据具有以下相同的特性时就构成一类数据类型:

- 采用相同的书写形式。
- 在具体实现中采用同样的编码形式(内部的二进制编码)。

• 能做同样的运算操作。

一般说来,学习计算机解决实际问题要从学习数据类型入手,了解某一种编程语言提供了哪些数据类型。学习每一种数据类型时,要学习数据类型能表示怎样的数据,对这些数据能做怎样的操作。

2. Python 对象

Python 语言是面向对象的程序设计语言,数据储存在内存后被封装为一个对象,每一个对象都由对象 ID、类型和值来标识。

对象 ID 用于唯一标识一个对象,对应 Python 对象的内存地址,使用 id 函数可以查看对象的 ID 值。

Python 用类(class)定义数据类型,一个数据类型就是一个类,类名用于表示对象的数据类型,通过 type 函数可以查看对象的类名。使用字面量可以创建对象实例。

【例 1-2-2】 查看 Python 对象

```
>>>123
123
>>>id(123)
1711129472
>>>type(123)
<class'int'>
>>>
```

说明:字面量 123 创建了一个整型(int)类型的对象,它的值为 123,ID 标识为 1711129472。

类中定义了数据类型能够表示的数据特征以及这些数据能够用哪些方法(Method)处理。在 Python 的帮助文档中查询 int 整数类型,图 1-2-3 列出了 int 类的部分内容。

```
>>> help(int)
Help on class int in module builtins:

class int(object)
 |  int([x]) -> integer
 |  int(x, base=10) -> integer
 |
 |  Convert a number or string to an integer, or return 0 if no arguments
 |  are given.   If x is a number, return x.__int__().   For floating point
 |  numbers, this truncates towards zero.
 |
```

```
|   If x is not a number or if base is given, then x must be a string,
|   bytes, or bytearray instance representing an integer literal in the
|   given base.   The literal can be preceded by '+' or '-' and be surrounded
|   by whitespace.   The base defaults to 10.   Valid bases are 0 and 2-36.
|   Base 0 means to interpret the base from the string as an integer literal.
|   >>> int('0b100', base=0)
|   4
|
|   Methods defined here:
|
|   __abs__(self, /)
|       abs(self)
|
|   __add__(self, value, /)
|       Return self+value.
|   ......
```

图 1-2-3　查询 int 数据类型帮助文档

例如 int 类中定义了 int 函数,与类型名同名的函数称为类型构造器,支持整数对象的创建和类型转化。

【例 1-2-3】　int 类的 int 函数

```
>>>x=int()            #创建整数对象0
>>>x
0
>>>y=int(2.5)         #将浮点数对象转化为整数对象
>>>y
2
>>>z=int("10a",base=16)   #将字符按16进制转化为整数对象
>>>z
266
```

3. Python 的数据类型

Python 的内置类型如图 1-2-4 所示,主要区分为简单数据类型和组合数据类型。简单数据类型主要是数值型数据,包括整型数据、浮点型数据、布尔类型数据和其他语言不多见的复数数据。组合数据类型可以应用于表示一组数据的场合,包括字符串 str、元组 tuple、列表 list、集合类型 set、字典类型 dict。

简单数据类型	序列对象	其他类型
· 整型 int · 浮点型 float · 复数 complex · 布尔类型 bool	· 字符串 str · 元组 tuple · 列表 list	· 集合类型 set · 字典类型 dict

图 1-2-4　Python 的主要数据类型一览表

其中支持访问给定顺序的对象的称为序列,包括字符串 str、元组 tuple、列表 list。除序列之外的组合数据类型有集合和字典。集合的数据的存储不是连续有序的,与序列类型的区别在于不能按下标索引。字典是 Python 中唯一内置映射数据类型,字典元素由键(key)和值(value)构成,可以通过指定的键从字典访问值。

除了内置数据类型,Python 还通过标准库和第三方库提供了很多实用的数据类型,例如标准库的 decimal 类型可以提供高精度浮点数运算,string 类型提供了字符串数据的属性和函数,array 类型提供了数组类型的数据,第三方 numpy 库提供了 ndarray 类型提供多维数组的表示和运算。第三方库 pandas 库提供 Series 类型和 Dataframe 类型表示结构化数据。

使用标准库中的数据类型,需要使用 import 命令载入标准库,例如要载入 string 库的命令为:import string。

第三方库的数据类型,首先要使用 pip 命令加载模块到当前的集成开发环境,然后使用 import 命令加载后使用。pip 命令需要结合不同的集成开发环境在命令环境下执行。

程序员还可以根据需要解决的问题中数据的描述特征和运算特征,通过定义类创建定义新的数据类型。

4. 变量和对象引用

变量描述的是存储空间的概念,Python 语言使用"动态类型"技术管理变量的数据类型。将数据存储在内存中,封装产生一个数据对象,用一个名称来访问数据对象,这个名称就是变量名,通过变量访问对象称为对象引用。

Python 中的变量不需要声明。在对象引用之前,需要通过赋值语句将对象赋值给变量,即将对象绑定到变量。一个对象的书写形式就决定了对象的数据类型,当一个对象赋值给一个变量,变量获取了对象的值、类型、和对象 ID。

变量的实质是对一个数据对象的引用。变量在运行过程中是可以改变的,赋值语句的作用是创建一个变量或者是修改变量的值。

【例 1-2-4】　变量的创建和修改

```
>>>x=354
>>>type(x)
<class'int'>
```

```
>>>id(x)
34539888
>>>x="word"
>>>type(x)
<class'str'>
>>>id(x)
33407296
```

说明：当对变量 x 赋值整数 354 时，Python 在内存中创建整数对象 354，并使变量 x 指向这个数据对象，变量 x 的类型为整型 int，此时变量 x 所指向的对象的 ID 为 34539888。如再次对 x 赋值"word"时，Python 在内存中创建字符串对象"word"，并使变量 x 指向这个字符串数据对象，变量 x 的类型变为字符串 str，变量 x 所指向的对象的 ID 为 33407296，如图 1-2-5 所示：

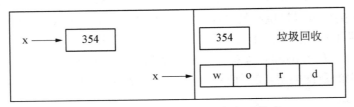

图 1-2-5　Python 的动态类型技术

也就是说，并不是 x 所代表的内存空间的内容发生了改变，而是 x 去指向了存储在其他内存空间的另一个对象。当 x 从整数对象 354 转向字符串对象"word"后，整数对象 354 没有变量引用它，它就成了某种意义上"垃圾"，Python 会启动"垃圾回收"机制回收垃圾数据的内存单元，供其他数据使用。

5. 可变对象和不可变对象

Python3 的对象可以分为不可变对象(immutable)和可变对象(mutable)。不可变对象一旦创建其值就不能被改变，可变对象的值可以被修改。

Python 大部分对象都是不可变对象，例如 int、float、str、tuple 等。变量是指向某个对象的引用，多个变量可以指向同一个对象，给变量重新赋值，并不改变原始对象的值，只是创建一个新对象，该变量指向新的对象。

【例 1-2-5】　不可变对象示例

```
>>>x=10        #x引用整数对象10
>>>y=x         #y获取x引用的对象ID
>>>y           #y的值与x的相同
```

```
10
>>>id(y)==id(x)          #y 的对象 ID 与 x 的相同,x 和 y 引用同一个对象
True
>>>y=20                   #y 重新赋值,引用新的整数对象20
>>>x,y                    #y 的值与 x 的不相同
(10,20)
>>>id(x),id(y)            #y 的对象 ID 与 x 的不相同
1702671712,1702672032
>>>x=x+50                 #表达式的计算也会产生新的对象
>>>x                      #x 指向新的数据对象
60
>>>id(x)
1870183328
>>>
```

对象本身的值可以改变的对象称为可变对象,例如 list、dict、set 等。

【例 1-2-6】　可变对象示例

```
>>>x=[1,2,3,4]            #创建列表对象[1,2,3,4],x 引用列表对象
>>>y=x                    #y 引用同一个列表对象
>>>y
[1,2,3,4]
>>>x[2]=0                 #x 变量修改第3个列表元素
>>>y                      #使用 y 访问列表对象,看到修改后的结果
[1,2,0,4]
>>>id(x)==id(y)           #x,y 的对象 ID 相同
True
>>>
```

说明:本例只创建了一个列表对象,有 2 个变量引用它,每个变量都可以读取、修改列表对象的内容。

1.2.3　表达式和语句

1. 表达式

表达式是数据对象和运算符按照一定的规则写出的式子,描述计算过程。例如算术表达

式由计算对象、算术运算符及圆括号构成。最简单的表达式可以是一个常量或一个变量。无论简单的或复杂的表达式,其运算结果必定是一个值。运算结果的数据类型由表达式中的操作符决定。

Python 语言提供了丰富的运算符,例如算术运算符、关系运算符、赋值运算符、逻辑运算符等,表 1 - 2 - 1 列出了优先级由高到低排列的 Python 运算符。

表 1 - 2 - 1　Python 运算符

运 算 符	描 述
＊＊	指数/幂
～x	按位翻转
＋x, － x	正负号
＊,/,//,%	乘、除、整除、求余
＋ , －	加、减
＜＜,＞＞	移位
&	按位与
^	按位异或
|	按位或
＜,＜ ＝ ,＞,＞ ＝ , ＝ ＝ ,! ＝	比较
is,is not	同一性测试
in, not in	成员测试
not　x	逻辑非
and	逻辑与
or	逻辑或

与之对应的表达式可以分为算术表达式、逻辑表达式、关系表达式、逗号表达式等等。在后面的章节将结合数据类型介绍运算符的使用。

2. 语句

语句是程序最基本的执行单位,程序的功能就是通过执行一系列语句来实现的。

Python 语言中的语句分为简单语句和复合语句。

简单语句包括:表达式语句、赋值语句、输入输出语句、函数调用语句、pass 空语句、del 删除语句、return 语句、break 语句、continue 语句、import 语句、global 语句等。

复合语句包括:if 选择语句、while 循环语句、for 循环语句、with 语句、try 语句、函数定义、类定义等。

【例 1 - 2 - 7】　Python 语句示例:输入 n,计算并输出 n 的阶乘

```
def fact(n):                        函数定义语句
```

```
            p=1                          赋值语句
            for i in range(1,n+1):       for 循环语句
                    p=p*i                表达式赋值语句
            return p                     return 语句

num=int(input("请输入 n:"))              输入语句
result=fact(num)                        函数调用语句
print(num,"的阶乘是",result)            输出语句
```

程序运行示例如下：

```
请输入 n:5
5 的阶乘是 120
```

说明：本例中定义个一个函数 fact,函数的功能是求 n 的阶乘,在主程序中,从键盘输入 n 值,调用 fact 函数求得 n 的阶乘,输出在屏幕上。函数中定义了一个 p 变量初值为 1,使用 for 循环构建了一个迭代循环,是 i 取值从 1 到 n,然后每取值一次,执行 p=p*i,完成阶乘的计算,使用 return 语句返回计算值到调用处。

3. 语句书写规则

① Python 语言通常一行一条语句,使用换行符分割。
② 从第一列开始顶格书写,前面不能有多余空格。
③ 复合语句的构造体必须缩进。
④ 如果语句太长,可以使用反斜杠(\)来实现多行语句。
⑤ 分号可以用于就在一行书写多条语句。

【例 1-2-8】　多行语句和多条语句

```
>>> # 多行语句示例
>>> print("Python is a programming language that\
   lets you work quickly\
   and integrate systems more effectively. ")
Python is a programming language that lets you work quickly and integrate systems more
effectively.
>>> # 多条语句示例
>>> a=0;b=0;c=0
```

4. 注释

注释是代码中加入的一行或多行信息,对程序的语句、函数、数据结构等进行说明,以此来提升代码的可读性。注释是一种辅助性文字,在编译或解释时会被编译器或解释器忽略,不会被计算机执行。

Python 语言中只提供了单行注释的符号。单行注释用"♯"开始,Python 在执行代码的时候会默认忽略"♯"和该行中"♯"后的所有内容。

Python 语言并没有专门的多行注释符号,在 Python 程序中实现多行注释可以使用多行字符串常量表示。多行字符串常量用三个单引号开始,三个单引号结束。或者三个双引号开始,三个双引号结束,不可混用。如果在调试程序的时候想大段删去代码,可以使用多行注释将这些代码注释掉。想重新加入这段代码运行的时候,只要将多行注释去掉就可以了,十分方便。

【例 1-2-9】 增加注释的例 1-2-7 程序代码

```
"""
函数功能:求 n 的阶乘
输入参数:整数 n
输出结果:返回 n 的阶乘值
"""
def fact(n):
        p=1                           ♯设置累乘变量初值
        for i in range(1,n+1):        ♯求累乘 1~n
                p=p*i
        return p                      ♯返回 n 的阶乘
num=int(input("请输入 n:"))           ♯输入 num
result=fact(num)                      ♯调用 fact 函数求 num 的阶乘
print(num,"的阶乘是",result)          ♯输出结果
```

> **说明**:本例中使用多行注释解释了函数 fact 的功能和输入输出。使用单行注释解释程序语句的作用。在编辑器中可以看到单行注释和多行注释的文字颜色是不同的,单行注释是真正的注释,多行注释是一个字符串常量,Python 语言允许在程序中将常量作为一条语句。

注释语句常用的场合有:

① 注释可以标注在程序的开头,来说明程序的作者、版权、日期、实现的功能、输入和输出等。

② 注释也可以写在程序的关键代码附近,来解释关键代码的作用,增加程序的可读性。

③ 在调试程序的时候,也可以对某些行或某一段代码使用单行或多行注释,达到临时去

掉这些代码的效果,在调试程序的时候能够快速定位发生问题的可能位置。

1.2.4　赋值语句

在 Python 中,变量只是一个名称。Python 的赋值语句通过赋值运算符"="实现,用赋值运算符将右边数据对象与左边的变量名建立了引用关系,其一般使用方法如下,尖括号的内容表示具体使用时需要替代:

<变量>=<表达式>

1. 连续赋值

Python 支持多个变量连续赋值,连续赋值的实质是多个变量引用同一个数据对象。

【例 1-2-10】　多个变量连续赋值

```
>>>x=y=10
>>>id(x),id(y)
(1619899744,1619899744)
>>>x,y
(10,10)
```

　　说明:当变量 x,y 连等于 10,查看两个变量的 ID,ID 都是 1619899744 是相等的,说明两个变量引用了同一个整数数据对象 10。

2. 同步赋值语句

如果要在一条语句中同时赋予 N 个变量值,可以使用同步赋值语句,其使用方法为:

<变量 1>,<变量 2>,...,<变量 N>=<表达式 1>,<表达式 2>,...,<表达式 N>

Python 语言在处理同步赋值语句的时候先运算右边的 N 个表达式,然后一次性把右边所有的表达式的值赋给左边的 N 个变量。交换两个变量的值可以使用同步赋值语句实现。

【例 1-2-11】　同步赋值语句的使用

```
>>>x,y=10,20
>>>print("交换前 x=",x,"y=",y)
交换前 x=10 y=20
>>>x,y=y,x
>>>print("交换后 x=",x,"y=",y)
交换后 x=20 y=10
```

说明：第 1 条命令使用同步赋值语句，同时为 x 和 y 赋值，第 2 条命令输出交换前 x 和 y 的值，第 3 条命令通过同步赋值语句交换 x 和 y 的值，第 4 条命令输出交换后 x 和 y 的值。

　　交换两个变量的值可以这样描述：假如 x 的值为 10，y 的值为 20，经过一系列操作后，让 x 的值与 y 值交换，即 x 的值为 20，y 的值为 10。如果之前有过编程基础，可能会想到使用第三个变量 temp 来做容器，暂存 x 的值，然后完成交换变量 x 和变量 y 的值的操作。

$$temp = x; x = y; y = temp$$

　　但是在 Python 语言中，可以通过同步赋值语句，用一个表达式实现：

$$x, y = y, x$$

3. 复合赋值语句

　　将运算和赋值结合起来的运算符称为复合赋值语句，复合赋值语句可以简化代码，提高计算的效率。Python 中的常用复合赋值运算符如表 1-2-2 所示。

表 1-2-2　Python 常用复合赋值运算符

运算符	描　　述
+ =	x + = y　　等价与　x = x + y
− =	x − = y　　等价与　x = x − y
* =	x * = y　　等价与　x = x * y
/ =	x / = y　　等价与　x = x / y
// =	x // = y　　等价与　x = x // y
% =	x % = y　　等价与　x = x % y
* * =	x * * = y　等价与　x = x * * y

　　从运算的次数上看，计算机在处理 x = x + y 时，先访问 x，再访问 y，执行加法运算，在执行赋值运算，将运算结果赋值给 x。而复合赋值语句只需执行一次运算。

【例 1-2-12】　复合赋值语句示例

```
>>>i = 9
>>>i + = 1
>>>i % = 2
>>>i
0
```

1.2.5 字符串

在 Python 语言程序设计中,字符串是最常用的数据类型之一。可以把一个或多个字符用一对引号(单引号'或双引号")括起来,这就是 Python 语言的合法字符串。

1. 创建字符串

创建字符串对象可以通过字面量,字符串字面量的书写形式可以使用单引号、双引号将文字括起来构成。

【例 1-2-13】 通过连接操作构建字符串

```
>>> #创建一个字符串变量
>>> s1="你好,Python!"
>>> s1
'你好,Python! '
>>> #获取一个带引号的字符串
>>> print('"hello"')
"hello"
>>> print("'hello'")
'hello'
>>> #通过连接操作构建字符串
>>> s2="shang"
>>> s2=s2+"hai"
>>> s2
'shang hai'
```

2. 访问字符串

(1) 获取字符

字符串是一个序列对象,每一个字符都有序号,也称为下标.而且 Python 支持正向序号和反向序号两种索引体系。

```
反向序号-13 -12 -11 -10  -9  -8  -7  -6  -5  -4  -3  -2  -1
*********************************************
|h|e|l|l|o|  |p|y|t|h|o|n|!|
*********************************************
正向序号0   1   2   3   4   5   6   7   8   9   10  11  12
*********************************************
```

图 1-2-6 字符串的索引

使用下标值来获取字符串中指定的某个字符,称为索引操作,下标是一个整数值,可以是整数常量、整数变量,也可以是一个整数表达式,用法是:

<字符串>[下标]

【例1-2-14】 字符串下标示例。

```
>>>"Student"[5]
'n'
>>>s="hello Python!"
>>>s[0]
'h'
>>>i=10
>>>s[i+1]
'n'
>>>s[-1]
'!'
```

注意:Python中下标位置是从0开始计数的,数值表达式可以为负数,则表示从右向左计数。

(2) 获取子串

子串是是一个字符串中连续的部分字符,Python提供了切片操作获取子串。常用的使用方法为:

<字符串>[start:end:step],

即获取下标从 start 到 end-1 的字符串。

【例1-2-15】 获取字符串的子串

```
>>>str="Python 语言"
>>>str[6]
'语'
>>>str[:6]      #截取 str 字符串索引号从0到5的子串
'Python'
>>>str[6:]      #截取 str 字符串索引号从6到最后的子串
'语言'
>>>str[-2:]     #使用逆序索引号-2与6是一致的
'语言'
```

```
>>>str[::-1]    #倒置字符串对象
'言语 nohtyP'
```

1.2.6　输入与输出

计算机程序都是为了执行一个特定的任务,有了输入,用户才能告诉计算机程序所需的信息,有了输出,程序运行后才能告诉用户任务的结果。

1.　输入语句

Python 提供内置的 input()函数,用于在程序运行时接收用户的键盘输入。

input()函数的使用方法为:

<变量>=input(<提示文本串>)

【例 1-2-16】　输入语句示例,返回值为字符串类型的数据

```
>>>s=input("请输入:")
请输入:Google
>>>print("你输入的内容是:",s)
你输入的内容是:  Google
```

input()函数只能返回字符串数据类型,当需要返回数值数据时,可以使用数值类型的构造函数(int、float)将字符转换为数值。

【例 1-2-17】　输入语句示例,返回值为数值型数据类型

```
>>>dig=float(input("请输入:"))
请输入:1.23
>>>type(dig)
<class'float'>
>>>
```

2.　输出语句

(1) print 函数

Python 提供内置函数 print()用于输出显示数据。print()函数的一般使用方式为:

print(*value*,...,*sep* = ',end='\n')

- 参数 value 表示输出对象,可以是变量、常数、字符串等。value 后的...表示可以列出多个输出对象,以逗号间隔。
- 参数 sep 表示多个输出对象显示时的分隔符号,默认值为空格。
- 参数 end 表示 print 语句的结束符号,默认值为换行符,也就是说 print 默认输出后换行。

【例 1-2-18】 输出一个对象示例

```
>>>print("Welcome!")        #输出一个字符串常量
Welcome!
>>>x=100                    #输出一个整型变量的值
>>>print(x)
100
>>>print(x+20)              #输出一个算术表达式的值
120
```

【例 1-2-19】 输出多个对象示例

```
>>>x,y,z=10,20,30
>>>print(x,y,z)             #输出多个对象,默认间隔一个空格
10  20  30
>>>print(x,y,z,sep=",")     #输出多个对象,设置间隔一个逗号
10,20,30
```

(2) 格式控制字符串

通过格式控制符将变量的值按一定的输出格式加入字符串。使用的一般方法为:

'格式控制串'%(值序列)

格式控制串包括普通字符和格式控制符号,普通字符包括所有可以出现在字符串对象中的中英文字符、标点符号、转义字符等等,格式控制符号按数据类型如表 1-2-3 所示。

表 1-2-3 格式控制符号

格式符号	表示类型	格式符号	表示类型
%f/%F	浮点数	%o	八进制整数
%d/%i	十进制整数	%x/%X	十六进制整数
%s	字符串	%e/%E	科学计数
%u	十进制整数	%%	输出%

此外还可以加上±m.n 的修饰,m 表示输出宽度,n 表示小数点位数,+表示右对齐,-表示左对齐。

【例 1-2-20】 使用格式控制符构造输出对象示例

```
>>>#输出格式日期时间
>>>y,m,d=2014,1,26
>>>hh,mm,ss=9,32,29
>>>print('%d-%d-%d%d:%d:%d'%(y,m,d,hh,mm,ss))
2014-1-26  9:32:29
>>>#计算指定边长的矩形面积。
>>>a,b=3,4
>>>c=a*b
>>>print('边长是%d和%d的矩形面积是:%7.2f'%(a,b,c))
边长是3和4的矩形面积是:12.00
```

说明:%d 表示相应数据以十进制整数形式显示,%7.2f 表示相应数据以浮点数,宽度 7,保留两位小数形式显示。宽度 7 是整个输出宽度包括小数点,不足左边补空格。

(3) 格式化函数 format

Python2.6 开始,新增了一种格式化字符串的函数 str.format(),它增强了字符串格式化的功能。format 基本语法是通过{}来表示一个需要替换的值的格式,完成字符串的格式化一般格式如下:

"<输出字符串>".format(参数列表)

- 输出字符串:由{}和输出的具体文字组成。其中{}表示替换参数值的位置。
- 参数列表:包含一个或多个参数,每个参数用逗号分隔。

{}的格式为:{字段名:格式说明符}

字段名可以省略,默认顺次,对应参数列表中的参数,也可以是整数,对应参数列表中的参数的序号,第一个参数的序号为 0,依次递增。还可以是变量名,在此不作介绍。

格式说明符的完整格式如下,方括号表示可选。

[[填充]对齐方式][正负号][#][0][宽度][分组选项][.精度][类型码]

表 1-2-4　类型码

类型码	表示类型	格式符号	表示类型
f/F	浮点数	o	八进制整数
d	十进制整数	x/X	十六进制整数
b	二进制整数	%	百分数表示
s	字符串	e/E	科学计数
c	ASCII 码对为字符	g	通用 general 格式。

- [**宽度**]:指定输出的最小宽度,不设置时,输出数据的实际宽度。数据实际宽度小于最小宽度,填充字符,默认填充空格。数据实际宽度大于最小宽度,按实际宽度输出。
- [**. 精度**]:精度指定了浮点数小数点后面要展示多少位小数,四舍五入。整数不能指定精度。
- [**对齐方式**]:一个修饰符,<表示左对齐,>表示右对齐,^表示居中
- [**填充**]:一个字符,表示数据长度不足宽度时用于填充的字符。
- [**正负号**]:选项仅对数字类型生效,取值有三种:+正数前面添加正号,负数前面添加负号;一仅在负数前面添加负号(默认行为);空格:正数前面需要添加一个空格,以便与负数对齐。
- [**♯**]:添加前缀符。给二进制数加上 0b 前缀,给八进制数加上 0o 前缀,给十六进制数加上 0x 前缀。
- [**分组选项**]:逗号,:使用逗号对数字以千为单位进行分隔。下划线_:使用下划线对浮点数和 d 类型的整数以千为单位进行分隔。对于 b、o、x 和 X 类型,每四位插入一个下划线,其他类型都会报错。

【例 1-2-21】 format 函数构造格式输出示例

```
>>>name＝input("你的名字:")
你的名字:李白
>>>print("你好,{}!".format(name))        ♯省略方式
你好,李白!
>>>
```

【例 1-2-22】 format 函数构造数值输出格式

```
>>>♯计算指定边长的矩形面积。
>>>a,b＝3,4
>>>c＝a * b
>>>print('边长是{:d}和{:d}的矩形面积是:{:7.2f}'.format(a,b,c))
边长是 3 和 4 的矩形面积是:  12.00
```

说明:{:d}表示相应数据以十进制整数形式显示,{:7.2f}表示相应数据以浮点数,总宽度为 7,保留两位小数形式显示,宽度不足 7 位左边补空格。更多格式设置方法可自行查阅。

1.2.7 模块和系统函数

一般的高级语言程序系统中都提供系统函数丰富语言功能。Python 的系统函数由标准

库中的很多模块提供。标准库中的模块，又分成内置模块和非内置模块，内置模块__builtin__中的函数和变量可以直接使用，非内置模块要先导入模块，再使用。

1. 内置模块

Python 中的内置函数是通过__builtin__模块提供的，该模块不需手动导入，启动 Python 时系统会自动导入，任何程序都可以直接使用它们。该模块定义了一些软件开发中常用的函数，这些函数实现了数据类型的转换，数据的计算，序列的处理、常用字符串处理等等，常见内置函数如表 1-2-4 所示。

表 1-2-5　Python 常用内置函数。

函数名	功　　能	函数名	功　　能
abs( )	获取绝对值	len( )	返回对象长度
chr( )	查看十进制数对应的 ASCII 字符	list( )	创建列表
dict( )	创建数据字典	max( )	返回给定元素里最大值
eval( )	将字符串 str 当成有效的表达式来求值并返回计算结果	ord( )	查看某个 ASCII 对应的十进制数
float( )	讲一个字符串或整数转换为浮点数	pow( )	幂函数
set( )	创建一个可变集合	print( )	输出函数
frozenset( )	创建一个不可变集合	range( )	生成一个指定范围的数字
round( )	四舍五入	sum( )	求和

内置函数的调用方式与数学函数类似，函数名加上相应的参数值，多个参数值之间以逗号分隔。

＜函数名＞(参数序列)

【例 1-2-23】　内置模块函数示例

```
>>>＃＃int("123")可将字符串"123"转换为整数 123
>>>int("123")
123
>>>＃＃int(78.9)得到整数 78(去掉尾部小数)
>>>int(78.9)
78
>>>＃＃reper(obj),将任意值转为字符串,常用于构造输出字符串
>>>x=10 * 3.25
>>>y=200 * 200
>>>s='The value of x is'+repr(x)+',and y is'+repr(y)+'...'
>>>print(s)
```

```
The value of x is 32.5,and y is 40000...
>>> ##使用 round(x,n)可按"四舍五入"法对 x 保留 n 位小数
>>>round(78.3456,2)
78.35
>>> ##使用 len(s)计算字符串的长度
>>>len("Good morning")
12
```

说明：可以在 Python shell 中通过 dir(__builtins__)查阅当前版本中提供的内置函数有哪些,再通过 help 函数查阅函数的使用方法。

2. 非内置模块

(1) 非内置模块的导入

非内置模块在使用前要先导入模块,Python 中使用如下语句来导入模块:

import   <模块名>

其中模块名也可以有多个,多个模块之间用逗号分隔。该语句通常放在程序的开始部分。模块导入后,可以在程序中使用模块中定义的函数或常量值。

<模块名>. <函数>(<参数>)

<模块名>. <字面常量>

【例 1-2-24】 以数学库为例

```
>>>import math    ##导入数学库
>>>math. pi      ##查看圆周率 π 常数
3.141592653589793
>>>math. pow(math. pi,2)    ##函数 pow(x,y):求 x 的 y 次方
9.869604401089358
>>> ##计算边长为 8.3 和 10.58,两边夹角为 37 度的三角形的面积的表达式为:
>>>8.3 * 10.58 * math. sin(37.0/180 * math. pi)/2
26.423892221536985
```

还可以通过 import 命令明确引入模块的函数名,方法如下:

from<模块名>import<函数名>

使用这种方法导入的函数,调用时直接用函数名调用,不需要加模块前缀。

<函数>(<参数>)

【例 1－2－25】　数学库中函数引入和使用的另外一种方式

```
>>>from math import sqrt♯引入数学库中的 sqrt 函数
>>>sqrt(16)
4.0
>>>from math import *        ♯引入数学库中所有的函数
>>>sqrt(16)
4.0
```

　　注意：引入方式不同,对应的函数的使用方式不同,还要注意所引入模块中的函数名等与现有系统中不产生冲突。

1.3 程序的基本编写方法

想使用计算机解决问题,却无从下手,是每个初学者会遇到的问题。本节将告诉初学者,编写程序最基本的处理步骤是什么?计算机解决问题的基本过程是什么?

Python IDLE 除了提供 Shell 交互解释器界面,还提供了一个简单的程序文件的集成开发界面,通过 shell 菜单 File-NewFile,可以打开一个程序文件的编辑界面。执行 Run-checkModule 命令可以检查程序的语法,执行 Run-checkModule 命令,可以执行程序,运行结果显示在 Shell 窗口中。本节将学习编写、运行、测试一个完整的 Python 程序的一般过程。

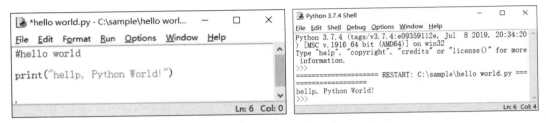

图 1-3-1　Python 程序编辑和运行界面

1.3.1 IPO 程序编写方法

使用计算机执行一个计算过程,包括三个基本步骤:

1　数据输入计算机(input)
2　计算机处理数据(process)
3　计算机输出数据(output)

例如下图给出了一个计算个人所得税的过程。从输入设备(键盘)输入"月薪",存储在内存中,CPU 逐条取内存中"计算所得税"的指令和"月薪"数据,执行指令后,将计算结果"所得

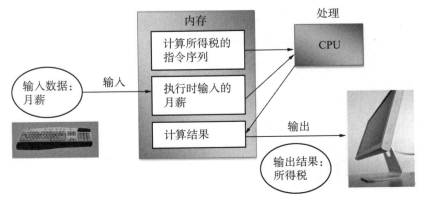

图 1-3-2　所得税的计算过程

税"数据存放在内存。再输出到输出设备(显示器)上。

　　所以,在着手设计一个程序时,就可以从这三个基本步骤入手:数据的输入、数据的处理、数据的输出。这就构成了程序的三个基本算法步骤,称为 IPO 算法。无论面对的问题是简单问题,还是复杂问题,都可以从三步出发,开始程序的设计。这种基本的编程方法称为 IPO 编程方法。例如一个处理个人所得税程序的设计,可以从这三步开始:

> **IPO 问题描述**
> 1　输入:月薪 salary
> 2　计算个人所得税:通过个人所得税税率表计算
> 3　输出:所得税 tax

　　IPO 问题描述的作用是理清问题的功能需求,明确问题的输入、输出,以及从输入到输出要达成的功能需求。

　　输入往往是一个程序的开始。程序的所需的数据有很多种输入方式,从文件中获得输入,从网络中获得输入,从程序的控制台获得输入,从交互界面获得输入,甚至可以在程序中给出一些全局的内部参数作为输入。

　　程序经过一定计算之后,将程序的结果输出到控制台,输出为图形界面,输出为文件,通过网络输出,或者输出给操作系统的内部变量,这都是程序的输出方式。所以说输出是程序展示运算结果的方式。想象一下,一个程序只有输入,没有输出,这样的程序就是没有意义的。

　　处理就是将输入的数据去进行计算,产生输出结果的过程,这种通用的处理方法,统称为算法,算法是程序最重要的部分。它描述了程序的处理逻辑步骤。

　　使用 IPO 方法开始思考,迈开你编程之旅的第一步。

1.3.2　程序设计的一般过程

　　计算机的所有操作都是按照人们预先编制好的程序进行的。因此,若需运用计算机帮解决问题,必须把具体问题转化为计算机可以执行的程序。而在问题提出之后,从分析问题、设计算法、编写程序,一直到调试运行程序的整个过程就称作程序设计。在程序设计过程中,设计算法、编写程序和调试运行是一个不断反复的过程。

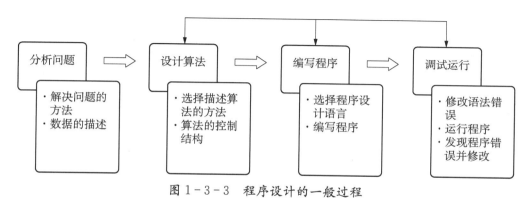

图 1-3-3　程序设计的一般过程

下面通过解决个人所得税的计算问题,来一起了解程序设计的过程。前一节已经给出了该问题的 IPO 描述,下面从分析问题开始,确定问题的输入是什么,要求的输出是什么,如何处理。使用自然语言写出解决问题的算法,然后再使用 Python 语言,编写程序。最后测试程序运行是否正确,并修改发现的错误。

1. 分析问题

分析问题的核心任务是明确问题的计算部分,计算机只能解决计算问题,即解决一个问题的计算部分。

对问题不同的理解会产生不同的计算需求。例如获取一个人的 BMI 值,可以有不同的形式。简单的方式是已经通过体重身高测试仪器测试初身高和体重,编程解决 BMI 的计算问题。高级的形式是一个人站在一部人工智能计算机面前,立即显示他的 BMI 值。该问题的计算部分就是计算机通过传感器件获取一个人的体型,人工智能地求解他的 BMI 值。

根据具体的问题,分析问题的计算部分。按 IPO 方法,提炼问题是什么? 解决问题的基本方法是什么? 输入数据是什么? 输出数据是什么?

问题:如何计算个人所得税

解决的方法:

应纳个人所得**税**额的计算公式:

应纳个人所得税税额＝应纳税所得额×适用税率－速算扣除数

个人所得税的税率根据 2018 调整后的个税法,新应纳税所得额分为七级超额累进。个人所得税税率表和各级速算扣除数如下表所示,个税起征点 5 000 元。应纳税所得额是每个月的收入(去除了单位缴纳的养老金、社保个人缴纳金、住房公积金等费用),再减掉 5 000 元之后的余额。

表 1-3-1 个人所得税税率表(综合所得适用)

级数	应纳税所得额(含税)	税率(%)	速算扣除数
1	不超过 3,000 元的部分	3	0
2	超过 3,000 元至 12,000 元的部分	10	210
3	超过 12,000 元至 25,000 元的部分	20	1 410
4	超过 25,000 元至 35,000 元的部分	25	2 660
5	超过 35,000 元至 55,000 元的部分	30	4 410
6	超过 55,000 元至 80,000 元的部分	35	7 160
7	超过 80,000 元的部分	45	15 160

例如,某人月收入为 13 500,需要缴纳的个人所得税:(13 500－5 000) ＊ 10%－210＝640

输入:月收入

输出:应纳个人所得税税额

2. 设计算法

算法是一组明确的解决问题的步骤,它产生的结果在有限的时间内终止。

一个问题的算法,首先考虑的是三个基本步骤:输入、计算、输出。本例是一个典型的 IPO

问题,分三步,顺序执行每一个步骤。每一个算法无论简单复杂,都是一个顺序结构的算法,体现了程序从上至下,逐条执行的执行顺序。

第二步计算所得税的算法步骤还需要进一步细分:首先要计算应纳税所得额,再根据应纳税所得额确定税率和速算扣除数,最后计算应纳个人所得税税额。

算法可以用多种方法来描述,包括自然语言、伪代码或流程图。下面给出求个人所得税的问题的自然语言算法。

```
1  输入月收入 income
2  计算应纳税所得额 tIncome
3  如果 tIcome 不大于 3 000:个税税率 tax=3%,速算扣除数 0
   否则如果 tIcome 不大于 12 000:个税税率 tax=10%,速算扣除数 210
   否则如果 tIcome 不大于 25 000:个税税率 tax=20%,速算扣除数 1 410
   否则如果 tIcome 不大于 35 000:个税税率 tax=25%,速算扣除数 2 660
   否则如果 tIcome 不大于 55 000:个税税率 tax=30%,速算扣除数 4 410
   否则如果 tIcome 不大于 80 000:个税税率 tax=35%,速算扣除数 7 160
   否则 tIcome 大于 80 000:个税税率 tax=45%,速算扣除数 15 160
4  计算应纳个人所得税税额
5  输出应纳个人所得税税额
```

3. 编写程序

确定了解决问题的算法后,就可以选择一门程序设计语言,对照算法,逐条编写程序了。使用 Python 语言编写计算个人所得税的源程序如下,可以对照算法逐条阅读理解。

```python
income=float(input("请输入你的月薪(扣金后):"))
tIncome=income-5000
if tIncome<=3000:
    rate,deduction=0.03,0
elif tIncome<=12000:
    rate,deduction=0.1,210
elif tIncome<=25000:
    rate,deduction=0.2,1410
elif tIncome<=35000:
    rate,deduction=0.25,2660
elif tIncome<=55000:
    rate,deduction=0.3,4410
elif tIncome<=80000:
    rate,deduction=0.35,7160
else:
    rate,deduction=0.45,15160
tax=tIncome * rate-deduction
print("你的个人所得税是:",tax)
```

> 说明：input 语句是 Python 输入语句，可以输入一个字符串，float 函数将输入的字符串转化为浮点数。if 语句是一个选择语句，根据所求的应纳税所得额，得到不同的个税税率和速算扣除数。print 语句是输出语句，将结果显示在屏幕上。

使用程序设计语言编写的程序，应符合每一种语言的语法，如果程序的编写中出现语法错误，编译器或解释器将报错并给出错误提示，而不能执行程序。Python IDLE 提供了菜单命令"check Module"用于检查程序的语法错误。

4. 测试调试

消除了语法错误的程序，就可以运行。执行 Python IDLE 的"Run Module"菜单命令可以运行程序。可以运行的程序还可能存在逻辑错误和运行错误，输入数据后，不能得到正确的输出。

程序测试是用设计好的测试数据去找出可运行的程序中可能存在的错误，一组测试数据是指预先设计好的输入和正确的输出。例如可以为计算个人所得税问题的程序设计的测试用例如下表所示，表中为每一个级别设计了一个测试用例。

表 1-3-2　个人所得税程序的测试用例表

序号	输入：月收入	输出：税额	测试数据类别：应纳税所得额
1	7 500	75	不超过 3,000 元
2	13 500	640	超过 3,000 元至 12,000 元
3	18 000	1 190	超过 12,000 元至 25,000 元
4	38 660	5 755	超过 25,000 元至 35,000 元
5	45 000	7 590	超过 35,000 元至 55,000 元
6	67 850	14 837.5	超过 55,000 元至 80,000 元
7	98 500	26 915	超过 80,000 元

按照测试用例，运行程序，运行结果如下所示：

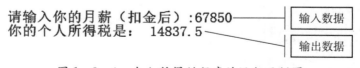

图 1-3-4　个人所得税程序的运行示例图

如果运行程序时，程序的输出与测试用例的预设结果不符合，或程序运行时发生系统错误，就需要启动程序调试。程序调试是发生逻辑错误或运行错误时，定位错误产生的位置。程序调试，可以通过追踪分析程序执行过程中变量的值的变化，发现错误产生的位置，一些程序开发工具还提供了专门的程序调试工具，帮助程序员定位错误位置。

1.4　程序的结构化流程控制

1.4.1　结构化的流程控制概述

一个好的程序不但要能正确地解决问题,还应该是执行效率高、结构清晰、易于理解、易于维护的。机器语言的程序是由指令构成,在机器指令的层面上,有两种流程的控制方式:最基本的流程的控制方式是顺序执行,一条指令执行完毕后执行下一条指令,其实现的基础是CPU 的指令计数器;另一种控制方式是分支指令,分支指令可以导致控制转移,程序转到某个特定位置继续执行下去。通过这两种流程的控制方式的综合可以形成复杂的流程。

早期的高级语言也延续着这两种流程的控制方式,使用 goto 语句实现控制转移,程序的流程常常形成一团乱麻,难以控制。随着人们对程序设计技术的不断的研究,认识到随意的流程控制方式会给程序开发带来麻烦,荷兰计算机科学家 W. Dijikstra 在 1965 年提出"goto 有害论",1966 年 Bohra 和 Jacopini 提出了使用 goto 语句的程序可以不使用 goto 语句,而只使用顺序、选择和循环语句实现。这些思想奠定了结构化程序设计的基础。人们逐渐意识到,程序设计是一门科学,建立良好的程序设计方法,可以编写出良好的程序。

结构化流程控制以顺序结构、选择结构和循环结构这三种基本结构作为表示一个良好算法的基本单元,可以实现任何复杂的功能。简单的程序直接使用三种基本结构组合而成,复杂的问题可以通过三种基本结构的嵌套来解决。三种基本控制结的共同特点:

- 只有一个入口;
- 只有一个出口;
- 结构内的每一部分都应有机会被执行到;
- 结构内应避免出现"死循环"(无终止的循环)。

流程图是算法的图形表示法,采用标准的图形符号来描述程序的执行步骤。流程图所使用的符号遵循国家颁布的标准,常用的流程图符号如表 1-4-1 所示。

表 1-4-1　常用的流程图符号

符号	名称	解　　释
	起止框	表示一个算法的开始和结束
	处理框	表示要处理的内容,该框有一个入口和一个出口
	输入/输出框	表示数据的输入或结果的输出
	判断框	表示条件判断的情况。满足条件,执行一条路径;不满足条件则执行另外一条路径

续表

符号	名称	解　释
○	连接框	用于连接因画不下而断开的流程线
↓　→	流程线	指出流程控制方向,即运作的次序

图 1-4-1 画出了三种基本控制结构的流程图。其中矩形框表示语句,棱形框表示判断条件,箭头指示程序执行的方向。流程图中每一个矩形框表示一算法步骤。一个步骤可以是一条简单的语句,也可以是一组语句构成的语句块,包括控制结构语句。

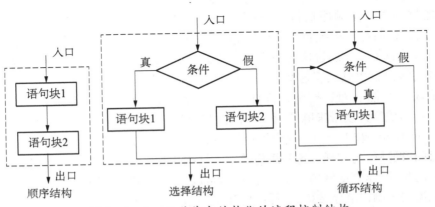

图 1-4-1　三种基本结构化的流程控制结构

1.4.2　顺序结构

顺序结构是最简单、最直观的控制结构。任何一个程序首先是遵循顺序结构的,程序中的语句按照它们出现的先后顺序一条一条地执行,一条语句执行结束,自动地执行下一条语句。前面提到的 IPO 算法,是一个典型的顺序结构算法。

【例 1-4-1】　已知一个圆的半径,求其内接正五边形的面积

问题分析:这是一个典型的数学公式求解问题。已知圆的半径,可以通过公式求内接的五边形的边长;已知正五边形的边长就可以再通过公式求正五边形的面积。

求内接五边形面积问题的 IPO 描述如下:

输入:圆的半径 r

处理:计算内接正五边形的边长 $a = 2r\sin\left(\dfrac{\pi}{5}\right)$

计算内接正五边形的面积 $s = \dfrac{5a^2}{4\tan\left(\dfrac{\pi}{5}\right)}$

输出:内接正五边形的面积 s

程序的实现算法如图1-4-2的流程图所示：

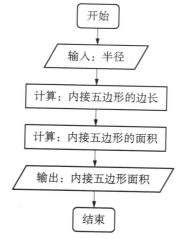

图1-4-2　例1-4-1算法流程图

Python实现程序和运行示例如下：

```
import math
r＝float(input("请输入圆半径："))
s＝2 * r * math. sin(math. pi/5)
area＝(5 * s * s)/(4 * math. tan(math. pi/5))
print("内接正五边形的面积：{:.2f}". format(area))
```

运行示例：

```
请输入圆半径：5.5
内接正五边形的面积：71.92
```

思考：

求圆的内接正 n 边形面积公式为：$area = \dfrac{na^2}{4\tan\left(\dfrac{\pi}{n}\right)}$，其中 a 为边长，n 为边的数目。

简单的顺序结构语句一般包括：输入输出语句、赋值语句、函数调用语句。由于每一基本控制结构都是一个人口和一个出口，顺序结构中的每一步还可以是一组语句或是复杂控制结构的组合或嵌套构成。如图1-4-3所示，右边流程图中的第二步是将左边流程图中的一个顺序结构看作一个整体，由一组语句组合而成。基于这样的思想，任何一个程序都可以看作是一个顺序结构，结构化的程序的执行也正是遵循顺序结构从第一句执行到最后一句。

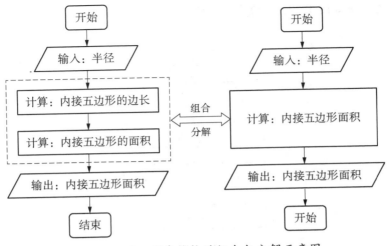

图 1-4-3　顺序结构的组合与分解示意图

1.4.3　选择结构

选择结构也称分支结构,是指程序的执行出现了分支,它需要根据某一特定的条件选择其中的一个分支执行。常见的选择结构有单分支、二分支和多分支三种形式。Python 使用 if 语句实现选择结构,分别为:if 语句、if-else 语句、if-elif-else 语句。

1. 双分支结构

用 Python 的 if 语句实现的双分支选择结构,语句格式如下:

if<条件表达式>:
　　<语句块 1>
else:
　　<语句块 2>

计算条件表达式的值,如果条件表达式的值为 True,则执行语句块 1,否则执行语句块 2。语句块 1 和语句块 2 向里缩进,表示隶属关系。

空白在 Python 中是非常重要的。行首的空白称为缩进。缩进是 Python 迫使程序员写成统一、整齐并且具有可读性程序的主要方式之一,这就意味着必须根据程序的逻辑结构,以垂直对齐的方式来组织程序代码,使程序更具有可读性。逻辑行首空白(空格和制表符)决定了逻辑行的缩进层次,从而用来决定语句的分组。这意味着同一层次的语句必须有相同的缩进。每一组这样的语句称为一个块。错误的缩进会引发错误,这点不同于 C/C++、Java,它们使用{}。那如何缩进呢? 不要混合使用制表符和空格来缩进,因为这在跨越不同的平台的时候,无法正常工作。建议在每个缩进层次使用**单个制表符**或**两个或四个空格**。在 Python IDLE 中编写程序,回车后,会自动确定缩进的位置。

【例 1-4-2】　**如图 1-4-4,判断一个点在圆内还是圆外**
问题分析:在平面坐标系中,求一个点到圆心的距离,如果点到圆心的距离小于圆的半径则在圆内,否则在圆外。

判断一个点在圆内还是圆外的 IPO 描述如下

输入:圆的半径 R,点的坐标(x,y)。

处理:计算点到圆心的距离,公式如下,其中:圆心坐标为(0,0)。

$$d=\sqrt{(x_2-x_1)^2+(y_2-y_1)^2}$$

输出:将点到圆心的距离与半径作比较,输出结论。

程序的实现算法如图 1-4-5 的流程图所示:

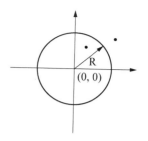

图 1-4-4 点和圆的位置

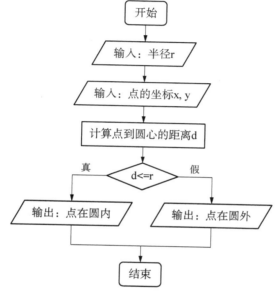

图 1-4-5 例 1-4-2 算法流程图

本例程序和运行示例如下:

```
#判断一个点在圆内还是圆外
from math import sqrt
r=float(input("请输入圆半径:"))
print("请输入点的坐标:")
x=float(input("x:"))
y=float(input("y:"))
d=sqrt(x*x+y*y)
if d<=r:
        print("点在圆内")
else:
        print("点在圆外")
```

运行示例:

示例1

请输入圆半径:10
请输入点的坐标:
x:5.2
y:3.4
点在圆内>>>
示例2
>>>
请输入圆半径:10
请输入点的坐标:
x:9
y:9
点在圆外
>>>

> 说明:根据计算得到点到圆心的距离,与圆的半径比较有两个结果:点到圆心的距离小于等于圆的半径,点在圆内;点到圆心的距离大于圆的半径,点在圆外。不同的分支输出的结果不一样,使用选择结构进行处理。选择结构需要一个条件表达式,根据条件表达式的计算结果为真为假,再决定选择哪一条分支继续执行。

思考:

改写程序例1-4-2,如果点正好在圆的边线上(d==r),显示"点在圆上",如何修改例1-4-2?

此外Python还提供了条件表达式实现简单的if双分支结构。格式如下:

<表达式1> if <条件> else <表达式2>

执行流程为:如果条件为真,条件表达式取表达式1的值;如果条件为假,条件表达式取表达式2的值。

例如 x 大于等于 0,y 的值为1,否则 y 的值为-1,可以表示为:

$$y=1 \quad if \quad x>=0 \quad else \quad -1$$

【例1-4-3】 使用条件表达式实现判断一个点在圆内还是圆外

例1-4-2用源代码可以改成:

```python
from math import sqrt
r=float(input("请输入圆半径:"))
print("请输入点的坐标:")
```

```
x=float(input("x:"))
y=float(input("y:"))
d=sqrt(x*x+y*y)
print("点在圆内"if d<=r else"点在圆外")
```

2. 单分支结构

单分支结构的语句格式如下：

if ＜条件表达式＞：
　　语句块

当条件表达式的值为 True 时，执行语句块；当条件表达式的值为 False 时，执行下一条语句。

【例 1-4-4】　求一个整数的绝对值，当这个整数小于零的时候需要处理，取它的相反值其他情况都不需要作处理，实现代码如下。

```
x=int(input("x="))
if x<0:
        x=-x
print("x 的绝对值是",x)
```

运行示例：

```
>>>
x=-89
x 的绝对值是89
```

3. 多分支结构

多分支结构的语句格式如下：

if＜条件表达式 1＞：
　　＜语句块 1＞
elif＜条件表达式 2＞：
　　＜语句块 2＞
elif＜条件表达式 3＞：
　　＜语句块 3＞
　　　　　　……
else：
　　＜语句块 n+1＞

与双分支结构不同的是,多分支结构增加了若干个 elif 语句,是 else if 的缩写形式。当前一个条件表达式为 False 的时候,进入 elif 语句,继续计算 elif 的条件表达式,如果为 True,执行 elif 的语句块。最后一条是 else 语句,当前面所有的条件表达式都不成立时,执行 else 的语句块。注意:else 语句是没有条件表达式的。

【例 1-4-5】 请用多分支结构实现下面的符号函数,根据任意一个实数 x 的取值,决定 y 的值为 -1、0 和 1

$$y=\begin{cases} -1, & x<0\cdots① \\ 0, & x=0\cdots② \\ 1, & x>0\cdots③ \end{cases}$$

```
x=float(input("x="))
if x<0:
        y=-1
elif x==0:
        y=0
else:
        y=1
print("y=",y)
```

运行结果示例:

```
示例 1
>>>
x=-98
y=-1
>>>
示例 2
>>>
x=0
y=0
>>>
示例 3
>>>
x=180.26
y=1
>>>
```

1.4.4　循环结构

1. 循环结构

循环结构是指程序中满足某一条件时要重复执行某些语句,直到条件为假时才可终止循环。在循环结构中的关键是:满足什么条件时执行循环? 重复执行哪些步骤? 循环结构的基本形式有两种:当循环和直到循环,如图 1-4-6 所示。

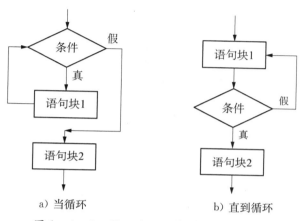

a) 当循环　　　　　　　b) 直到循环

图 1-4-6　循环的两种基本形式流程图

当循环,图 1-4-6(a):表示在进入循环前先判断循环条件是否成立,如果成立执行循环体(语句块 1);如果不成立,结束循环执行语句块 2。因为是"当条件为真时执行循环",所以称为当循环。

直到循环,图 1-4-6(b):表示从结构入口处直接执行循环体,在循环终端处判断条件,如果条件不满足,返回入口处继续执行循环体,直到条件为真时再退出循环到达流程出口处,是先执行后判断。因为是"直到条件为真时为止",所以称为直到循环。直到循环无论循环条件是否成立,循环体(语句块 1)一定会被执行一次。

【例 1-4-6】　求解区间[1,100]的整数和

问题分析:求在一定范围内满足一定条件的若干整数的和,是一个求累加和的问题。设置一个累加和变量(如 total),初值为 0。设置一个变量表示需要累加到 total 的数(如 i),i 在指定范围[1,100]内每次自增 1。将 i 一个一个累加到 total 中。所以,一次累加过程为 total＝total＋i。

这个累加过程要反复做,就要用循环结构来实现。在循环过程中,需要对循环次数进行控制。可以通过 i 值的变化进行控制,即 i 的初值为 1,当 i<＝100 时,每循环一次加 1,一直加到 100 为止。

程序的实现算法如图 1-4-6 的流程图所示:

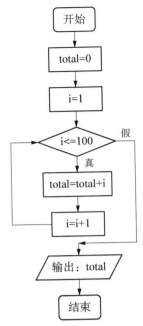

图 1 - 4 - 7 例 1 - 4 - 6 算法流程图

Python 语言提供了有两种循环语句:while 语句是当循环语句,for 语句是迭代循环语句,遍历取迭代序列中的每一个元素,也可以视为当循环结构语句。Python 语言并没有提供直到型循环的语句。VB 的 until 语句是直到型循环语句。

2. while 语句

while 循环语句的语法格式为:

while<条件表达式>:
    <语句块>

条件表达式为真时,执行缩进语句块内的语句,再次判定条件,为真,继续循环,否则退出循环。用循环语句 while 实现的例 1 - 4 - 6 的 Python 程序如下:

```
total=0
i=0
while i<=100:
    total=total+i
    i=i+1
print("1～100 的累加和为:{}".format(total))
```

运行结果:

```
>>>
1～100 的累加和为:5050
>>>
```

3. for 语句

for 循环语句的语法如下：

for<变量>in<可迭代序列>：
　　<语句块>

迭代是访问集合元素的一种方式。迭代器是一个可以记住遍历的位置的对象。迭代器对象从集合的第一个元素开始访问，直到所有的元素被访问完结束，产生一个序列。支持迭代的对象统称为可迭代对象：Iterable，Python 的组合数据类型都是可迭代对象如 list，tuple，dict，set，str 等。for 循环可以遍历可迭代对象中的所有元素，遍历就是把这个迭代对象中的第一个元素到最后一个元素依次访问一次。循环变量遍历可迭代序列中的每一个值，循环的语句体为每一个值执行一次。

【例 1-4-7】　将字符串 s 一列输出

```
s="Python"
for c in s：
        print(c)
```

运行结果：

> 说明：本例中，每循环一次，变量 c 依次取 s 中的一个字符，执行一次 print(c)语句，print 语句输出换行，获得一列字符输出。

使用 Python 中内建的函数 range()，可以创建一个从 start 到 end-1，间隔为 step 的有序的整数数列。语法如下：

$$range(start,end,step)$$

需要注意的是 start 和 end 组成了半开区间，序列里终值取不到 end。例如：range(2,12,2)，创建序列 2,4,6,8,10。步长参数省略，默认为 1，例如 range(3,6)，创建序列 3,4,5。一个参数表示 end，获得从 0 开始到 end-1，间隔为 1 的序列，例如 range(5)，创建序列 0,1,2,3,4。step 不可以为零，否则将发生错误。

【例 1-4-8】 使用 for 语句实现求 1~100 的累加和

使用 for 语句实现例 1-4-6 流程图的程序如下。

```
total＝0
for  i in range(1,101):
    total＝total＋i
print("1～100 的累加和为:{}".format(total))
```

思考:

修改例 1-4-8,实现下面功能。

(1) 求 2＋4＋6＋8＋……＋100 的和

(2) 求(-1)＋(-2)＋(-3)＋……＋(-100)的和

(3) 求 m~n 之间所有整数之和(m<n)

4. break、continue 语句

在循环的过程中,可使用循环控制语句 break、continue 来控制循环的执行。当 break 语句在循环结构中执行时,它会忽视后面的代码块,立即跳出其所在的最内层的循环结构,转而执行该内层循环结构后面的语句。

与 break 语句不同,当 continue 语句在循环结构中执行时,并不会退出循环结构,而是立即结束本次循环,重新开始下一轮循环,也就是说,跳过循环体中在 continue 语句之后的所有语句,继续下一轮循环。分别示例如下:

【例 1-4-9】 break 语句示例

```
n＝1
while n<10:
    n＝n＋1
    if n%2！＝0:        #如果 n 是奇数,执行 break 语句
        break          #break 语句会退出循环
    print(n)
```

运行结果:

```
>>>
2
```

【例 1-4-10】 continue 语句示例

```
n＝1
while n<10:
```

```
n＝n+1
if n%2!＝0:        #如果 n 是奇数,执行 continue 语句
    continue       #continu 语句会直接继续下一次循环,不执行 print()语句
print(n)
```

运行结果:

```
>>>
2
4
6
8
10
```

5. 循环结构中使用 else 语句

Python 语言提供了 for…else 语句和 while…else 语句,循环体的执行和普通的 for 语句和 while 语句没有区别,else 中的语句会在循环正常执行完的情况下执行。也就是说如果循环体中有 break 语句,循环的执行是通过 break 语句结束的,程序开始执行下一条语句,不会进入 else 分支,循环的执行是通过循环条件判断正常结束的,进入 else 分支,执行 else 的语句块。请看下例:

【例 1-4-11】　输入并计算 5 个正整数的和

```
s＝0
for i in range(5):
    x＝int(input("输入一个正整数:"))
    if x<0:
        print("{}不是正整数".format(x))
        break
    else:
        s＝s+x
else:
    print("5 个正整数的和为:{}".format(s))
```

本例通过 for…else 结构实现了只有正确地输入了 5 个正整数,才能输出累加和。如果输入过程中输入了负整数,程序停止执行,不输出累加和。

运行结果如下:

运行示例 1
```
>>>
```

```
输入一个正整数:10
输入一个正整数:25
输入一个正整数:-5
-5 不是正整数
>>>
运行示例 2
>>>
输入一个正整数:7
输入一个正整数:2
输入一个正整数:10
输入一个正整数:21
输入一个正整数:18
5 个正整数的和为:58
>>>
```

> **说明:** 当运行是输入负数,执行 break 语句跳出整个 for 语句。else 分支是属于 for 语句的一部分,break 跳出循环,不会进入 else 分支。本例中循环语句后没有语句,所以程序结束。当 for 语句循环正常执行结束,进入 else 分支,执行 print 语句输出结果。

从本例可以看出,在循环正常结束和通过 break 语句结束后,如果要有不同的处理时,可以使用 else 语句来完成。

1.5　习题

一、选择题

1. 计算机程序设计语言分为机器语言、_____和高级语言。

 A．低级语言   B．函数式语言   C．表达式语言   D．汇编语言

2. 下面关于Python语言的说法,哪一句是错误的。

 A．Python源代码区分大小写

 B．Python语言是解释性的,可以在>>>提示符下交互输入Python语句

 C．python语言是编译执行的,不支持逐条语句执行方式

 D．Python用♯引出行注释。

3. 请指出下面合法的Python标识符是_____。

 A．Day   B．e10   C．2n   D．a[10]   E．False

 F．aAbB   G．a+b   H．_ifdef   I．day_of_year

4. 以下哪些不是Python的关键字:_____。

 A．list   B．for   C．from   D．dict   E．False

 F．print   G．or   H．in   I．and

5. Python不支持的数据类型是_____。

 A．char   B．int   C．float   D．list

6. 以下数据类型中属于序列的是:

 A．dict   B．int   C．char   D．list

7. 下面属于Python可变对象的是_____。

 A．(34,56,184,50) B．[34,56,184,50] C．"Window"   D．$-12.5+7.5j$

8. 已有变量x,y,下面不能是实现交换变量x和变量y的值的操作是_____。

 A．x=y;y=x   B．x,y=y,x

 C．t=y;y=x;x=t   D．x=y+x,y=x−y,x=x−y

9. 以下选项中,Python代码的注释使用的符号是:_____。

 A．//   B．/*……*/   C．%   D．♯

10. 已执行语句 s='python',s[2:−1]表示

 A．"ytho"   B．"th"   C．"tho"   D．"yt"

11. 可以使用_____接受用户的键盘输入。

 A．input命令   B．input()函数   C．int()函数   D．format()函数

12. area=1963.4375000000002,执行 print("{:.2f}".format(area))语句,屏幕显示_____。

 A．19   B．1963   C．1963.43   D．1963.44

13. 可以计算一个列表中元素个数的内置函数是_____。

A. sum   B. len   C. length   D. count

14. 要在程序中合法使用语句 y＝sqrt(123)，需要先执行的命令是_____。

     A. import math   B. import math from sqrt

     C. import sqrt from math   D. from math import *

15. 执行了 import math 之后，下面语句能输出 271 的是_____。

     A. ＞＞＞print(math. trunc(math. e * 100))

     B. ＞＞＞print("{:.0f}". format(math. e * 100))

     C. ＞＞＞print(round(math. e * 100))

     D. ＞＞＞print(int(math. e * 100＋0.5))

16. 判断并求一个数的绝对值，应该用_____结构来实现。

     A. 多分支结构   B. 双分支结构   C. 单分支结构   D. 循环结构

17. 循环结构可以使用 Python 语言的_____语句实现。

     A. print   B. while   C. loop   D. if

18. 在 Python 中适合实现多路分支的结构是_____。

     A. try   B. if-elif-else   C. if   D. if-else

19. continue 短语用于：

     A. 退出循环程序   B. 结束本轮循环

     C. 空操作   D. 根据 if 语句的判断进行选择

20. 在循环语句中，_____语句的作用是结束当前所在的循环。

     A. while   B. for   C. break   D. continue

PART 02

第 2 章　数据的编码和计算

< 本章概要 >

　　编码是各种数据最终以二进制进入计算机的方式,每一种数据都有自己的编码方式。

　　表示数字或数值的数据类型称为数值类型,数值计算是计算机解决问题的最重要的应用领域。最常用的数值类型是整数(int)、浮点数(float)类型,Python 语言还提供了布尔(bool)类型和复数(complex)类型。

　　本章首先介绍了整数、浮点数、文本了的编码方式,然后介绍了 python 语言中数值数据和文本数据的表示方法及其运算,并结合实例详尽讲解了有关这两类数据的典型算法。

< 学习目标 >

- 了解数据在计算机中的编码
- 了解计算机中数值数据的表示方法
- 掌握 python 语言中数值数据的常量表示
- 掌握 python 语言中数值数据的运算
- 掌握数值数据的典型算法
- 了解计算机中文本数据的表示方法
- 掌握 python 语言中字符串的常量表示
- 掌握 python 语言中字符串的运算
- 掌握字符串的典型算法

2.1 数据在计算机中的编码

计算机中的所有数据都是用 0 和 1 来表示的,不论是数字、文本,还是图、声音和视频,都必须转化为 0 和 1 组成的代码,才能由计算机存储和处理。计算机使用不同的编码来传递和存储数字、文本、声音、图形图像、视频等不同类型的数据。

2.1.1 二进制及计算

计算机内部采用二进制编码,数据和指令都表示为 0 和 1 的代码组合,执行的运算采用二进制运算。计算机采用二进制的原因是因为计算机是由逻辑电路组成,逻辑电路通常只有两个状态,开关的接通与断开,这两种状态正好可以用"1"和"0"表示。

1. 进位计数制

进位计数制指用一组固定的符号和统一的规则来表示数值的方法。按进位的方法进行计数,称为进位计数制。二进制是进位计数制的一种,二进制是"逢二进一",生活中更为常见的是十进制,十进制是"逢十进一"。其他还有八进制、十二进制、十六进制等。

(1) N 进制数

N 进制需要使用 N 个符号表示数值,它的基数为 N,每一种数值都可以使用位置加权法表示,N 进制的权为 N^k,进位规则"逢 N 进一、借一当 N"。表 2-1-1 所示是常用的进位计数值的表示方法。

表 2-1-1 常用的进位计数制

进制	基	权	数符	规则	代码	示例
二进制	2	2^i	0,1	逢二进一	B	10101.01
八进制	8	8^i	0,1,2,3,4,5,6,7	逢八进一	O	427
十六进制	16	16^i	0,1,2,3,4,5,6,7,8,9,A,B,C,D,E,F	逢十六进一	H	5AF
十进制	10	10^i	0,1,2,3,4,5,6,7,8,9	逢十进一	D	409

例如,十进制数用 0,1,2,3,4,5,6,7,8,9 这 10 个数符表示,它的权位是我们熟悉的个十百千万……,也就是 10^0、10^1、10^2、10^3、10^4……,小数部分为:10^{-1}、10^{-2}……

(2) 权位展开式

进位计数制的权位展开式是将数符按权位表示为加法多项式。二进制的权位展开式如图 2-1-1 所示,二进制的基为 2,2^i 值为权,b_i 是每一位上的数值(0 或 1)。

$$(B)_2 = (b_{n-1}b_{n-2}\cdots b_1 b_0 b_{-1} b_{-2}\cdots b_{-m})_2$$
$$= (b_{n-1}2^{n-1} + b_{n-2}2^{n-2} + \cdots + b_1 2^1 + b_0 2^0 + b_{-1}2^{-1} + b_{-2}2^{-2} + \cdots + b_{-m}2^{-m})_2$$
$$= \sum_{i=-m}^{n-1} b_i \times 2^i$$

图 2-1-1 二进制的权位展开公式

【例 2-1-1】 进制的权位展开式

二进制 10101.01 可表示为：

$10101.01B = 1 \times 2^4 + 0 \times 2^3 + 1 \times 2^2 + 0 \times 2^1 + 1 \times 2^0 + 0 \times 2^{-1} + 1 \times 2^{-2} = 15.25D$

八进制 427 可表示为：$4 \times 8^2 + 2 \times 8^1 + 7 \times 8^0 = 279$

十六进制 5AF 可表示为：$5 \times 16^2 + A \times 16^1 + F \times 8^0 = 1\,455$（A 的值为 10，F 的值为 15）

2. 不同进制数之间的转换

（1）十进制和二进制的转换

二进制转化为十进制，可以直接按权位展开求和，如例 1-1-1。八进制和十六进制也是一样。

十进制转化为二进制，整数部分转换按"除底取余，逆序排列"，小数部分转换按"乘底取整，顺序排列"。

【例 2-1-2】 将十进制 25.625 转化为二进制

整数部分			小数部分		
除底	取余	逆序排列	乘底	取整	顺序排列
25 ÷ 2 = 12 12 ÷ 2 = 6 6 ÷ 2 = 3 3 ÷ 2 = 1 1 ÷ 2 = 0	1 0 0 1 1	↑	**0.625** × 2 = 1.25 0.25 × 2 = 0.5 0.5 × 2 = 1	1 0 1	↓
26.625D = 11001.101B					

十进制整数还可以按权位展开的逆运算完成，分配完成。

【例 2-1-3】 将十进制 636 转化为二进制

2^{10}	2^9	2^8	2^7	2^6	2^5	2^4	2^3	2^2	2^1	2^0
1 024	512	256	128	64	32	16	8	4	2	1
	1	0	0	1	1	1	1	1	0	0

转换值为636,寻找一个最接近的小于636的权值512,在权位表中权位取1,636减去权值512,得到新的转换值124。继续上述过程,直至转换值取完。权位表中空位取0,从权位表中读取结果:1001111100。计算过程如下:

636−**512**=124　②124−**64**=60　③60−**32**=28　④28−**16**=12　⑤12−**8**=4　⑥4−4=0

思考:

写出小数部分的权位值,请问给出任意一个浮点数,一定能在有限步骤中得到它的二进制表示吗?

(2) 二进制与八进制、十六进制

对于比较长的二进制位模式,书写比较麻烦。常常使用十六进制或八进制作为二进制的缩写。从右向左,三位缩写为八进制,四位缩写为十六进制。

表 2−1−2　十六进制和二进制对照表

十六进制	二进制	十六进制	二进制
0	0000	8	1000
1	0001	9	1001
2	0010	A	1010
3	0011	B	1011
4	0100	C	1100
5	0101	D	1101
6	0110	E	1110
7	0111	F	1111

【例 2−1−4】　将二进制 110 1011 1010? 缩写为八进制和十六进制

缩写为八进制,三位划分:11,010,111,010,每三位对应写成八进制:3272

缩写为十六进制,四位划分:110,1011,1010,每四位对应写成十六进制:6BA

八进制转化为二进制,每一个数符按三位扩展;十六进制转化为二进制,每一个数符按四位扩展。

【例 2−1−5】　将八进制 632、十六进制 4A2 转化为二进制

八进制 632:110011010

十六进制 4A2:010010100010

2.1.2　计算机中数据的表示

1. 计量单位

（1）比特

一个二进制位称为一个比特（bit），它是计算机中存储信息的最小单位。

（2）字节

8 个二进制位称为字节（Byte），用大写的 B 来表示。这是数据存储的基本单元。为了表示更大的数，就需要更多的二进制位。如 16 位（2 B）、32 位（4 B）和 64 位（8 B）。

（3）其他计量单位

KB（千）＝2^{10} B、MB（兆）＝2^{20} B、GB（吉）＝2^{30} B、TB（太）＝2^{40} B

例如：2 GB 内存可以存放 2^{31} 字节的数据

思考：

（1）想一想：8 位二进制数能表示的最大数是多少？

（2）想一想：电脑中的 64 位微处理器与 64 位二进制数有何关系？

2. 无符号数与有符号数

由于电路实现的原因，计算机中的信息都是以二进制形式来表示的，如果用二进制表示的数不涉及正负号，称为无符号数（unsigned number），也称为机器数，在实际应用中，数还涉及到正负号，这种数被称为有符号数（signed number），这样就要用二进制来编码正负号，把带正负号的数称为真值。

通常规定，一个有符号数的最高位代表符号，该位为 0 表示正号，1 表示负号。例如：＋0110101，在计算机中表示为 00110101，即十进制数＋53，－0110101，在计算机中表示为 10110101，即十进制数－53。

3. 无符号数的运算

（1）加减法

口诀：逢二进一，借一当二

$0＋0＝0$　　　　$0＋1＝1$　　　　$1＋0＝1$　　　　$1＋1＝10$

$0－0＝0,1－0＝1,1－1＝0,10－1＝1$

【例 2－1－6】　两个二进制数，10110010 和 01101010，用竖式求他们的和与差

$$\begin{array}{r} 10110010 \\ +\ 01101010 \\ \hline 100011100 \end{array} \qquad \begin{array}{r} 10110010 \\ -\ 01101010 \\ \hline 1001000 \end{array}$$

（2）乘法

$0×0＝0,1×0＝0,0×1＝0,1×1＝1$。

【例2-1-7】 用竖式计算,1110B×101B＝?

```
      □ □ 1 1 1 0
    × □ 1 0 1
  ─────────────
    □ □ □ 1 1 1 0
    □ □ 0 0 0 0
  ─────────────
    □ 1 1 1 0
  ─────────────
  1 0 0 0 1 1 0
```

观察以上竖式,乘数101＝100＋1,被乘数1010×1时不变,1010×100时则向左移动两位后面补两个零,因此在计算机中乘法可以通过向左移位和加法来实现,每乘以2就向左移动一位,从乘式中可以看出乘法可以通过向左移位与加法得到结果。

（3）二进制除法

除法是乘法的逆运算,0不可以做除数,$0÷1＝0,1÷1＝1$。可以通过二进制数的右移来实现除法运算,每除以2就右移一位,如$1010÷10＝101$。

4. 原码,反码和补码

在计算机系统中一个带符号数有三种表示方法:原码、反码和补码。它们都由符号位和数值部分组成,而且符号位有相同的表示方法,即0表示正号,1表示负号,三种表示方法中原码和反码主要用来引出补码的表示方法,而补码表示就是为了简化计算机的硬件设计,使得加减法运算都可以使用加法器来实现,为了便于讲解,以下例子都采用8位二进制编码。

（1）原码

增值X的源码记为$[X]_原$在原码表示中无论数的正负,数值部分均保持原真值不变。

【例2-1-8】 已知真值$X＝＋38,Y＝－38$,求$[X]_原$和$[Y]_原$
解:因为$(＋38)_{10}＝＋0100110B,(－38)_{10}＝－0100110B$,根据原码表示法有:
$[X]_原＝0$ $\underline{0100110}$.
$[Y]_原＝1$ $\underline{0100110}$.

思考:在原码表示法中,＋0和－0怎么表示呢? 二者相同吗?

原码表示法的优点是简单易于理解,与真值之间的转换较为方便;缺点则是进行加减法时比较麻烦,不仅要考虑做加法还是做减法,而且要考虑数的符号和绝对值的大小,特别是0的表示不唯一使得运算器的设计比较复杂,降低了运算器的运算速度。

（2）反码

真值X的反码记为$[X]_反$,正数的反码与原码表示方法相同,负数的反码表示方法是将数值部分按位取反。

【例 2 - 1 - 9】 已知真值 X = +38，Y = -38，求 $[X]_{反}$ 和 $[Y]_{反}$

解：因为 $(+38)_{10} = +0100110B$，$(-38)_{10} = -0100110B$，根据反码表示法有：

$[X]_{反} = \underline{0} \quad \underline{0100110}.$

$[Y]_{反} = \underline{1} \quad \underline{1011001}.$

思考：在反码表示中，+0 和 -0 怎么表示呢？两种相同吗？

(3) 补码

真值 X 的补码记为 $[X]_{补}$，正数的补码与原码表示方法相同，负数的补码表示方法是将数值部分按位取反，即该数的反码加 1。

【例 2 - 1 - 10】 已知真值 X = +38，Y = -38，求 $[X]_{补}$ 和 $[Y]_{补}$

解：因为 $(+38)_{10} = +0100110B$，$(-38)_{10} = -0100110B$，根据补码表示法有：

$[X]_{补} = \underline{0} \quad \underline{0100110}.$

$[Y]_{补} = \underline{1} \quad \underline{1011001} + 1 = \underline{1} \quad \underline{1011010}.$

观察和比较复数的原码和补码，可以发现如下简易求负数补码的方法：符号为 1，数值位从右向左扫描，找到第 1 个 1 为止，该 1 以及右边的位保持不变，左边的各位都取反。

思考：在补码表示中，+0 和 -0 怎么表示呢？两种相同吗？

不同于原码和反码，数 0 的补码表示是唯一的，由补码的定义可知：

$[+0]_{补} = [+0]_{原} = [+0]_{反} = 00000000$

$[-0]_{补} = [-0]_{反} + 1 = 11111111 + 1 = 100000000$，对 8 位市场来讲，最高位 2^8 被舍掉，所以：

$[+0]_{补} = [-0]_{补} = 00000000$

(4) 补码的意义

计算 138 - 49。

用直接的方法计算，这个减法题目需要借位才能完成，为了不借位，可以用以下方法计算：

先计算，99 - 49 = 50，再计算 138 + 50 = 188，再计算 188 - 100 + 1 = 89，

即 138 + (99 - 49) - (100 - 1)，这样就不需要借位来完成计算了，这里 50 就是 49 相对于 99 的补数，利用补数进行计算，可以将减法转化为加法。

现在计算二进制数，1001110 - 0110001：

如果直接减，列竖式：

```
  1001110
- 0110001
  ───────
    11101
```

需要多次借位,如果用 8 位带符号位补码进行计算,第 1 个数为正数,补码与原码相同,为 010011110,第 2 个数为负数,连同符号位补码为 11001111,相加:

```
  01001110
+ 11001111
----------
1000011101
```

除去超过 8 位的左边的 10 后所得到的结果与前面的减法得到的结果相一致,这样在计算机中,利用补码方式就可以将减法转化为加法来计算,而乘法和除法则可以通过移位来完成计算,所以在计算的 CPU 中只需要加法器就可以完成各种计算。

5. 溢出问题

如果在计算机中用 8 位表示有符号数,计算 57+70,因为都是正数,补码与原码相同,表示为二进制剂,并进行计算,结果如下:

```
  00111001
+ 01000110
----------
  01111111
```

0111111 转化为十进制为 127。再计算 58+70,用它们的补码计算如下:

```
  00111010
+ 01000110
----------
100000000
```

100000000 转化为十进制为 128,但是作为有符号数最高位 1 表示负数,但 58+70 怎么会是负数呢? 在计算机中这被称为"溢出"。这是因为运算位数总共 8 位,而最高位是表示符号的,而计算结果超过了可以允许的表示范围,由于计算机是电路的集成,运算位数总是有限的,因此溢出不可避免。在计算时,一定要考虑在当前计算位数下会不会有溢出的问题,也就是要了解不同位数的运算范围是多少,比如单位有符号二进制数的运算结果范围在 127~-128 内,是不会溢出的,超过这个范围就不能正确表示。

6. 数的二进制浮点数的表示

在计算机中,小数点用约定的方式标出,如无符号数 1011B,若约定小数点在第 1 位之后,则它表示的数为 $(1.375)_{10}$。小数点约定在某一位置的数的表示方式,称为定点(fixed-point)表示法,定点表示的数称为定点数。如果要用二进制表示 $(0.013\ 75)_{10}$ 怎么办呢? 可以用有限的二进制位数来表示吗?

因为计算机中数据的字长总是有限的,所以定点表示法在表示小数时精度较低,那么在二进制长度有限的情况下,怎样表示更大或更小的数呢? 为了能更精确的表示一个数,浮点(floating-point)表示法被广泛地使用,用浮点表示法表示的数称为浮点数。二进制浮点表示中小数点位置根据数的大小而变化(浮动)的,可以用数学式表示为:

$$N = M \times 2^E$$

N 表示浮点数,E 表示阶码的指数,可正可负,对浮点数加权;M 表示尾数,可正可负,范围在 1~2 之间的二进制小数,如果原数据不符合要求,可以通过调整指数 E 使其规则化为这样的数。101.011 B 用浮点数可以表示为 $1.010\,11\times2^2$。

在计算机中,一个浮点数的所有的位数被划分为三个部分如下图所示,

数的符号位1位	阶码指数 E	尾数 M,整数部分默认为1

图 2-1-2　浮点数存储示意图

IEEE 单精度浮点数的 E 和 M 的位数分别为 8 和 23,共 32 位(4 个字),其指数部分的表示范围为 $-126\sim+127$,IEEE 双精度浮点数的 E 和 M 的位数分别为 11 和 52 位,共 64 位(8 字节),其指数部分的表示范围为 $-1\,022\sim+1\,023$。

2.1.3　计算机中文字的表示

1. 西文文字编码

ASCII((American Standard Code for Information Interchange)是美国信息交换标准代码,它是最通用的信息交换标准,ASCII 第一次以规范标准的类型发表是在 1967 年,最后一次更新则是在 1986 年,到目前为止共定义了 128 个字符,如图 2-1-3 所示。

一个字符的 ASCII 码有高区编码(H)和低区编码(L)组合而成,例如数字字符 0 的 ASCII 码为 00110000,值为 48;字母 A 的 ASCII 码为 01000001,值为 65;字母 a 的 ASCII 码为 01100001,值为 94。从表中可以看出,所有字符分区编码,ASCII 码从低到高顺序:特殊控制符<标点符号<数字<大写字母<小写字母。

L＼H	0000	0001	0010	0011	0100	0101	0110	0111
0000	NUL	DLE	SP	0	@	P	'	P
0001	SOH	DC1	!	1	A	Q	a	q
0010	STX	DC2	"	2	B	R	b	r
0011	ETX	DC3	#	3	C	S	c	s
0100	EOT	DC4	$	4	D	T	d	t
0101	ENQ	NAK	%	5	E	U	e	u
0110	ACK	SYN	&	6	F	V	f	v
0111	BEL	ETB	,	7	G	W	g	w
1000	BS	CAN	)	8	H	X	h	x
1001	HT	EM	(	9	I	Y	i	y
1010	LF	SUB	*	:	J	Z	j	z
1011	VT	ESC	+	;	K	[	k	{
1100	FF	FS	,	<	L	\	l	|
1101	CR	GS	—	=	M	]	m	}
1110	SO	RS	·	>	N	∧	n	~
1111	SI	US	/	?	O	_	o	DEL

图 2-1-3　ASCII 码表

这 128 个符号(包括 32 个不能打印出来的控制符号),只占用了一个字节的后面 7 位,最前面的一位统一规定为 0。比如空格 SPACE 是 32(二进制 00100000),大写的字母 A 是 65(二进制 01000001)。

2. 中文文字编码

英语用 128 个符号编码就够了,但是用来表示其他语言,128 个符号是不够的。汉字就多达 10 万左右。一个字节只能表示 256 种符号,肯定是不够的,就必须使用多个字节表达一个符号。简体中文常见的编码方式是 GB2312,使用两个字节表示一个汉字,所以理论上最多可以表示 256×256=65 536 个符号。

GBK 包括了 GB2312 的所有内容,同时又增加了近 20 000 个新的汉字(包括繁体字)和符号。在中文 windows 环境下,默认的文本文件编码方式是 GBK 编码。

3. Unicode 字符集和 UTF‐8 编码

不同的国家使用不同的符号,那么各国的文本就存在着不同的编码方式,同一个二进制数字可以被解释成不同的符号。因此,要想打开一个文本文件,就必须知道它的编码方式,否则用错误的编码方式解读,就会出现乱码。为什么电子邮件常常出现乱码? 就是因为发信人和收信人使用的编码方式不一样。

Unicode 正如它的名字所指,是将不同国家所有的字符都包含在内的一个字符集,它为每种语言中的每个字符设定了统一并且唯一的二进制编码,以满足跨语言、跨平台进行文本转换、处理的要求。Unicode 通常用两个字节表示一个字符,现在的规模可以容纳 100 多万个符号。

Unicode 只是一个符号集,它只规定了符号的二进制代码,却没有规定这个二进制代码应该如何存储。这样就出现了 Unicode 的多种存储方式,也就是说有许多种不同的二进制格式,可以用来表示 Unicode。

UTF‐8 就是在互联网上使用最广的一种 Unicode 的实现方式。它是一种变长的编码方式。它可以使用 1~4 个字节表示一个符号,根据不同的符号而变化字节长度。其他实现方式还包括 UTF‐16(字符用两个字节或四个字节表示)和 UTF‐32(字符用四个字节表示)。

UTF‐8 以字节为单位对 Unicode 进行编码。从 Unicode 到 UTF‐8 的编码方式如下表 2‐1‐3 所示:

表 2‐1‐3　Unicode 到 UTF‐8 的编码方式

Unicode 编码(十六进制)	UTF‐8 字节流(二进制)
000000　00007F	0xxxxxxx
000080　0007FF	110xxxxx 10xxxxxx
000800　00FFFF	1110xxxx 10xxxxxx 10xxxxxx
010000　10FFFF	11110xxx10xxxxxx10xxxxxx10xxxxxx

UTF‐8 的特点是对不同范围的字符使用不同长度的编码。对于 0x00—0x7F 之间的字符,UTF‐8 编码与 ASCII 编码完全相同。对于 n 字节的符号(n>1),第一个字节的前 n 位都

设为 1，第 n+1 位设为 0，后面字节的前两位一律设为 10。剩下的没有提及的二进制位，全部为这个符号的 Unicode 码。UTF - 8 编码的最大长度是 4 个字节。从上表可以看出，4 字节模板有 21 个 x，即可以容纳 21 位二进制数字。Unicode 的最大码位 0x10FFFF 也只有 21 位。

例如，"严"字的 Unicode 编码是 0x 4E25。0x 4E25 在 0x0800—0xFFFF 之间，使用 3 字节模板：1110xxxx 10xxxxxx 10xxxxxx。将 0x4E25 写成二进制是：100111000100101，用这个比特流依次代替模板中的 x，得到：11100100 10111000 10100101，即 E4B8A5。

Python 3 支持 UTF - 8 编码方式，源文件采用 UFT - 8 编码方式。

4. 编码转换

Windows 平台有一个最简单的转化方法，就是使用内置的记事本小程序 notepad. exe。打开文件后，点击文件菜单中的另存为命令，会跳出一个对话框，在最底部有一个编码的下拉条。给出了四个编码选项：ANSI，Unicode，Unicode big endian 和 UTF - 8。其中 ANSI 是默认的编码方式：对于英文文件是 ASCII 编码，对于简体中文文件 GBK 编码。选择完"编码方式"后，点击"保存"按钮，文件的编码方式就立刻转换好了。

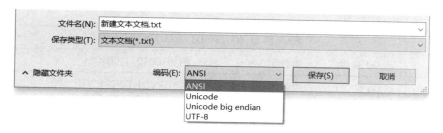

图 2 - 1 - 4　文本文件编码转换

2.2 数值数据的表示和计算

2.2.1 数值数据的常量表示

1. 整数型数据 int

与数学中的整数概念一致,在 Python 3. X 里只有一种整数类型 int。Python 的整数在理论上没有取值范围限制,实际上的取值范围受限于使用的计算机的内存大小。

表 2-2-1 整数的四种进制表示

进制	引导符号	说　　明
十进制	无	默认,例如:100,－100
二进制	0B 或 0b	用数字 0 和 1 来表示,例如:0b1011,0B1011
八进制	0o 或 0O	用数字 0~7 来表示,例如:0o701,0O701
十六进制	0x 或 0X	用数字 0~9 和字母 A~F 或 a~f 来表示,例如:0x10AB,0X10AB

整数类型可以用 4 种进制表示,分别为:十进制、二进制、八进制和十六进制。如表 2-1-1 所示,默认情况下采用十进制,其他进制使用时需要增加引导符号加以区别。

【例 2-2-1】　int 数据示例

```
>>> # 在 shell 中各种进制值的表示
>>> 100
100
>>> 0o137
95
>>> 0b111
7
>>> 0xff
255
>>> type(28346283742874)
<class 'int'>
>>> type(0o137)
<class 'int'>
```

Python 中提供了 bin()、oct()、int()、hex()方法来进行各种进制之间的转换。bin()方法把任意进制数转化为二进制数;oct()方法把任意进制数转化为八进制数;int()方法把任意进制数转化为十进制数;hex()方法把任意进制数转化为十六进制数。

2. 浮点型数据 float

浮点类型数据表示存在小数部分的数据,支持小数形式表示和指数形式表示。

在 Python 中要求浮点数必须带有小数部分,小数部分可以是 0。例如 12 是整数,12.0 就是浮点数。

科学计数法由正号、负号、数字和字母 e(或 E)组成,e 是指数标志,表示以 10 为基数。在 e 之前要有数据,e 之后的指数只能是整数。8.9e$-$4 表示 8.9×10^{-4} 即 0.000 89。

【例 2 - 2 - 2】 float 数据示例

```
>>>type(12)
<class'int'>
>>>type(12.0)
<class'float'>
>>>8.9e-4
0.00089
>>>type(1.2e1)
<class'float'>
```

计算机中的浮点数都是以近似值存储数据,Python 的 float 类型数通常可提供至多 15 个数字的精度。

【例 2 - 2 - 3】 浮点数的精度

```
>>>1.23456789 * 1.23456789
1.5241578750190519
>>>123456789 * 123456789
15241578750190521
```

说明: 对比上述浮点数运算和整数的运算结果,前 15 个数字是一致的。浮点数的运算结果从第 16 个数字开始就可能有误差,这是由浮点数的二进制表示有关。Python 的整数类型的大小是没有限制的,所以可以考虑把要求高精度的浮点数的运算转换为整数运算再求解。

3. 布尔类型数据 bool

Python 的布尔类型数据只有两个:True 和 False,表示真和假。注意书写,首字母要大写。以真和假为值的表达式称为布尔表达式,用于表示某种条件是否成立,是选择控制和循环控制中必不可少的条件判断表达式。

【例 2 - 2 - 4】 布尔数据示例

```
>>>type(True)
<class'bool'>
>>>x,y=10,20
>>>x>y
False
>>>x+10<=y
True
```

4. 复数类型数据 complex

Python 提供复数类型数据,复数由实数部分(real)和虚数部分(image)构成,表示为:

$$real+imag(J/j 后缀)$$

实数部分和虚数部分都是浮点数。

【例 2 - 2 - 5】 复数的常用操作示例

```
>>>aComplex=4.23+8.5j
>>>aComplex
(4.23+8.5j)
>>>aComplex.real #num.real 返回复数的实数部分
4.23
>>>aComplex.imag #num.imag 返回复数的虚数部分
8.5
>>>aComplex.conjugate() #num.conjugate()返回复数的共轭复数
(4.23-8.5j)
```

2.2.2 数值数据的运算符

数值数据可参与的运算包括算术运算、关系运算、逻辑运算,赋值运算,如表 2 - 2 - 2 所示。

表 2 - 2 - 2 数值对象的运算符

运　算　符	描　　述
x＋y,x－y	加、减
x＊y,x/y,x//y,x%y,x＊＊y	相乘、相除、整除、求余、求乘方

续表

运　算　符	描　　述
$<$, $<=$, $>$, $>=$, $==$, $!=$	比较运算符
or , and , not	逻辑运算符
$=$, $+=$, $-=$, $*=$, $/=$, $\%=$, $**=$	赋值运算,复合赋值运算符

1. 算术运算

Python 提供的算术运算包括加、减、乘、除和求与运算,与数学中的算术运算的定义基本相同,不同的地方是 Python 支持的除法区分为普通的除法和整除。

【例 2 - 2 - 6】　整数的除法和整除运算示例

```
>>>x=8
>>>y=4
>>>x/y
2.0
>>>x//y
2
```

【例 2 - 2 - 7】　浮点数的除法和整除运算示例

```
>>>x=3.8
>>>y=0.7
>>>x/y
5.428571428571429
>>>x//y
5.0
>>>x%y
0.30000000000000004
```

说明: % 为求余数的运算,可以通过求余运算来判断一个数是否能被另一个数整除。

【例 2 - 2 - 8】　请列出计算半径为 4.5 的球的体积的表达式

```
>>>import math
>>>4 * (math. pi * 4.5 * 4.5 * 4.5)/3
381.7035074111598
>>>
```

说明：math. pi 表示圆周率 π,使用方法为首先导入非内置模块 math,再使用该模块提供的 pi 方法获得圆周率。

2. 关系运算

数值运算的关系表达式由数值数据和关系运算构成,得到的结果为布尔类型数据:True 或 False,一般形式为:

<数值1><关系运算符><数值2>

关系运算符包括<、<=、>、>=、==、! =,分别表示小于、小于等于、大于、大于等于、等于和不等于。其中要注意等于运算符"=="和赋值运算符"="的区别,初学者常犯的错误就是以"等于"来表示"相等"的关系。

【例 2-2-9】 区别运算赋值"="与关系运算相等"=="

```
>>>20==20
True
>>>20=20
SyntaxError:can't assign to literal
>>>x,y=10,20
>>>x==y
False
>>>x=y
>>>x
20
```

在 Python 中还允许使用级联比较形式,可用如下形式比较 a、b、c 三数的大小:a<=b<=c。

【例 2-2-10】 级联比较形式示例

```
>>>a,b,c=10,20,30
>>>a<=b<=c
True
```

说明：a<=b<=c 等同于 a<=b and b<=c

对浮点数据进行相等的关系运算时,不能直接用等于"=="操作。浮点数类型能够进行高精度的计算,但是由于浮点数在计算机内是用固定长度的二进制表示,有些数可能没有办法精确的表示,计算会引起误差。

【例2-2-11】 浮点数的误差示例

>>>x＝3.141592627
>>>x－3.14
0.0015926269999999576
＃上例 x－3.14 的值并没有得到 0.001592627,结果略小一些,又如
>>>2.1－2.0
0.10000000000000009
＃上例中得到的结果又比正确的结果略大了一些。

从这个例子可以得到一条经验:不能用＝＝来判断是否相等,而是要检查两个浮点数的差值是否足够小,从而判定是否相等。

【例2-2-12】 判断两个浮点数是否相等示例

>>>2.1－2.0＝＝0.1
False
>>>esp＝0.000000001
>>>abs((2.1－2.0)－0.1)＜esp
True

3. 逻辑运算

关系运算只能表示简单的布尔判断,复杂的布尔表达式还需要逻辑表达式来构成。逻辑表达式通过逻辑运算与(and)、或(or)、非(not),可以将简单的布尔表达式联结起来,构成更为复杂的逻辑判断。

表2-2-3 逻辑运算的真值表

a	b	a and b	a or b	not a
False	True	False	True	True
False	False	False	False	True
True	True	True	True	False
True	False	False	True	False

【例2-2-13】 判断某一年是否是闰年

判断闰年的依据满足下面两个条件之一:
该年能被 4 整除但不能被 100 整数
该年能被 400 整除

>>>y＝2010
>>>(y％4＝＝0 and y％100！＝0)or(y％400＝＝0)

False
>>>y=2012   ♯符合第一个条件
>>>(y%4==0 and y%100!=0)or(y%400==0)
True
>>>y=2000   ♯符合第二个条件
>>>(y%4==0 and y%100!=0)or(y%400==0)
True

2.2.3 表达式的求值

表达式的计算过程又称为表达式的求值。表达式可以很简单,也可能很复杂,其中包含了多个不同类型的运算符,那不同类型的运算符按照什么顺序运算呢? 在数学表达式中的数据是不分类型的,都是数值,而计算机表达式中的数据区分不同的类型,相同类型数据运算得到相同类型的数据,那不同类型的数据出现在同一表达式中,如何运算? 得到的是何种数据类型呢? 毕竟不同数据类型数据的存储编码形式是不同的。这就涉及到表达式的计算顺序和混合运算的类型转换问题。

1. 计算顺序

影响表达式计算顺序的因素包括:运算符的优先级、运算符的结合方式和括号。

(1) 优先级

四则运算中先乘除后加减,也就是说乘除的优先级比加减要高,在计算中先做。程序设计语言会给每一个运算符确定一个优先级,具有较高优先级的运算符要比较低运算符优先计算。算术运算符的优先级设定与数学中基本相符。

数值数据常用运算符的优先级由高到低如下表2-2-4所示。

表2-2-4 数值数据常用运算符的优先级

序号	运算符	描述	序号	运算符	描述
1	x**y	幂	5	x<y,x<=y,x==y,x!=y,x>=y,x>y	比较
2	+x,-x	正,负	6	not x	逻辑否
3	x*y,x/y,x%y	乘,除,取模	7	x and y	逻辑与
4	x+y,x-y	加,减	8	x or y	逻辑或

【例2-2-14】 运算符优先级示例

>>>-2**2
-4
>>>x=y>15
>>>x

True

> 说明：上例中的表达式－2＊＊2先计算2的平方，再求负数，而不是求－2的平方，因为符号运算符的优先级比幂运算要低。表达式x＝y＞15先计算y＞15得到True，再执行赋值运算，将True赋给x，因为关系运算的优先级比赋值运算的优先级高。

（2）结合方式

如果操作数两侧运算符优先级相同，则按照结合性（结合方向）决定计算顺序。若结合方向为"从左到右"，则操作数先与右面的运算符结合；若结合方向为"从右到左"，则操作数先与左面的运算符结合。一目运算符、幂运算、赋值运算是从右向左结合，其他的二目运算是从左向右结合。

例如表达式2＊＊2＊＊3中，幂运算的结合方式是从右向左，所以先计算2＊＊3得到8，再计算2＊＊8得到256，结果如下：

【例2－2－15】　运算符结合方式示例

```
>>>2 * *2 * *3
256
```

（3）括号

括号可以突破计算的优先级，强制地规定计算顺序，括号括起部分的表达式会先行计算，计算的结果再参与括号外的表达式的计算。

2. 数据类型转换

（1）数据类型的自动转换

计算机中的运算与数据类型有密切关系，由于数据类型的限制，程序中一般同类型数据运算得到同类型的数据，例如3＋4得到5，操作数和结果都是整数。如果表达式中包含不同数据类型的数据对象，就出现了混合运算，不同类型的数据运算要进行类型转换。表达式计算中碰到不同的数据类型例如3.0＋2，先通过转换将2转换为2.0，然后才会进行实际的浮点数运算，这种转换是系统自动完成的，不需要在程序中写出，所以称为**自动转换**或**隐式转换**。

【例2－2－16】　自动转换示例

```
>>>3.0+2
5.0
>>>type(3.0+2)
<class'float'>
```

(2) 数据类型的强制转换

如果自动转化不符合需求,程序语言还引入了**强制转换机制**或**显式转换**,在程序语句中明确类型转换的描述,要求执行类型转换。Python 语言提供各种类型的转换函数,常用类型转换函数如表 2-2-5 所示。

表 2-2-5 常用类型转换函数

函数	描述	函数	描述
int(x[,base])	将 x 转换为一个整数	ord(x)	将一个字符转换为它的 ASCII 编码的整数值
float(x)	将 x 转换到一个浮点数	chr(x)	将一个整数转换为一个字符,整数为字符的 ASCII 编码
complex(real[,imag])	创建一个复数	hex(x)	将一个整数转换为一个十六进制字符串
str(x)	将对象 x 转换为字符串	oct(x)	将一个整数转换为一个八进制字符串
repr(x)	将对象 x 转换为字符串	eval(str)	将字符串 str 当成有效表达式来求值,并返回计算结果

【例 2-2-17】 显式转换示例

```
>>>x,y=23,12          #变量 x,y 的值为整数 23 和 12
>>>y=float(y)+0.5     #强制转换 y 的值为 12.0 参加浮点运算
>>>y
12.5
>>>complex(x,y)       #创建复数,x,y 为实部和虚部的值
(23+12.5j)
>>>str(x)             #读取 x 的值转化为字符串,存储在 x 中的值不变
'23'
>>>hex(x)             #读取 x 的值转化为十六进制字符串,存储在 x 中的值不变
'0x17'
>>>oct(x)             #读取 x 的值转化为八进制字符串,存储在 x 中的值不变
'0o27'
>>>repr(x+20)         #读取 x 的值加 20 后转化为字符串,存储在 x 中的值不变
'43'
>>>chr(13)            #得到 13 所表示的字符:回车
'\r'
>>>ord('\n')          #得到换行符的 ASCII 值
10
>>>eval('x-y')        #计算字符串表示的表达式的值
```

11.0

2.2.4　典型数值数据算法设计

1. 累和算法

有很多数学多项式是由 n 个子项累加构成,相邻子项有规律的变化。这一类问题的解决应用累和算法。累和算法的通项公式为:

$$s = s + item$$

s 称为累加器,初值为零。每次累加一个子项 item。然后构建一个循环结构,描述 item 的变化规律。

前面介绍过的"求 1+…+N"的算法就是一个典型的累和算法。下面继续探讨不同 item 变化下的算法构建方法。

【例 2-2-18】　求 s=a+aa+aaa+aaaa+aa...a 的值,其中 a 是一个数字。例如 2+22+222+2 222(此时共有 4 个数相加),多项式的项数 n 和 a 值由键盘输入

在这个多项式中,item 从 a 变化到 aa,再变化到 aaa,其变化规律是后一个 item 是前一个 item 乘 10 加 a,例如:aa=a*10+a,所以 item 的变化规律可以表示为

$$item = item * 10 + a$$

算法描述如下:

1　输入 a 和 n
2　累加器 a 清零
3　item 初值为 a
4　循环 i 从 0 到 n−1,step1
　　4.1　累加 item 到 s
　　4.2　构建下一个 item
5　输出 s

程序实现如下

```python
n=int(input('n='))
a=int(input('a='))
S=0
item=a
for i in range(n):
    S=S+item        #累加求和
    item=item*10+a
print("计算和为:",S)
```

运行结果如下：

```
>>>
n=3
a=5
计算和为:615
```

变量的初值设定与循环体中通项公式的顺序是相关的。

思考：for 语句修改如下，变量 S 和 item 的初值需要修改吗？

```
for i in range(n):
    item=item*10+a
    S=S+item        #累加求和
```

【例 2-2-19】 编写程序，用下列公式计算 π 的近似值，直到最后一项的绝对值小于 10^{-6} 为止

$$\frac{\pi}{4}=1-\frac{1}{3}+\frac{1}{5}-\frac{1}{7}+\frac{1}{9}-\cdots$$

观察这个多项式的每一项由三部分构成：符号、分子 1 和分母。分子不变，符号有规律的正负变化，分母从 1 开始每次增 2，item 的变化规律可以用通项公式表示如下，其中 flag 表示正负号，t 表示分母：

item=flag/t

flag=-flag

t=t+2

本例的循环控制条件是按最后一项 item 的值小于 10^{-6} 时停止循环，是一个当型循环。

算法描述如下：

```
1   设置累加器 total 为零
2   按多项式第一项设置 flag,t 的初值
3   计算 item 的值
4   循环当 item 的绝对值大于等于 10⁻⁶
    4.1   total=total+item
    4.2   flag=-flag
    4.3   t=t+2
    4.4   item=flag/t
5   输出 pi 的值
```

根据算法描述程序实现如下：

```
import math
total=0
```

```
    t＝1
    flag＝1
    item＝1
    while math. fabs(item)＞＝1e－6：
        total＝total＋item
        flag＝－flag
        t＝t＋2
        item＝flag/t
    print(total ＊ 4)
```

运行结果如下：

```
>>>
3.141590653589692
>>>
```

2. 求平均值

平均值是累加和除以累加的项数,这里在累加的同时需要计数累加的个数。

【例 2－2－20】 输入一组任意浮点数,求所有负数的平均值。输入"quit"结束

设置变量 x 表示输入的浮点数,s 表示累加和,n 表示计数输入数的个数。s/n 的值即为平均值。循环控制当输入的 x 不等于"quit"时执行。算法描述如下：

```
1  累加器 s 清零
2  计数器 n 清零
3  输入一个浮点数到 x
4  循环当 x 不等于 quit
   4.1   如果 x＜0 则：
         4.1.1   s＝s＋x
         4.1.2   n 增 1
   4.2   输入下一个浮点数到 x
5  输出平均值 s/n
```

编写程序是注意 x 变量的数据类型的变化。输入的值是一个字符串赋值给 x,循环条件比较时 x 应为字符串类型,才能和字符串常量"quit"相比较。进入循环体,执行累加操作时要转换为浮点类型。根据算法描述,编写程序如下：

```
s＝0
n＝0
x＝input("请输入一个浮点数：")
while x！＝"quit"：
```

$$x=float(x)$$
$$if\ x<0:$$
$$s=s+x$$
$$n=n+1$$
$$x=input("请输入一个浮点数:")$$
print("负数的平均值为:{:.2f}".format(s/n))

运行结果示例如下:

```
>>>
请输入一个浮点数:9.5
请输入一个浮点数:-12.35
请输入一个浮点数:2.33
请输入一个浮点数:1.2
请输入一个浮点数:-20.88
请输入一个浮点数:quit
负数的平均值为:-16.61
>>>
```

构建当型循环的控制结构时,要抓住循环控制变量三要素:循环控制变量的初值,循环控制变量的终止值,改变循环控制变量。当型循环的控制结构的算法模式如下:

```
1   循环控制变量初值
2   while 循环控制变量不等于终值
    2.1   循环通项
    2.2   改变循环控制变量的值
```

在本例中,循环控制变量是 x,x 的初值在 while 语句的前面设定,输入一个浮点数到 x;x 的终值体现在 whil 语句的条件判断,x 的终值为"quit";改变循环控制变量体现在循环体中最后一句,输入下一个值到 x。三个要素缺一不可。如果循环体中没有改变 x 的语句,将是一个死循环。在调试程序时,碰到死循环的情况,通常要在这一点上查错。

break 语句的作用是跳出当前循环。可以构建一个从循环体中跳出的循环控制算法模式,把循环控制变量的两个要素合成为一个。

```
1   while   True:
    1.1   改变循环控制变量的值
    1.2   if<条件>:
              break
    1.3   循环通项
```

while True 表示循环条件始终为真。在循环体中利用 if 语句终止循环,当 if 条件为真时,执行 break 语句,跳出循环结构。

使用 while True 循环控制模式,【例 2－3－20】可以改写如下:

```
s=0
n=0
while True:
        x=input("请输入一个浮点数:")
        if x=="quit":
                break
        x=float(x)
        if x<0:
                s=s+x
                n=n+1
print("负数的平均值为:{:.2f}".format(s/n))
```

需要注意的是,if…break 中的条件是终止循环的条件,而 while 语句后的条件是执行循环的条件,正好相反。

思考: 如果要求分别求正数和负数的平均值,如何修改程序?

3. 求最大值最小值算法

求最大值算法的基本思想是假设第一个数是当前最大值,然后逐个与第 2 个数、第 3 个数……最后一个数比较验证,如果碰到一个比当前最大值更大的数,修改当前最大值。当所有的数的比较完毕,修改当前最大值就是所求的最大值。求最小值也是同样的思路。

这就好比是擂台赛。首先台上有一位守擂的擂主,然后不断有人上来攻擂,如果把擂主打败,就产生新的擂主,最后站在台上的就是胜利者(最大值)。

【例 2－2－21】　输入一组浮点数,求其中的最大值,输入 over 结束程序

设置变量 maxnum 表示当前最大值(守擂),x 表示验证数(攻擂),求最大值的算法描述如下:

1　输入第一个数到 maxnum
2　输入第二个数到 x
3　循环当 x 不等于"over"
　　3.1　如果 x＞maxnum 则 maxnum＝x
　　3.2　输入下一个数到 x
4　输出最大值 maxnum

程序实现如下:

```
maxnum=input("请输入一个浮点数:")
if maxnum=="over":
        exit(0)
```

```
else：
        maxnum＝float(maxnum)
x＝input("请输入一个浮点数:")
while x! ＝"over"：
        x＝float(x)
        if x＞maxnum：
                maxnum＝x
    x＝input("请输入一个浮点数:")
print("最大值是",maxnum)
```

运行结果示例如下：

```
>>>
请输入一个浮点数:9.34
请输入一个浮点数:-0.25
请输入一个浮点数:190.382
请输入一个浮点数:88.27
请输入一个浮点数:-82.99
请输入一个浮点数:over
最大值是 190.382
>>>
请输入一个浮点数:over
>>>
```

说明：exit(0)的作用是终止程序的执行。

思考：

如果求最小值如何修改算法？

如果求第几个数是最大值,如何修改算法？

4. 取位算法

算术运算中的整除运算和求余运算可以应用于一个整数的取位操作,其中：

截位操作:x＝x//10

取位操作:b＝x%10

例如将一个三位数 398 的每一位取出来的过程如下：

```
398%10＝8
398//10＝39
39%10＝9
```

39//10＝3
3％10＝3
3//10＝0

【例 2 - 2 - 22】 输入一个正整数,计算它的每一位数字之和

设置变量 x 为被取位的数,b 为取出的一个数字。观察上面取位的过程,当 x 的值为零时,循环结束,所以 x 为循环控制变量。它的初值是通过输入设置的,它的终值为 0,每循环一次,切去最后一位。循环通项是取最后一位数字,累加到 s。整个取位求和的算法描述如下

```
1   累加器清零
2   输入一个数到 x
3   循环当 x 不等于0
    3.1   取最后一个位数字到 b
    3.2   累加 b 到 s
    3.3   x 截尾
4   输出 s
```

程序实现如下:

```
s＝0
x＝int(input("input x:"))
while x!＝0:
            b＝x％10
            s＝s+b
  x＝x//10
print("s＝",s)
```

运行结果示例:

```
>>>
input x:398
s＝20
>>>
```

在上述算法描述和源程序中斜体语句是取位算法的核心语句,取位算法模式如下所示:

```
1   输入一个数到 x
2   循环当 x 不等于0
    2.1   循环通项
    2.2   x 截尾
```

取位算法在很多场合可以得到应用,例如求一个整数的逆序数,判断水仙花数,判断回文数等等。

【例 2-2-23】 求一个整数的逆序数与该整数之间的差值

一个整数可以通过加权构造得到,例如数字 1,2,3 构造为 123 的过程为:

```
0 * 10+1=>1
1 * 10+2=>12
12 * 10+3=>123
```

观察上述过程可以得到按位加权构造整数的通项公式:$x = x * 10 + b$

取位算法取位的顺序是从最后一位向前取位。再通过整数的按位加权构造公式从最后一位重新构造得到的整数就是逆序数。

算法描述如下:

```
1 reverseNum 初值为 0
2   输入一个数到 x
3   保存 x 的值到变量 Num
4   循环当 x 不等于 0
   4.1    取最后一个位数字到 b
   4.2    reverseNum=reverseNum * 10+b
   4.3    x 截尾
5  输出 reverseNum-Num 的绝对值
```

程序实现如下:

```
reverseNum=0
x=int(input("input x:"))
Num=x
while x! =0:
        b=x%10
        reverseNum=reverseNum * 10+b
        x=x//10
print("{}与逆序数{}的差值为:{}". format(Num,reverseNum,abs(reverseNum-Num)))
```

运行结果示例:

```
input x:891
891 与逆序数 198 的差值为:693
```

思考:

(1) 什么时候输出结果为 0?

（2）如果考虑可以输入负数,程序需要怎么修改？

5. 穷举法

《希腊诗文集》以诗歌形式记录古希腊的大数学家丢番图的墓志铭。请你算一算,丢番图到底活到多少岁？

过路的人!	五年后儿子出生,
这儿埋葬着丢番图。	不料儿子竟先其父四年而终,
请计算下列数目,	只活到父亲岁数的一半。
便可知他一生经过了多少寒暑。	晚年丧子老人真可怜,
他一生的六分之一是幸福的童年,	悲痛之中度过了风烛残年。
十二分之一是无忧无虑的少年。	请你算一算,丢番图活到多大,
再过去七分之一的年程,	才和死神见面？
他建立了幸福的家庭。	

设丢番图的年龄为 x,根据墓志铭的描述,可以得到如图所示的一元一次方程。

$$x=1/6x+1/12x+1/7x+5+1/2x+4$$

图 2-2-1　求解丢番图的年龄的方程

接下来就可以很方便的求解一元一次方程,得到 x 等于 84 岁。可是如果这个问题交给计算机来解决,计算机不会解方程,那它会怎么做呢？

【例 2-2-24】　使用穷举法求解丢番图到底活到多少岁

计算机可以使用穷举法解决这个问题,穷举丢番图所有可以的岁数,例如从 1 到 99 岁,然后代入求解,看上面的等式是否成立,成立则 age 为所求。算法描述如下：

循环列举 age 从 1 到 99
　　如果 age 符合条件 age＝＝age/6＋age/12＋age/7＋5＋age/2＋4
　　则输出 age

程序实现：

```
for age in range(1,100):
        if age＝＝age/6＋age/12＋age/7＋5＋age/2＋4:
                print("age＝",age)
```

运行结果：

```
>>>
age＝84
>>>
```

穷举法就是对该解空间范围内的众多候选解按某种顺序进行逐一枚举和检验,直到找到一个或全部符合条件的解为止。穷举实现的结构如图2-1-2所示,由两部分构成。首先考虑穷举所有的方案的循环结构。然后是通过选择结构实现条件的验证。

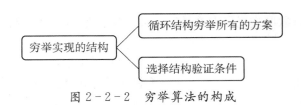

图2-2-2 穷举算法的构成

穷举法循环结构的构建主要决定于影响方案的变量有几个。上例中,变量只有年龄一个,所以一层循环结构穷举所有可能的age。下面再看一个包含多个变量的例子。

【例2-2-25】 百钱百鸡问题

京城有位卖鸡的张老汉,他有个儿子非常崇明,擅长算术,是远近闻名的小神童。宰相听说后想试探究竟,于是派仆人到店里打听鸡的价钱。张老汉告知:公鸡五文钱一只,母鸡三文钱一只,小鸡一文钱三只"。仆人给他一百文钱,要求公鸡母鸡小鸡都要,数量不多不少一百只。张老汉怎么想也想不明白,只好请教儿子。小神童不慌不忙掐指一算给出了答案。请用穷举法解决百钱百鸡问题。

本例中列举方案包括公鸡几只、母鸡几只、小鸡几只,涉及三个变量,需要三个变量的迭代列举,通过三层循环实现。验证条件有两个,一个是100只鸡,另一个是100元钱。使用穷举法,算法描述如下:

```
循环列举 cock 从 1 到 99
    循环列举 hen 从 1 到 99
    循环列举 chick 从 1 到 99
        如果 cock+hen+chick 等于 100 并且 5*cock+3*hen+chick/3 等于 100
        则输出(cock,hen,chick)
```

程序实现:

```python
for cock in range(1,100):
    for hen in range(1,100):
        for chick in range(1,100):
            if cock+hen+chick==100 and\
            5 * cock+3 * hen+chick/3==100:
                print("cock:{},hen:{},chick:{}"\
                .format(cock,hen,chick))
```

运行结果:

```
>>>
cock:4,hen:18,chick:78
```

```
cock:8,hen:11,chick:81
cock:12,hen:4,chick:84
```

这个程序中循环嵌套了三层,if 语句的频度是 99 * 99 * 99,算法的效率低,可以根据条件优化算法。

```
for cock in range(1,21):                #公鸡5文一只,最多20只
        for hen in range(1,34):             #母鸡3文一只,最多33只
                chick=100-hen-cock          #根据列举的公鸡数和母鸡数计算小鸡数
                if 5 * cock+3 * hen+chick/3==100:
                        print("cock:%d,hen:%d,chick:%d"%(cock,hen,chick))
```

优化后的算法,循环嵌套减少了一层,if 语句的频度是 20 * 33。

2.2.5　数值数据处理函数

1. 数值处理的相关模块

① Python 标准库中有数值数据处理的相关模块包括:

- math 模块:数学函数。
- cmath 模块:复数运算数学函数。
- decimal 模块:高精度数值运算函数。
- fractions 模块:分数运算函数。
- random 模块:随机数函数。

② 第三方扩展库中数值数据处理的相关模块有:

- Numpy 模块:更高效的数值处理模块,提供了 n 维数组对象、矩阵运算的功能,还有随机数、线性代数、傅立叶变换等高级功能。
- Scipy 模块:用于数学、科学、工程领域的常用科学计算模块,可以处理插值、积分、优化、图像处理、常微分方程数值解的求解、信号处理等问题。

2. math 模块和数学函数

Python 标准模块 math 中,提供了许多常用的数学函数,包括三角函数、对数函数和其他通用数学函数,如下表所示。math 模块中的函数不支持复数,cmath 模块支持复数计算。

math 模块包含 4 个常量如表 2 - 2 - 6 所示。

表 2 - 2 - 6　math 的常量

常数	描　　述
math. pi	圆周率 π,3. 141 592 653 589 793
math. e	自然对数,2. 718 281 828 459 045

常数	描述
math. inf	正无穷大∞
math. nan	非浮点标记,NaN(Not a Number)

math 模块常用的函数有数值运算函数如表 2-2-7、幂和对数函数如表 2-2-8、三角函数如 2-2-9 所示。

表 2-2-7　math 的数值运算函数

函数	描述
math. ceil(x)	返回不小于 x 的最小整数,例如 math. ceil(25. 4)的值是 26
math. copysign(x,y)	返回符号为 y 的 x 的值,例如 math. copysign(8. 9,−2. 4)的值为−8. 9
math. fabs(x)	返回 x 的绝对值
math. factorial(x)	返回正整数 x 的阶乘值
math. floor(x)	返回不大于 x 的最大整数. 例如 math. floor(25. 8)是 25
math. fmod(x,y)	返回 x 与 y 的余数。例如 math. fmod(5,2)的值为 1. 0
math. frexp(x)	返回(m,e)使得 $x=m \times 2^e$
math. fsum(iterable)	返回迭代序列 iterable 的累加和。例如 math. fsum(range(1,101))的值为 5 050
math. isfinite(x)	当 x 不是极值(Nan,正负无穷大)时返回 False,其他返回 True。
math. isinf(x)	当 x 为无穷大,返回 True;否则,返回 False。
math. isnan(x)	当 x 为 Nan 时,返回 True;否则,返回 False。
math. ldexp(x,i)	frexp(x)的反函数。返回 $x \times 2^i$
math. modf(x)	返回 x 的小数部分和整数部分。例如 math. modf(1. 23)的值为(0. 229 999 999 999 999 98,1. 0)
math. trunc(x)	返回 x 的整数部分

表 2-2-8　math 的幂和对数函数

函数	模　块
math. exp(x)	返回 e^x
math. expml(x)	返回 e^{x-1}
math. log(x) math. log(x,base)	返回 $\log_e x$ 返回 $\log_{base} x$
math. log1p(x)	返回 $\log 1 + x$
math. log2(x)	返回 $\log_2 x$
math. log10(x)	返回 $\log_{10} x$
math. pow(x,y)	返回 x^y

表 2 - 2 - 9　math 的三角函数

函　数	描　　　述
math. acos(x)	返回 x 的反余弦
math. asin(x)	返回 x 的正余弦
math. atan(x)	返回 x 的反正切
math. atan2(y,x)	返回 x 的 atan(y/x)
math. cos(x)	返回 x 的余弦
math. hypot(x,y)	返回欧几里得距离 $\sqrt{x^2 + y^2}$
math. sin(x)	返回 x 的正弦
math. tan(x)	返回 x 的正切
math. degrees(x)	将 x 从弧度转化为角度
math. radians(x)	将 x 从角度转化为弧度

3. random 模块和随机函数

random 模块包含各种伪随机数生成函数以及各种根据概率分布生成随机数的函数。该模块基于梅森旋转算法,使用 Mersenne Twister 生成器在[0.0,1.0)范围生成一致分布的随机值。

(1) 种子和随机状态

使用 random 的模块函数 seed(),可以设置伪随机数生成器的种子,其基本形式如下,
random. seed(a=None,version=2)

其中 a 为种子。没有指定 a 时使用系统时间。如果 a 为整数,直接使用。当 a 不为整数,且 version=2 时,则 a 转化为整数,否则使用 a 的哈希值。

【例 2 - 2 - 26】 设置相同的种子,每次运行产生随机数是相同的,所以成为伪随机数,即随机状态由种子确定

```
>>>import random
>>>random. seed(10)
>>>random. randint(10,20)
19
>>>random. randint(10,20)
10
>>>random. seed(10)
>>>random. randint(10,20)
19
>>>random. randint(10,20)
10
```

(2) 随机函数

random 模块提供的随机函数如表 2-2-10 所示。

表 2-2-10　random 模块的常用函数

函 数	描 述
random.random()	返回一个[0.0,1.0)的一个随机小数
random.randint(a,b)	返回[a,b]之间的一个整数
random.randrange(start,[stop,[step]])	返回序列[star,stop,step]确定的序列中一个随机整数
random.getrandbits(k)	返回位长(bit)为 k 的一个随机整数
random.choice(seq)	从序列 seq 中随机抽取一个元素
random.sample(population,k)	从 population 序列中随机抽取 k 个元素,返回列表
random.shuffle(seq)	混排序列 seq

【例 2-2-27】　选用 random 函数获取下列随机数据

```
>>>random.random()          #产生一个 0~1 之间的随机小数
0.4288890546751146
>>>random.randint(50,100)   #产生一个 50~100 之间的随机整数
86
>>>random.randrange(1,101,2)   #产生一个 100 以内的随机奇数
27
>>>L=["aa","bb","cc","dd","ee"]
>>>random.choice(L)          #随机抽取 L 中的一个元素
'dd'
>>>random.sample("abcdefghijklmn",5)   #从字符串中随机抽取 5 个字符
['n','h','e','k','c']
>>>random.shuffle(L)          #打乱 L 列表的顺序
>>>L
['cc','ee','bb','dd','aa']
```

2.3　文本的表示和计算

随着计算机的应用在各行各业的普及,程序的处理对象也日益丰富,大量应用于文本数据的处理,例如各类信息管理系统、文本编辑器、电子出版物、搜索引擎等等。文本数据在程序中通常是以字符串类型表示的,字符串由字符构成。Python 语言表示字符串的数据类型是 str 类,str 类定义了字符串类型的常量表示、基本运算和操作方法。

2.3.1　文本数据的表示

1. 字符

计算机中表示文本的最基本的单位是字符,包括可打印字符和不可打印的控制字符:可打印字符包括:

① 英文的大小写字母 a～z,A～Z;

② 数字字符 0～9;

③ 标点符号和一些键盘上的常见符号。

不可打印控制字符包括回车、制表符、退格等。在程序中需要以转义字符表示这些控制字符。Python 中的转义字符以"\"为前缀,如图表 2-3-1 所示。

表 2-3-1　Python 的转义字符

转义字符	描述	转义字符	描述
\\	反斜杠符号	\t	横向制表符
\'	单引号	\r	回车
\"	双引号	\n	换行
\a	响铃	\（在行尾时）	续行符
\b	退格（Backspace）	\f	换页
\e	转义	\yyy	八进制数 yyy 代表的字符,
\000	空	\xyy	十六进制数 yy 代表的字符,

2. 字符串常量

在 Python 中字符串可以用一对单引号(')、双引号(")或者三引号(''')来表示。三者的差别在于:使用单引号表示字符串时,字符串中可以包含双引号;使用双引号表示字符串时,字符串中可以包含单引号;使用三引号表示字符串时,字符串内容可以包含单引号、双引号和换行符。

【例 2-3-1】 字符串的常量表示

```
>>>print("It's fine!")
It's fine!
>>>print('这幅画"形神兼备,充满生机"')
幅画"形神兼备,充满生机"
>>>print("""It's fine!
这幅画"形神兼备,充满生机"""")
It's fine!
这幅画"形神兼备,充满生机"
```

Python 还支持只有引号""的空字符串。

【例 2-3-2】 空字符串示例

```
>>>"
"
>>>""
"
```

Python 同样支持以"\"为前缀的转义字符,例如使用转义字符"\n"可以在输出时使字符串换行。

【例 2-3-3】 转义字符使用示例

```
>>>print("hello everyone\ntoday is a great day!")
hello everyone
today is a great day!
```

3. 字符串变量

字符串同样也可以使用字符串变量来操作。字符串变量的实质是一个指向字符串对象的标识符。

【例 2-3-4】 字符串变量示例

```
>>>s="hello"
>>>print(s)
hello
>>>t=s
>>>id(s)==id(t)  #t 和 s 指向同一个字符串对象"hello"
```

True

2.3.2 字符串的基本计算

Python 中提供了 5 个字符串的基本操作符,如表 2-3-2 所示。

表 2-3-2 字符串基本操作符

操作符	描　　述
a+b	连接字符串 a 和 b
a＊n	重复输出 n 次字符串 a
a[n]	索引字符串中索引号为 n 的字符
a[m:n]	截取字符串 a 中从[m,n)的子串
a in b	如果字符串 a 是字符串 b 的子串,返回 True,否则返回 False

1. 连接和复制操作

字符串类型支持的运算有＋和＊,可以使用＋联接两个字符串。

【例 2-3-5】 联接运算示例

```
>>>s='shang'
>>>s+='hai'
>>>s
'shanghai'
```

【例 2-3-6】 复制运算示例

```
>>>"hi" * 5
'hi hi hi hi hi'
>>>s="hi"
>>>t=s*3
>>>t
'hihihi'
```

2. 索引操作

在前一章中已经介绍了通过字符串的索引值获取字符串中的字符或子串。切片操作的完整的使用方法为:

<字符串>[start:end:step],

即获取下标从 start 到 end-1 的间隔为 step 的字符串。

【例 2-3-7】 输出 4 月份的英文缩写

```
>>>months="JanFebMarAprMayJunJulAugSepOctNovDec"
>>>monthAbbrev=months[(4-1)*3:(4-1)*3+3]
>>>print(monthAbbrev)
Apr
>>>print(months[0:36:3])
JFMAMJJASOND
```

此外还有一个经常用到的应用:翻转字符串

【例 2-3-8】 翻转字符串

```
>>>s='abcdefg'
>>>print(s[::])
abcdefg
>>>print(s[::-1])
gfedcba
>>>
```

需要注意的是,索引操作是根据下标返回符合要求的字符对象或字符串对象,Python 不支持以任何方式改变字符串类型对象的值,不能通过下标的方式来改变字符串中的某一个字符。

【例 2-3-9】 字符串修改错误示例

```
>>>s[5]='i'
Traceback(most recent call last):
  File"<pyshell#20>",line 1,in<module>
s[5]='i'
TypeError:'str'object does not support item assignment
```
出错提示给出类型错误:str 对象不支持对其成员赋值。

3. 子串测试操作

子串测试操作 in 可以测试一个子串是否存在于另一个字符串中,计算结果返回布尔值,用法为:<子串>in<字符串>

【例 2-3-10】 子串测试操作示例

```
>>>'py'in'python'
```

True
>>>t='the'
>>>t in s
False

2.3.3　str 对象的方法

str 类提供了丰富的字符串操作的方法,如表 2－3－3 所示,S 表示一个 str 对象。读者同样可以通过 help(str)查询更多的字符串操作的方法。

表 2－3－3　str 类的常用方法

str 的常用方法	描　述
S. capitalize( )	返回首字符大写后的字符串,S 对象不变
S. lower( )	返回所有字符改小写后的字符串,S 对象不变
S. upper( )	返回所有字符改大写后的字符串,S 对象不变
S. strip( )	返回删去前后空格后的字符串,S 对象不变
S. replace(old,new)	将 S 对象中所有的 old 子串用 new 子串代替
S. count(sub[,start[,end]])	计算子串 sub 在 S 对象中出现的次数,start 和 end 定义起始位置
S. find(sub[,start[,end]])	计算子串 sub 在 S 对象中首次出现的位置
S. join(iterable)	将序列对象中所有字符串合并成一个字符串,S 对象为连接分隔符
S. split(sep＝None)	将 S 对象按分隔符 sep 拆分为字符串列表,默认为空格

str 对象方法的调用形式为:

＜字符串＞.方法名(＜参数＞)

在命令行提示符后输入对象名. ,稍作停留,会显示该对象的所有方法的列表,使用上下光标键可以选择所需的方法。

【例 2－3－11】　str 对象方法示例

>>>s=' hello python '
>>>t=s. strip()　＃去除左右空格
>>>s
' hello python '
>>>t
'hello python'
>>>t. upper()　　＃字符大写
'HELLO PYTHON'

```
>>>t. capitalize()    #首字符大写
'Hello python'
>>>t. count('o')      #统计查找串出现的次数
2
>>>t. find('o')       #寻找字符,返回下标值
4
>>>t. find('o',5)     #从位置下标5开始向后查找
10
>>>t. replace('hello','hi')    #替换字符串
'hipython'
>>>t
"hello python"
>>>L="1997－10－28". split("－")    #分裂字符串
>>>L
['1997','10','28']
>>>s="I love Python\tI love C++\nI love programming. "
>>>print(s)
I love Python    I love C++
I love programming.
>>>Ls=s. split()    #缺省参数分裂字符串
>>>Ls
['I', 'love', 'Python', 'I', 'love', 'C++', 'I', 'love', 'programming. ']
>>>Lt="". join(Ls)
>>>print(Lt)
I love Python I love C++I love programming.
```

说明:

(1) 由上例可以看出 str 对象的 strip()、upper()、capitalize()、replace()等方法会进行字符的修改操作,但都是返回一个新的字符串对象,而字符串对象本身的内容是不变的。

(2) str 对象的 count()、find()函数执行统计和查找操作。

(3) str 对象的 split()函数根据参数字符将一个字符串分裂为若干个子串,返回包含所有子串的列表对象。如果参数为空,那么所有能产生空格的字符都是分裂标志字符,例如空格、制表符、换行符。

str 对象的 join()函数可以将参数序列中的元素使用连接分隔符粘合为一个字符串。

2.3.4　字符串典型算法设计

1. 身份证解析

【例 2 - 3 - 12】　身份证解析：输入一个昵称和身份证号的信息，从身份证中提取出生日期和性别的信息，输出昵称和出生日期，且在 6 月份出生的人员后标注"准备礼物"，如果该用户是女性，则再加上"＋鲜花"进行标注

运行示例：

示例 1
```
>>>
请输入昵称：红太狼
请输入身份证号码：309012199606230083
红太狼　1996 年 06 月 23 日
准备礼物＋鲜花
>>>
```
示例 2
```
>>>
请输入昵称：灰太狼
请输入身份证号码：309012199306130134
灰太狼　1993 年 06 月 13 日
准备礼物
>>>
```

分析：身份证号码共有 18 位。其中第 7 位到 14 位为出生日期信息（首位为第 1 位）。倒数第二位为性别标志位（奇数为男性，偶数为女性）。从身份证号码中提取相应信息，逐步构造输出字符串。

程序实现如下：

```
nickname＝input("请输入昵称：")
ids＝input("请输入身份证号码：")

birthDay＝"{}年{}月{}日".format(ids[6:10],ids[10:12],ids[12:14])    ＃构造生日
msg＝"{}\t{}\n".format(nickname,birthDay)＃构造输出字符串
if ids[-8:-6]=='06':                        ＃生日为 6 月
    msg＋="准备礼物"
    if int(ids[-2])%2==0:          ＃是女性
            msg＋="＋鲜花"
print(msg)
```

说明:

str 的 format 函数可以用于构造一个格式字符串,格式字符串中{}对应的内容由参数列表中的参数值按格式规定显示。

ids[10:12]和 ids[−8:−6]都是月份对应的子串,前者使用正序索引,后者使用逆序索引。

msg 是输出字符串变量,注意 msg 的逐步构造的方法:先通过赋值语句获得第一行昵称和出生年月,然后通过连接操作,追加第 2 行的输出文本内容。使用一个字符串变量可以操作多行文本。后面学习文本文件是可以看到,甚至整个文本文件的内容都可以通过一个字符串变量来操作。

2. 求逆序数

前一节学习了使用取位算法来求解逆序数的方法,使用字符串操作可以使求逆序数的过程更简洁而易于理解。

【例 2 - 3 - 13】 输入若干个整数 quit 结束,求所有整数的逆序数之和

程序的运行示例如下,要考虑负整数,输出时要求输出逆序数相加的多项式,负数用括号括起来,使表达更清晰。

```
>>>
input x:45
input x:−12
input x:30
input x:quit
54+(−21)+3=36
>>>
```

分析:使用逆向索引很容易得到逆向字符串,字符串[::−1],最后一个参数为−1表示字符的取向从后往前,此时第一个参数 start 表示从后往前取字符串的开始位置,第二个参数表示从后往前取字符串的结束位置的后一位置。在处理本例求逆序数时,如果是正整数字符串 x,逆序串可以表示为 x[::−1];如果是负整数,要去掉第一个负号字符(下标为 0),逆序串可以表示为 x[:0:−1],表示从后往前,第一参数省略表示从最后一个字符开始,第二个参数为 0,结束字符取到下标为 1 的字符。这样,求逆序数的算法就变为求整数的逆序字符串,再转换为整数。如果为负数,取字符串的时候去掉负号操作,转化为整数类型后再乘以−1。

算法描述如下:

1 累加器清零
2 输出字符串置空串
3 循环当 True

> 3.1 输入一个数到 x
> 3.2 如果 x 是 quit 则跳出循环
> 3.3 求 x 的逆序数
> 3.4 构造输出字符串
> 3.5 累加逆序数到 s
> 4 输出结果

使用 Python 的字符串特性，程序实现如下：

```
s=0                    #累加器
outstr=""              #输出字符串
while True:
        x=input("input x:")   #循环控制结构
        if x=="quit":
                break
        #字符串切片操作求逆序数
        if x[0]=="-":
                x=int(x[:0:-1])*-1
        else:
                x=int(x[::-1])
        #使用格式字符串和连接操作构造输出字符串
        if x<0:
                outstr+="({})+".format(x)
        else:
                outstr+=str(x)+"+"
        #累加逆序数
        s=s+x
print(outstr[:-1],"=",s)
```

3. 字符统计

【例 2-3-14】 编写程序，用于统计各类字符个数。输入一个字符串，统计其中大写字母，小写字母，数字的个数，其他各类字符的总数

分析：每个字符在计算机中通过 ASCII 码编码，西文字符的 ASCII 码是 0～127 的整数，其中大写字母，小写字母，数字字符的编码是连续的。例如大写字母的 ASCII 码从 65 到 90。

python 中使用 ord() 函数可以获得字符的 Ascii 码取值，示例如下：

```
>>>ord('a'),ord('z'),ord('A'),ord('Z')
(97,122,65,90)
```

所以判断一个字符 c 是不是大写字母可以使用关系运算 c>='A'and c<='Z'，其实质是

ASCII 码整数值的比较。

本例的算法核心思想就是分类计数,设置 4 个计数器变量,在迭代访问字符串的每个字符时,相应的计数器变量增 1。

程序实现如下所示:

```
instr＝input('please input char:')
upper,lower,digit,other＝0,0,0,0
for c in instr:
    if c>='A'and c<='Z':
        upper=upper+1
    elif c>='a'and c<='z':
        lower=lower+1
    elif c>='0'and c<='9':
        digit=digit+1
    else:
        other=other+1
print('大写字母{}个,小写字母{}个,数字{}个,其他字符{}个'. format(upper,lower,digit,
other))
```

运行结果如下:

```
>>>
please input char:HELLO python 123!
大写字母 5 个,小写字母 6 个,数字 3 个,其他字符 3 个
>>>
```

Python 的标准 string 模块,还提供了字符集:

- string. digits 可返回'0123456789'
- string. ascii_lowercase 可返回'abcdefghijklmnopqrstuvwxyz'
- string. ascii_uppercase 可返回'ABCDEFGHIJKLMNOPQRSTUVWXYZ'
- string. punctuation 可返回'!"#$%&\'()＊＋,－. /:;<=>? @[\\]^_`{|}~'

本例的程序可以使用字符集来实现分类判断,程序实现如下所示:

```
import string
instr＝input('please input char:')
upper,lower,digit,other＝0,0,0,0
for c in instr:
    if c in string. ascii_uppercase:
        upper=upper+1
    elif c in string. ascii_lowercase:
        lower=lower+1
    elif c in string. digits:
```

```
        digit＝digit＋1
    else：
        other＝other＋1
print('大写字母{}个,小写字母{}个,数字{}个,其他字符{}个'. format(upper, lower, digit,
other))
```

2.4 习题

一、选择题

1. 以下是出现在程序中的数值常量,正确的是_____。

A. 38499L   B. 314e1   C. e5   D. 1e2.5   E. 0o378

F. 0xabc   G. 0b1010   H. true   I. 5−6.5j   J. 78.90

2. 以下选项中,属于 Python 语言中合法的二进制整数是_____。

A. 0b1708   B. 0B1010   C. 0B1019   D. 0bC3F

3. 设整数 x=19,在程序里写成十六进制、八进制、二进制形式,错误的选项是:

A. o23   B. 0x13   C. 0o23   D. 0b10011

4. 以下是出现在程序中的文本常量,正确的是_____。

A. """   B. 'ab'   C. '*'   D. '"ab"'   E. ""a""

F. '\111'   G. '\"'   H. '\xah'   I. "a+b"

5. 以下哪些不是 Python 的关键字?

A. list   B. for   C. from   D. dict   E. False

F. print   G. or   H. in   I. and

6. 关于 Python 语言数值操作符,以下选项中描述错误的是_____。

A. x/y 表示 x 与 y 之商

B. x//y 表示 x 与 y 之整数商,即不大于 x 与 y 之商的最大整数

C. x * * y 表示 x 的 y 次幂,其中,y 必须是整数

D. x%y 表示 x 与 y 之商的余数,也称为模运算

7. 以下表达式中,哪一个选项的运算结果是 False?

A. (10 is 11)==0   B. 'abc'<'ABC'

C. 3<4 and 7<5 or 9<10   D. 24! =32

8. 以下选项中,输出结果是 False 的是_____。

A. >>>5 is 5   B. >>>5 is not 4   C. >>>5! =4   D. >>>False! =0

9. 下列哪个语句在 Python 中是非法的?

A. x=y=z=1   B. x=(y=z+1)   C. x,y=y,x   D. x+=y

10. 对整型变量 x 进行以下_____操作取不到其个位数字。

A. x%10   B. x−x//100−x//10

C. x−x//10 * 10   D. int(str(x)[−1])

11. 设有变量定义:m=True 和 n=False,则表达式:not(m or n)的值是_____。

A. False   B. True   C. 不确定   D. 表达式错误

12. 表达式 3 * * 3 * * 2 的值为:

    A．18　　　　　　　B．729　　　　　　　C．19683　　　　　　D．512

13. math.sqrt(5)等效于_____。

    A．5//2　　　　　　B．5＊＊1/2　　　　C．5＊＊(1/2)　　　D．1/(5＊＊2)

14. 已知某函数的参数为35.8,执行后结果为35,可能是以下函数中的哪些?

    A．int　　　　　　　B．round　　　　　　C．floor　　　　　　D．abs

15. 如果想要查看 math 库中 pi 的取值是多少,可以利用以下哪些方式(假设已经执行了 import math,并且只要包含 pi 取值就可以)?

    A．print(math.pi)　B．dir(math)　　　　C．help(math)　　　　D．print(pi)

16. a.split()返回的是_____。

    A．字符串　　　　　B．集合　　　　　　C．列表　　　　　　D．元组

17. 表达式 len("py\nth\ton\t")的值为_____。

    A．9　　　　　　　　B．10　　　　　　　C．11　　　　　　　D．12

18. 以下哪一个语句不可以打印出"hello world"字符串(结果需在同一行)?

    A．print('''hello

        world''')

    B．print("hello world")

    C．print('hello world')

    D．print('hello\

        world')

19. 执行以下程序,输入"93python22",输出结果是_____。

```
w＝input('请输入数字和字母构成的字符串:')
for x in w:
        if '0'＜＝x＜＝'9':
                continue
        else:
                w.replace(x,'')
print(w)
```

    A．93python22　　　B．9322　　　　　　C．python　　　　　D．python9322

20. 以下关于字符串类型的操作的描述,错误的是_____。

    A．想获取字符串 str 的长度,用字符串处理函数 str.len()

    B．设 x＝'aa',则执行 x＊3 的结果是'aaaaaa'

    C．想把一个字符串 str 所有的字符都大写,用 str.upper()

    D．str.replace(x,y)方法把字符串 str 中所有的 x 子串都替换成 y

21. 运行以下程序,输出结果的是_____。

```
str1＝"East China University"
str2＝str1[:10]＋"Normal"＋str1[－10:]
print(str2)
```

    A．East China Normal University

B．Normal U

C．East China Normal

D．Normal University

22. 设 str='python',想把字符串的第一个字母大写,其他字母还是小写,正确的选项是_____。

   A．print(str[1].upper()＋str[−1:1])

   B．print(str[1].upper()＋str[2:])

   C．print(str[0].upper()＋str[1:])

   D．print(str[0].upper()＋str[1:−1])

23. 运行以下程序,输出结果的是_____。

```
print("love".join(["Everyday","Yourself","Python",]))
```

   A．Everyday love Yourself love Python

   B．Everyday love Yourself

   C．Everyday love Python

   D．love Yourself love Python

24. 以下程序的输出结果是_____。

```
str1='Process finished with exit code'
for s in str1：
        if s=='h':
                break
        if s=='s':
                continue
        print(s,end='')
```

   A．Process finished with exit code   B．Process finis

   C．Proce finihed with exit code   D．Proce fini

25. 以下程序的输出结果是_____。

```
mstr='AKCAQB8vXG0I'
for i in mstr：
    if'0'<=i<='9'：
        mstr.replace(i,'')
        continue
    else：
        print(i,end='')
print('\n',mstr)
```

A.	B.	C.	D.
AKCAQBvXGI	AKCAQBvXGI	AKCAQB8vXG0I	AKCAQB8vXG0I
AKCAQB8vXG0I	AKCAQBvXGI	AKCAQBvXGI	AKCAQB8vXG0I

PART **03**

第3章 批量数据的组织和计算

＜本章概要＞

本章所介绍的主要内容是批量数据对象，以及作用在这些批量数据对象上的基本操作：如何创建批量数据对象、批量数据对象支持的运算以及批量数据对象提供的方法。

Python 可支持批量数据存储和操作，其中有序的数据集合体，称为序列，包括字符串、元组和列表，序列可以通过索引或下标来访问其数据成员，序列的通用操作包括索引、联接、复制、检测等；无序的数据集合体包括集合、字典等，无序的数据集合体，不支持索引操作。

批量数据对象的创建可以通过字面形式，给对象赋常量值，也可以通过类型构造器创建。例如创建一个空的元组对象，可以直接将一个空的元组赋给元组对象：t＝()；也可以使用无参的元组类型构造器创建：t＝tuple()。

每一种批量数据对象都提供了丰富的方法，以支持对批量数据对象的各种操作，方法的调用形式为：＜对象名＞. 方法名(＜参数＞)。

最后讨论批量数据的典型算法设计。

＜学习目标＞

- 了解计算机中批量数据的组织方法
- 掌握 python 语言中元组和列表的创建、基本操作和常用方法
- 掌握 python 语言中集合和字典的特性、基本操作和常用方法
- 掌握批量数据的典型算法设计

3.1 批量数据概述

3.1.1 批量数据的概念

在实际的计算机处理问题中,程序要处理的对象都是大批量的相同数据类型的数据集合,例如一次科学实验中获得的大量实验数据,关键字搜索时大量的网页中所包含的单词,一副BMP图像中包含的像素点。这几个例子中分别包含大量数值的集合、大量文本的集合和大量的点对象的集合。

程序语言支持批量数据的存储,用统一的名称管理一批数据,在内存的存储上表现为存储的空间是连续的。对批量数据中元素的访问可通过下标。例如:a[1],a[i]。下标从 0 开始。

例如:Color = (" red"," green"," blue") 则:Color[0]的值是" red",Color[1]的值是"green",Color[2]的值是"blue",内存示意如图 3-4-1 所示。

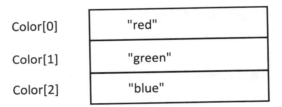

Color[0]　　"red"

Color[1]　　"green"

Color[2]　　"blue"

图 3-1-1　Color 值的内存示意图

批量数据的存储与单变量数据存储相比的优势在于:

① 一批批量数据只需定义一个名称,程序的通用性更强。

② 方便组织循环控制结构,通过控制下标的值控制一批数据。

大多数程序设计语言提供了**数组**来组织批量数据的存储与操作。面向对象的程序语言还提供了功能更为强大的**列表类**、**向量类**等,在定义批量数据对象的存储之外,同时提供对批量数据对象的常规操作。

3.1.2 Python 对批量数据的表示和操作

Python 可支持批量数据存储和操作的内置数据类型有列表(list)、元组(tuple)、字典(dict)、集合(set)等。字符串也可以看作字符的组合类型。

根据这些数据类型按数据在内存中是否连续排列,可将集合体可区分为两种方式:有序的数据集合体和无序的数据集合体。

有序的数据集合体,也称为序列,包括字符串、元组和列表。序列的数据成员之间存在排列次序,因此可以通过各数据成员在序列中所处的位置,即索引或下标来访问数据成员。

Python 提供序列的一些通用操作,如表 3－1－1 所示,以实现对序列的索引、联接、复制、检测成员等。

表 3－1－1　序列的基本操作

操作	描　述
x1 + x2	联接序列 x1 和 x2,生成新序列
x * n	将序列 x 复制 n 次,生成新序列
x[i]	引用序列 x 中下标为 i 的数据成员,i 从 0 开始计数
x[i:j]	引用序列 x 中下标从 i 到 j－1 的子序列
x[i:j:k]	引用序列 x 中下标从 i 到 j－1,间隔 k 的子序列
len(x)	计算序列 x 中成员的个数
max(x)	序列 x 中最大项
min(x)	序列 x 中最小项
v in x	检测 v 是否存在序列 x 中,返回布尔值
v not in x	检测 v 是否不存在序列 x 中,返回布尔值

无序的数据集合体包括集合、字典等,无序的数据集合体中的数据成员之间不存在存储的先后关系,故也不支持索引操作。字典按键名直接读取数据成员的值。集合不支持对数据成员的访问,集合运算后,可以转化为序列类型,再按序列访问数据成员。

3.2 元组和列表

Python 中的元组和列表可以存储任意数量的一组相关数据,形成一个整体。其中的每一项可以是任意数据类型的数据项。各数据项之间按索引号排列并允许按索引号访问。

元组和列表的区别为:元组是不可变对象,创建之后就不能改变其数据成员,这点与字符串是相同的;而列表是可变对象,创建后允许修改、插入或删除其中的数据成员,列表可以看作是一组数据变量的集合,可以对变量重新赋值,也可以增加或删除变量。

3.2.1 元组和列表的创建

元组一般使用圆括号来表示,数组项之间用逗号分隔。例如:(1,2,3,4,5,6,7,8,9,0)。

【例 3-2-1】 创建元组

```
>>>#元组的字面表示
>>>t1=(1,2,3)
>>>t1
(1,2,3)
>>>t2="east","south","west","north"
>>>t2
('east','south','west','north')
>>>#数据项可以是相同数据类型,也可以是不同数据类型
>>>t3="0010110","张山","men",18
>>>t3
('0010110','张山','men',18)
>>>#可以定义嵌套的元组
>>>t4=(23,(5,8,6),18,6,'shanghai')
>>>t4
(23,(5,8,6),18,6,'shanghai')
>>>len(t4)
5
>>>#元组的数据项可以是变量
>>>t5=t1,t2,t3
>>>t5
((1,2,3),('east','south','west','north'),('0010110','张山','men',18))
```

注意：元组的字面表示可以加上圆括号，也可以不加。例如创建 t2 对象时，就没有加圆括号。

列表用方括号来表示，数据项之间以逗号分隔，可以嵌套定义，可以是不同的数据类型，可以是空列表。

【例 3－2－2】 创建列表

```
>>>#定义一个由字符串构成的列表
>>>L1＝["one","two","three","four","five"]
>>>#定义一个子列表构成的嵌套列表
>>>L2＝[[1,2],[3,4],[5,6]]
>>>#定义由数据类型不同数据项构成的列表
>>>L3＝["10170926","高欣","19960103",164,47.8]
>>>#创建一个空的列表
>>>L4＝[]
```

列表的类型构造器 list() 可以生成一个空的列表，也可以将字符串、元组、集合等转化为列表。

【例 3－2－3】 列表的类型构造器 list

```
>>>#生成一个空列表
>>>L＝list()
>>>L
[]
>>>#将元组转化为列表
>>>L5＝list(t2)
>>>L5
['east','south','west','north']
>>>#将一个字符串转化为列表
>>>L6＝list("python")
>>>L6
['p','y','t','h','o','n']
```

Python 还提供了一种使用 for 语句快速创建列表的方法，语法格式如下：

$$L＝[<表达式> \quad for \quad x \quad in \quad range(start,end,step)]$$

【例 3－2－4】 快速创建列表

```
>>>#生成 10,20,30…序列
```

```
>>>L7=[x for x in range(10,101,10)]
>>>L7
[10,20,30,40,50,60,70,80,90,100]
>>>#随机生成 10 个 100 以内的整数
>>>from random import randint
>>>L8=[randint(0,100)for i in range(10)]
>>>L8
[76,36,1,7,96,7,85,33,62,100]
>>>
```

3.2.2　元组和列表的序列操作

1. 联接和复制操作

元组和列表中的每一项又称为元素。与字符串的联接和复制操作相同,"+"操作符可以将两个序列的内容联接生成一个新序列,"＊"操作符复制序列的内容,生成一个新序列。

【例 3-2-5】　联接和复制列表元素
```
>>>#将两个列表的表项连接为一个列表
>>>L2=L2+[7,8]
>>>L2
[[1,2],[3,4],[5,6],7,8]
>>>L2=L2+[[9,10]]
>>>L2
[[20,2],[3,4],[5,6],7,8,[9,10]]
>>>#将列表的内容复制 10 次
>>>L9=[0]＊10
>>>L9
[0,0,0,0,0,0,0,0,0,0]
>>>
```

2. 索引访问操作

与字符串的索引访问相同,元组和列表中的元素可以通过下标访问,下标从 0 开始,同时也可以通过切片操作获取部分元素。

【例 3-2-6】　元组和列表的访问示例
```
>>>t2
```

('east','south','west','north')
>>>L1
["one","two","three","four","five"]
>>>#下标访问
>>>t2[2]
'west'
>>>L1[2]
'three'
>>>#嵌套结构访问
>>>t2[2][0]
'w'
>>>L1[2][0]
't'
>>>#切片访问
>>>t2[2:4]
('west','north')
>>>t2[0:4:2]
('east','west')
>>>t2[::-1]
('north','west','south','east')
>>>

列表和元组、字符串根本区别在于列表是可变对象,每一个列表元素可以视为一个变量,通过下标访问修改变量的值,所以列表元素可以读取,可以修改,而元组和字符串的元素是不能通过下标访问修改的。这使得列表可以通过索引操作更灵活地完成修改、删除、插入等维护操作。

【例3-2-7】 序列元素的修改

>>>#元组元素不可以修改
>>>t2[2]="West"
Traceback(most recent call last):
  File"<pyshell#36>",line 1,in<module>
    t2[2]="West"
TypeError:'tuple'object does not support item assignment
>>>#列表元素可以修改
>>>L1[2]="Three"
>>>L1
['one','two','Three','four','five']
>>>#修改列表指定位置的元素。
>>>L2

[[1,2],[3,4],[5,6],7,8,[9,10]]
>>> #删除指定位置的数据项。
>>>L2[2:5]=[]   #引用L2中2到4的表项,将子序列通过赋值操作更改为空序列。
>>>L2
[[1,2],[3,4],[9,10]]
>>> #在指定位置插入嵌套数据项。
>>>L2[2:2]=[[5,6],[7,8]]
>>>L2
[[1,2],[3,4],[5,6],[7,8],[9,10]]
>>> #列表元素为子列表变量,子列表的元素修改,列表随着修改
>>>A=[20,30]
>>>L=[L2,A]
>>>L
[[[1,2],[3,4],[5,6],[7,8],[9,10]],[20,30]]
>>>A[0]=25
>>>L
[[[1,2],[3,4],[5,6],[7,8],[9,10]],[25,30]]
>>>L[1][1]=35
>>>L
[[[1,2],[3,4],[5,6],[7,8],[9,10]],[25,35]]
>>>A
[25,35]

注意:最后一个示例中,L记录的是列表L2和A的对象ID,如图3-2-1所示,此时列表[20,30]可以通过A访问,也可以通过L[1][1]访问,A和L[1][1]都获取了列表[20,30]的对象ID

当列表A的元素被修改后,L反映A修改的结果。

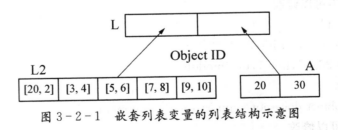

图3-2-1　嵌套列表变量的列表结构示意图

3. 序列函数

Python为序列对象提供了max、min、len、sorted等内置函数支持求序列最大值、序列最小值、序列长度、序列排序。

【例 3 - 2 - 8】 统计列表的长度、最大值、最小值

```
>>>L8
[76,36,1,7,96,7,85,33,62,100]
>>>len(L8)
10
>>>max(L8)
100
>>>min(L8)
1
```

sorted 函数可以对列表、元组、字符串排序，排序后产生一个新的列表，语法格式如下：

$$sorted(iterable, /, *, key=None, reverse=False)$$

参数说明：
- iterable：需要排序的迭代序列，可以是列表、元组、字典等。
- key：参数是一个函数，在每个数据项比较前被调用，决定排序关键字。
- reverse：True 为降序，False（默认）为升序。

【例 3 - 2 - 9】 sorted 函数示例

```
>>>sorted(L8)
[1,7,7,33,36,62,76,85,96,100]
>>>sorted(L8,reverse=True)
[100,96,85,76,62,36,33,7,7,1]
>>>L8
[76,36,1,7,96,7,85,33,62,100]
>>>sorted("hello")
['e','h','l','l','o']
>>>t=(4,3,5,8,9)
>>>sorted(t)
[3,4,5,8,9]
```

> 注意：无论对列表、字符串还是元组进行排序，sorted 函数都是返回一个新列表对象，对原来的序列对象没有影响。

4. 逻辑判断操作

使用 in 和 not in 来测试是否是元组或列表元素，测试结果返回布尔值（True 或 False）。

【例3-2-10】 判断列表元素的存在

```
>>>85 in L8
True
x
>>>85 not in L8
False
>>>not 85 in L8
False
>>>
```

5. 遍历操作

遍历操作是指依次访问序列中的每一个元素,遍历操作有迭代访问和下标访问两种模式。

(1) 迭代方式的算法模式

迭代访问支持将读取序列中的每一个元素。序列中的列表、元组、字符串都支持迭代访问,算法模式如下:

```
for  x  in   迭代序列:
         ...x...
```

【例3-2-11】 序列的迭代访问

```
>>>L2=[[1,2],[3,4],[5,6],[7,8],[9,10]]
>>>#单层访问
>>>for x in L2:
        print(x,end="  ")

[1,2]  [3,4]  [5,6]  [7,8]  [9,10]
>>>#嵌套访问
>>>for x in L2:
     for y in x:
       print(y,end="")

1 2 3 4 5 6 7 8 9 10
>>>#字符串逐字符访问
>>>for c in"Python":
    print(c)
P
y
```

t
h
o
n
≫

（2）下标访问的算法模式

序列中每一个元素都有下标值，一次遍历操作就是穷举每一个下标值，每穷举一个使用下标 i，访问一次序列元素。如果序列存在嵌套模式，嵌套穷举每一种下标组合，假设 M，N 是每一层的最大值，算法模式如下所示：

L[M]：

```
for  i  in  range(M)：
          ...L[i]...
```

L[M][N]：

```
for  i  in  range(M)：
          for  j  in  range(N)：
                ...L[i][j]...
```

【例 3－2－12】　下标访问列表

```
>>>L2=[[1,2],[3,4],[5,6],[7,8],[9,10]]
>>>for i in range(5)：
      print(L2[i],end="\t")
```

[1,2] [3,4] [5,6] [7,8] [9,10]
```
>>>for i in range(5)：
      for j in range(2)：
          print(L2[i][j],end="")
```

1 2 3 4 5 6 7 8 9 10

两种访问方式在遍历读取的场合下没有多大区别，但是在局部访问，尤其是对列表元素有修改操作时，必须使用下标模式。

【例 3－2－13】　将 L2 中所有偶数值扩大到 10 倍

下标模式

```
>>>L2
[[1,2],[3,4],[5,6],[7,8],[9,10]]
>>>for i in range(5)：
          for j in range(2)：
                if L2[i][j]%2==0：
```

迭代模式

```
>>>L2
[[1,2],[3,4],[5,6],[7,8],[9,10]]
>>>for x in L2：
          for y in x：
                if y%2==0：
```

```
                L2[i][j]=L2[i][j]                                     y=y*10
*10

                                                        >>>L2
>>>L2                                                   [[1,2],[3,4],[5,6],[7,8],[9,10]]
[[1,20],[3,40],[5,60],[7,80],[9,100]]
```

> 说明: 本例要修改列表 L2 中所有的偶数值, 使用下标模式成功了, 而使用迭代模式却失败了。其原因在于 L2[i][j]是列表元素变量, 对其赋值, 直接修改列表的内容。而 y 变量只是一个临时变量, 它可以读取列表中的元素, 但是通过赋值操作改变 y 变量的值, 与列表无关。

3.2.3 元组和列表的方法

由于元组对象创建后不能改变自身的值, 是只读属性的对象, 它的方法只有两个, 如表 3-2-1 所示, T 表示一个元组对象。

表 3-2-1　元组对象的常用方法

方　　法	描　　述
T.count(value)	计算 value 值在元组中出现的次数
T.index(value,[start,[stop]])	计算 value 值在元组中出现的下标

【例 3-2-14】　元组对象方法示例

```
>>>t2
('east','south','west','north')
>>>t2.index('west')
2
>>>t=1,2,1,2,3,1,2,3,3,2,1,3
>>>t.count(3)                    #统计元组中 3 的个数
4
>>>t.index(3)                    #索引 3 的下标值
4
```

> 注意: index 方法只能返回在指定范围内第一个 value 对应的下标值, 默认时范围为整个序列。t 中虽然有多个 3, 返回值只有第一个 3 出现的下标位置 4。, 默认时范围为整个序列, 可以使用参数(start, stop)设定搜寻范围。

相对于元组对象的方法,列表的方法就丰富得多,如表 3-2-2 所示,L 表示一个列表对象。对列表可以通过列表对象调用相应的方法完成。

表 3-2-2　列表对象的常用方法

方　　法	描　　述
L. append(object)	在列表 L 尾部追加对象
L. clear( )	移除列表 L 中的所有对象
L. count(value)	计算 value 在列表 L 中出现的次数
L. copy( )	返回 L 的备份的新对象
L. extend(Lb)	将 Lb 的表项扩充到 L 中
L. index(value,[start,[stop]])	计算 value 在列表 L 指定区间第一次出现的下标值
L. insert(index,object)	在列表 L 的下标为 index 的列表项前插入对象 object
L. pop([index])	返回并移除下标为 index 的表项,默认最后一个
L. remove(value)	移除第一个值为 value 的表项
L. reverse( )	倒置列表 L
L. sort( )	对列表中的数值按从低到高的顺序排序

上节已介绍,通过变量的赋值,一个列表对象可以由多个变量引用,这时,多个变量操作的是同一个列表对象。可以通过 copy 获取列表的备份,生成一个新的列表对象。

【例 3-2-15】　列表对象的复制

```
>>>L7
[10,20,30,40,50,60,70,80,90,100]
>>>L=L7. copy()
>>>L[0]=0
>>>L7
[10,20,30,40,50,60,70,80,90,100]
>>>L
[0,20,30,40,50,60,70,80,90,100]
>>>print(id(L),id(L7))
1976863654984 1976863440712
```

【例 3-2-16】　使用列表方法完成列表元素的增删改

```
>>>L. insert(1,10)          #在下标为 1 的位置插入 10
>>>L. append(110)           #在尾部添加 110
>>>L. extend([120,130,140]) #将列表[120,130,140]中的元素添加到 L 中
>>>L
[0,10,20,30,40,50,60,70,80,90,100,110,120,130,140]
```

```
>>>L.pop(0)                    #弹出下标为 0 的列表元素
0
>>>L.remove(140)               #删除值为 140 的列表元素
>>>L
[10,20,30,40,50,60,70,80,90,100,110,120,130]
```

> 说明：仔细从参数上区分两组方法使用上的不同：append 和 extend；pop 和 remove。

reverse 函数可以倒置列表元素，sort 函数与内置函数 sorted 类似，区别在于它是原地排序会改变调用它的列表，而 sorted 函数是返回新列表。

【例 3-2-17】 列表的排序和倒置

```
>>>L8
[76,36,1,7,96,7,85,33,62,100]
>>>L8.sort()
>>>L8
[1,7,7,33,36,62,76,85,96,100]
>>>L8.reverse()
>>>L8
[100,96,85,76,62,36,33,7,7,1]
```

> 说明：列表对象调用 reverse 和 sort 函数都是对列表本身的修改，如果不希望这种修改发生，可以使用 copy 获取备份，对备份列表操作。

【例 3-2-18】 查找列表最小值的位置

```
>>>#创建 10 个 50~100 的整数
>>>L=[randint(50,100)for i in range(10)]
>>>L
[67,95,76,76,97,93,97,97,52,80]
>>>#通过排序操作查找最小值
>>>Lc=L.copy()
>>>Lc.sort()
>>>print("最小值是第{}个数：{}".format(L.index(Lc[0])+1,Lc[0]))
最小值是第 9 个数：52
```

> 说明：Lc 是 L 的备份，使用 sort 函数排序后最小值在第一个位置上，即 Lc[0]，再到 L 中通过 index 函数定位最小值的位置。

3.3　集合和字典

3.3.1　集合

集合是无序的对象的聚集,不能通过数字进行索引,而且集合中元素不能重复出现。根据集合的特性和集合运算,集合经常应用于去除列表中的重复元素、求两个列表的相同元素(交集)、求两个列表的不同元素(差集)等场合。

1. 创建集合

Python 的集合可分为可变集合(set)和不可变集合(frozenset)。对可变集合(set),可以添加和删除元素,对不可变集合(frozenset)则不允许这样做。可变集合可以通过集合标识符{}直接创建,也可以通过 set()创建,不可变集合需要通过 frozenset()创建。使用{}创建的是可变集合 set,{}中数据项用逗号分隔。

【例 3-3-1】　字面量创建集合示例

```
>>> #使用字面量创建集合
>>> s1={2,4,6,8,10}
>>> s1                          #集合是无序的
{8,10,4,2,6}
>>> t='hello'
>>> s2={t}                      #元素为字符串的元组
>>> s2
{'hello'}
>>> p=[1,2,3]
>>> s3={p}                      #列表不能是集合的元素
Traceback(most recent call last):
  File"<pyshell#1>",line 1,in<module>
    s3={p}
TypeError:unhashable type:'list'
>>>
```

> 注意:
> ① 创建一个空集合必须用 set()而不是{},因为{}是用来创建一个空字典。
> ② 哈希(hash)是一种将相对复杂的值简化为小整数的计算方式,一个对象在自己的生命周期中有一哈希值(由 hash 函数确定)是不可改变的,那么它就是可哈希的(hashable)

的。所有 python 中所有不可改变的对象都是可哈希的,比如字符串,元组,而可改变的容器如字典,列表,集合都是不可哈希(unhashable)。

③ 集合中的元素必须是可哈希的(hash),因为其存储是依赖于对象的哈希码,所有可变对象(set、list、dict)都是不可哈希的,不能作为集合的元素。

使用类构造函数 set()函数来创建集合,函数的参数,可以是字符串,列表和元组,它是将序列的数据元素作为集合的元素。

【例 3-3-2】 使用类构造函数 set()创建集合

```
>>>创建空集合对象
>>>s4＝set()
>>>s4
set()
>>>将字符串对象转化为集合
>>>s4＝set('hello')
>>>s4
{'l','e','o','h'}
>>>将列表转化为集合
>>>L＝[1,2,3]
>>>s5＝set(L)
>>>s5
{1,2,3}
>>>
```

说明:由上例可以看出,字符串"hello",由五个字符构成,其中'l'出现了两次,转换到集合中,重复项只能保留一个,且字符次序与原字符串的次序不同。集合的这种特性,可以很方便地对列表对象执行去重操作。

【例 3-3-3】 列表去重复示例

```
>>>L1＝[1,2,3,4,1,2,3,4]
>>>L2＝list(set(L1))   ＃通过 set 函数创建去重复的集合,再通过 list 方法创建去重复后的列表:
>>>print L2
[1,2,3,4]
```

2. 集合运算

集合支持的运算有:交集、并集、差集、对称差集,和中学数学中学习的集合的运算的概念相同,常用的集合运算如表 3 - 3 - 1 所示。

表 3 - 3 - 1 集合的常见运算

运算	描述	运算	描述
x in s1	检测 x 是否在集合 s1 中。	s1 = = s2	判断集合是否相等。
s1 | s2	并集。	s1 <= s2	判断 s1 是否是 s2 的子集。
s1 & s2	交集。	s1 < s2	判断 s1 是否是 s2 的真子集。
s1 − s2	差集。	s1 >= s2	判断 s1 是否是 s2 的超集。
s1^s2	异或集,求 s1 与 s2 中相异元素。	s1 > s2	判断 s1 是否是 s2 的真超集。
s1 | = s2	将 s2 的元素并入 s1。		

【例 3 - 3 - 4】 集合运算示例

```
>>>s1={1,2,3}
>>>s2={3,4,5}
>>>s1|s2          #并集
{1,2,3,4,5}
>>>s1&s2          #交集
{3}
>>>s1−s2          #差集
{1,2}
>>>s1^s2          #异或集
{1,2,4,5}
>>>s1
{1,2,3}
>>>s2
{3,4,5}
```

注意: 集合运算的结果是一个新的集合对象,要用赋值语句去引用新对象。

3. 集合对象的方法

Python 以对象方式实现集合类型,假设 s1 是集合对象,s1 可以是一个可迭代对象,集合对象的常用方法如表 3 - 3 - 2 所示,可以支持可变集合完成集合元素的增加,删除和集合的复制。

表 3 - 3 - 2 集合对象的常用方法

	方法	描述
	s1. union(s2)	s1 | s2,返回一个新的集合对象
	s1. difference(s2)	s1 − s2,返回一个新的集合对象

	方法	描述
	s1. intersection(s2)	s1&s2,返回一个新的集合对象
	s1. issubset(s2)	s1<= s2
	s1. issuperset(s2)	s1>= s2
*	s1. update(s2)	将 s2 的元素并入 s1
*	s1. add(x)	增加元素 x 到 s1
*	s1. remove(x)	从 s1 移除 x,x 不存在报错
*	s1. clear()	清空 s1
	s1. copy()	复制 s1,返回一个新的集合对象

其中打星号 * 的方法是 set 集合独有的方法,不打星号的方法是 set 和 frozenset 两种集合都有的方法。

【例 3-3-5】 集合方法示例

```
>>>thisset={"Google","Runoob","Taobao"}
>>>thisset. add("Facebook")
>>>t=("DangDang","JD","Amazon")
>>>thisset. add(t)
>>>thisset
{'Taobao','Google','Runoob',('DangDang','JD','Amazon'),'Facebook'}
>>>thisset. remove(t)
>>>thisset
{'Taobao','Google','Runoob','Facebook'}
>>>thisset. update(t)
>>>thisset
{'Taobao','Google','Runoob','JD','Facebook','DangDang','Amazon'}
```

注意: add 和 update 函数的区别,add 是将一个参数对象加入到集合,update 函数的参数是组合对象如元组、列表、字符串、集合,update 函数将组合对象中的元素并入到集合,且去重复。

4. 集合的应用

【例 3-3-6】 编写程序,使用随机模块生成 5 个 1—10 之间不同的随机整数

```
import random
s=set()
```

```
while len(s)<5:
    num=random.randint(1,10)
        s.add(num)
print(s)
```

运行结果如下：

```
>>>
{8,2,3,5,7}
```

【例 3-3-7】　利用集合分析活动投票情况

两个小队举行活动评测投票，按队员序号投票，第一小队队员序号为 1、2、3、4、5，第二小队队员的序号为 6、7、8、9、10，投票数据为 1,5,9,3,9,1,1,7,5,7,7,3,3,3,1,5,7,4,4,5,4,9,5,5,9。请找出没有获得选票的队员有哪些。

```
tickets=[1,5,9,3,9,1,1,7,5,7,7,3,3,3,1,5,7,4,4,5,4,9,5,5,9]    #选票列表
s1={1,2,3,4,5}    #第一小队队员序号
s2={6,7,8,9,10}    #第二小队队员序号
#使用投票数据建立集合 s3,集合去重复后表示获得了选票的队员序号
s=set(tickets)
print("第一小队没有获得选票的队员有：",s1-(s-s2))
print("第二小队没有获得选票的队员有：",s2-(s-s1))
```

运行结果如下：

```
>>>
第一小队没有获得选票的队员有：{2}
第二小队没有获得选票的队员有：{8,10,6}
```

3.3.2　字典

字典是 Python 中唯一内置映射数据类型，可以通过指定的键从字典访问值。字典类型 dict 与集合类型 set 一样是无序的集合体，键值对没有特定的排列顺序，所以不能通过位置下标访问字典元素。

1. 字典的创建

(1) 使用字面量创建字典

字典可以通过字面量创建，也可以通过 dict 函数创建，还可以使用序列创建字典。

字典的每个键值对形如 key:value，每个键值对之间用逗号,分割，整个字典包括在花括号 {} 中，格式如下所示：

d＝{key1:value1,key2:value2,……}

【例 3-3-8】 字面量创建字典示例

```
>>>#使用字面量创建字典
>>>d1＝{1:'MON',2:'TUE',3:'WED',4:'THU',5:'FRI',6:'SAT',0:'SUN'}
>>>d1
{0:'SUN',1:'MON',2:'TUE',3:'WED',4:'THU',5:'FRI',6:'SAT'}
>>>#使用字面量创建空字典
>>>d2＝{}
>>>d2
{}
>>>#字典的键必须是不可变对象
>>>p＝[1,2,3]
>>>d3＝{p:10}
Traceback(most recent call last):
  File"<pyshell#22>",line 1,in<module>
    d3＝{p:10}
TypeError:unhashable type:'list'
>>>##字典的值没有限定,可以是不可变对象
>>>d3＝{10:p}
>>>d3
{10:[1,2,3]}
```

说明:
- 与集合类似,字典是无序的,字典中键值对的顺序与定义时的顺序可以是不一样的。
- 使用空的花括号可以创建一个空的字典。
- 哈希(hash)是一种将相对复杂的值简化为小整数的计算方式,一个对象在自己的生命周期中有一哈希值(由 hash 函数确定)是不可改变的,那么它就是可哈希的(hashable)的。所有 python 中所有不可改变的的对象都是可哈希的,比如字符串,元组,而可改变的容器如字典,列表,集合都是不可哈希(unhashable)。
- 字典的键值必须使用不可变对象,但是字典的值可以使用可变对象或不可变对象。上例中当使用列表 p 作为键值时,报错 unhashable type:'list'。

(2) 使用字面量创建字典

　　dict 函数的参数为键值对,键值对之间以',',分割,键值对的书写形式为 key＝value。格式如下所示:

　　　　d＝dict(key1＝value1,key2＝value2,……)

【例 3－3－9】　dict( )创建字典示例

>>>monthdays＝dict(Jan＝31,Feb＝28,Mar＝31,Apr＝30,May＝31,Jun＝30,Jul＝31,
Aug＝31,Sep＝30,Oct＝31,Nov＝30,Dec＝31)
>>>monthdays
{'May':31,'Aug':31,'Feb':28,'Mar':31,'Jan':31,'Jul':31,'Jun':30,'Sep':30,'Nov':30,'Dec':31,
'Oct':31,'Apr':30}

使用 dict( )函数创建字典对键值对的要求比使用{ }来创建字典的键值对的要求更严格，键名 key 必须是一个标识符，而不能是表达式，例如：类似 d1 的字典不能使用类型构造器生成，因为整数不能作为 key。

(3) 使用序列创建字典

使用 key-value 元组对构成的序列也可以创建字典。格式如下：

d＝dict([(key1,value1),(key2,value2),……])

Python 提供了内置 zip 函数，可以很方便的将多个一维的序列配对生成元组，返回元组构成的序列。dict 函数配合可以将已存在的序列元素配对生成字典。

【例 3－3－10】　使用序列常见字典示例

>>>No＝(1,2,3,4,5,6,7)
>>>Weekname＝('MON','TUE','WED','THU','FRI','SAT','SUN')
>>>L＝list(zip(No,Weekname))
>>>L
[(1,'MON'),(2,'TUE'),(3,'WED'),(4,'THU'),(5,'FRI'),(6,'SAT'),(7,'SUN')]
>>>dict(L)
{1:'MON',2:'TUE',3:'WED',4:'THU',5:'FRI',6:'SAT',7:'SUN'}
>>>Weekdays＝dict(zip(No,weekname))
>>>Weekdays
{1:'MON',2:'TUE',3:'WED',4:'THU',5:'FRI',6:'SAT',7:'SUN'}

> 说明：zip 函数的参数是需要配对的列表，zip(iterabl1,iterabl2,…)，返回 zip 对象，可以使用 list 函数转化为列表。从 L 的显示结果可以看到，zip 函数将元组 No 和元组 Weekname 中的元素一一对应配对为元组。dict 函数可以将形如 L 的列表直接转化为字典，非常方便。

2. 字典的访问操作

字典元素的访问方式是通过键访问相关联的值，设 d 为字典对象，它的访问形式有：

d[key]　　　　　#返回键为 key 的 value,如果 key 不存在，导致 keyError。

d[key]＝value　　♯如果 key 存在,设置值为 value,如果 key 不存在,增加键值对。
del d[key]　　　♯删除字典元素。如果 key 不存在,导致 keyError。

【例 3-3-11】　字典元素的访问操作

```
>>>♯字典元素是可读取的
>>>monthdays＝dict(Jan＝31,Feb＝28,Mar＝31,Apr＝30,May＝31,Jun＝30,Jul＝31,
Aug＝31,Sep＝30,Oct＝31,Nov＝30,Dec＝31)
>>>monthdays
{'Jan':31,'Feb':28,'Mar':31,'Apr':30,'May':31,'Jun':30,'Jul':31,'Aug':31,'Sep':30,'Oct':31,
'Nov':30,'Dec':31}
>>>monthdays['Jan']
31
>>>♯字典元素是可修改的
>>>monthdays['Feb']＝29
>>>monthdays
{'Jan':31,'Feb':29,'Mar':31,'Apr':30,'May':31,'Jun':30,'Jul':31,'Aug':31,'Sep':30,'Oct':31,
'Nov':30,'Dec':31}
>>>♯字典可以删除元素
>>>del monthdays['Feb']
>>>monthdays
{'Jan':31,'Mar':31,'Apr':30,'May':31,'Jun':30,'Jul':31,'Aug':31,'Sep':30,'Oct':31,'Nov':30,
'Dec':31}
>>>♯字典是可添加元素的
>>>monthdays['Feb']＝28
>>>monthdays
{'Jan':31,'Mar':31,'Apr':30,'May':31,'Jun':30,'Jul':31,'Aug':31,'Sep':30,'Oct':31,'Nov':30,
'Dec':31,'Feb':28}
```

3. 字典对象的方法

设 d 为字典对象,字典对象的常用方法如表 3-3-3 所示。

表 3-3-3　字典对象的常用方法

方法	描述
d.keys()	返回字典 d 中所有键的迭代序列,类型为 dict_keys
d.values()	返回字典 d 中值的迭代序列,类型为 dict_values
d.items()	返回字典 d 中由键和相应值组成的元组的迭代序列,类型为 dict_items
d.clear()	删除字典 d 的所有条目

方法	描　　述
d. copy( )	返回字典 d 的浅复制拷贝,不复制嵌入结构
d. update(x)	将字典 x 中的键值加入到字典 d
d. pop(k)	删除键值为 k 的键值对,返回 k 所对应的值
d. get(k[, y])	返回键 k 对应的值,若未找到该键返回 none,若提供 y,则未找到 k 时返回 y

keys、values、items 函数分别返回 dict_keys、dict_values 和 diect_items 迭代序列对象,返回后,可以转化为列表或元组继续操作,也可以用迭代循环遍历返回序列中的元素,实现相应算法,常用算法模式:

```
for key in d. keys():
    ……
for key in d. values():
    ……
for key,value in d. items():
    ……
```

【例 3 - 3 - 12】　keys、values、items 字典方法示例

```
>>> #获取字典 monthdays 的键值序列
>>> monthdays. keys()
dict_keys(['Jan','Feb','Mar','Apr','May','Jun','Jul','Aug','Sep','Oct','Nov','Dec'])
>>> #获取字典 monthdays 的值序列
>>> monthdays. values()
dict_values([31,28,31,30,31,30,31,31,30,31,30,31])
>>> #获取字典 monthdays 的键值对序列
>>> monthdays. items()
dict_items([('Apr',30),('Jul',31),('Jun',30),('Oct',31),('Mar',31),('Jan',30),('May',31),
('Nov',30),('Dec',31),('Aug',31),('Sep',30),('Feb',28)])
>>> #输出字典 monthdays 的键序列
>>> for i in monthdays:
        print(i,end="")
Jan Feb Mar Apr May Jun Jul Aug Sep Oct Nov Dec
>>> #输出字典 monthdays 的键值序列
>>> for i in monthdays. values():
        print(i,end="")
31 28 31 30 31 30 31 31 30 31 30 31
>>> #输出字典 monthdays 的键值对序列
```

>>>L＝list(monthdays.items())

>>>L

[('Jan',31),('Mar',31),('Apr',30),('May',31),('Jun',30),('Jul',31),('Aug',31),('Sep',30),

('Oct',31),('Nov',30),('Dec',31),('Feb',28)]

> 注意：使用 keys 和 values 返回的序列顺序与字典中的元素顺序并不一致。

【例3－3－13】 字典方法操作示例

>>>＃将字典 x 的键值对追加到字典 monthdays 中

>>>x＝{'a1':21,'a2':34}　　　　＃创建一个新的字典 x

>>>monthdays.update(x)

>>>monthdays

{'Apr':30,'Jul':31,'Jun':30,'Oct':31,'Mar':31,'Jan':30,'May':31,'Nov':30,'Dec':31,'a2':34,

'a1':21,'Aug':31,'Sep':30,'Feb':28}

>>>＃删除键为'a1'的键值对

>>>monthdays.pop('a1')

21

>>>monthdays

{'Apr':30,'Jul':31,'Jun':30,'Oct':31,'Mar':31,'Jan':30,'May':31,'Nov':30,'Dec':31,'a2':34,

'Aug':31,'Sep':30,'Feb':28}

>>>＃获取键'a2'对应的值

>>>monthdays.get('a2')

34

>>>＃获取键'a1'对应的值,没有找到则返回'not found'

>>>monthdays.get('a1','not found')

'not found'

4. 字典的应用

【例3－3－14】 使用字典完成简易计算器

建立一个键值对形如:＜操作符＞:＜表达式＞的字典,如下:

d＝{"＋":num1＋num2,"－":num1－num2," * ":num1 * num2,"/":num1/num2}

输入一个四则运算表达式,分离出操作数和操作符,通过查阅字典,根据操作符获取计算表达式完成计算。

程序实现如下:

num1,op,num2 ＝ input("请输出一个四则运算表达式(操作数和运算符之间空格分隔):").split()

```
num1,num2=float(num1),float(num2)
d={"+":num1+num2,"-":num1-num2," * ":num1 * num2,"/":num1/num2}
if  op  not in d:
    print("error operator")
else:
print('{}{}{}={}'. format(num1,op,num2,d[op]))
```

运行示例如下：

>>>
请输出一个四则运算表达式（操作数和运算符之间空格分隔）：3.4+7.9
3.4+7.9=11.3
>>>
请输出一个四则运算表达式（操作数和运算符之间空格分隔）：-2.5 * -0.4
-2.5 * -0.4=1.0
>>>

说明：　op not in d　等价于　op　not in d. keys()

【例 3-3-15】 建立 9 * 9 乘法表字典，可以根据两个乘数，查阅字典得到乘积

建立一个键值对形如："i * j":i * j 的字典，key 是一个 10 以内的乘法表达式，value 是乘法表达似乎的结果，例如："8 * 9":72，"9 * 8":72。

使用循环结构分别穷举 i,j 的值，每次内层循环可以构造一个乘法表达式，增加这个乘法表达式的键值对到字典中。

程序实现如下：

```
ninenine={}
#建立9 * 9乘法表字典,key为字符串"i * j"
for i in range(1,10):
            for j in range(1,10):
                        ninenine["{} * {}". format(i,j)]=i * j
#print(ninenine)
#输入一个乘法表达式,查表输出结果
key=input('请输入 1—9 之间的乘法格式如 a * b:')
print(ninenine. get(key,"输入的乘法不在九九乘法表中"))
```

运行示例如下：

>>>
请输入 1—9 之间的乘法格式如 a * b:5 * 8
40

请输入 1—9 之间的乘法格式如 a * b:<u>9 * 23</u>
输入的乘法不在九九乘法表中
>>>

说明:
- "{} * {}". format(i,j)根据 i、j 的值构造一个乘法表达式的字符串。
- 使用 get 函数当输入的乘法表达式存在时返回值,否则返回提示字符串。

3.4　批量数据问题的算法设计

3.4.1　批量数据的输入

Python 提供内置的 input() 函数,用于在程序运行时接收用户的键盘输入的字符串。当用户输入一个数据并按 Enter 键后,input 函数返回数据的字符串对象,也就是说无论你输入的数据是整数,还是浮点数,或字符串,从 input 函数得到的都是字符串。批量数据的输入不仅要考虑如何获取多个数据,还要考虑输入的数据的类型转换。

1. 多个数据的格式输入

在有些用户交互场合下存在着一些特殊的表示习惯,比如输入时间,习惯表示为 7:30:25,表示 7 点 30 分 25 秒,在程序中需要使用 hour、minute、second 三个变量接受三个整数值。

【例 3-4-1】　时间的输入示例

```
>>>hour,minute,second=input('请输入一个时间(h:m:s):').split(':')
请输入一个时间(h:m:s):7:30:25
>>>hour,minute,second
('7','30','25')
```

下划线划出的部分是键盘输入的内容,input 函数的返回值是一个字符串'7:30:25',对字符串对象调用 split 方法按冒号':'分离字符串,得到三个字符串,赋给变量 hour、minute、second,请注意三个变量得到的是字符串值,需要继续做类型转换处理。

```
>>>hour=int(hour)
>>>minute=int(minute)
>>>second=int(second)
>>>hour,minute,second
(7,30,25)
```

2. 使用单变量操作批量数据

由于需要对输入每一个数据都要进行类型的转换,所以批量数据的输入形式通常使用循环结构控制逐个进行。循环的控制可以是计数型的控制也可以是按某一约定标识的控制。

【例 3-4-2】　求 n 个数之和
本例是在先确定 n 值的情况下,使用 for 循环计数 n 次输入 n 个数,同时累加实现。

```
n＝int(input('n＝'))
sum＝0
for i in range(1,n+1)：
    x＝int(input())
    sum+＝x
print('sum＝',sum)
```

运行示例如下：

```
>>>
n＝5
56
78
49
31
67
sum＝281
>>>
```

【例3－4－3】 若干个批量数据的输入示例,输入一批整数计算累加和,输入"over"结束。在本例中,输入个整数值作为循环控制变量,当输入的值等于－1时,循环结束

算法设计：

1　累加器置零 sum＝0。
2　输入一个 x。
3　循环当 x 不等于 over：
　　3.1　将 x 转化为数值类型
　　3.2　将 x 累加到 sum。
　　3.3　输入下一个 x。
4　显示累加和 sum。

在算法第2步,x 获取初值,在算法第3步判断 x 是否符合循环条件,在3.3步再次输入一个 x,改变循环控制变量 x 的值,然后回到算法第3步判断 x 是否符合循环条件,直到 x 的输入值等于－1,循环结束。

实现代码：

```
s＝0
x＝input('请输入一个整数,over 退出:')
while x!＝"over"：
        x＝int(x)
        s+＝x
```

```
        x＝input('请输入一个整数,over 退出:')
print('sum＝',s)
```

运行示例如下:

```
>>>
请输入一个整数,over 退出:56
请输入一个整数,over 退出:－78
请输入一个整数,over 退出:49
请输入一个整数,over 退出:31
请输入一个整数,over 退出:－67
请输入一个整数,over 退出:over
sum＝－9
>>>
```

> **注意**:本例 while 语句条件判断 x 是否为"over",此时 x 的数据类型必须是字符串,在完成累加操作之前,将 x 转化为整型,才能执行加法运算。

通常批量数据是存储在列表中,再支持后续的处理,而例 3-4-3 中只使用一个变量 x,累加后,变量 x 引用下一个输入数据,前一个输入数据不能保留。可以改用列表来存储数据,以支持更复杂的处理。

3. 使用列表操作批量数据

将数据加入到列表中,首先要创建一个空列表,然后逐一将数据追加到列表。创建空列表可以通过[]和 list()完成,追加数据到列表可以通过 append 函数或连接操作＋完成。

【例 3-4-4】　输入批量数据到列表,统计它们的个数,总和以及平均值
按输入、计算、输出三大部分安排算法步骤,算法设计如下。

```
1   创建空列表 a。
2   输入一个 x。
3   循环当 x 不等于 over:
    3.1   将 x 追加加到列表 a。
    3.2   输入一个 x。
4   求列表的长度 n。
5   如果 n 等于 0 则
        显示"没有输入"
    否则
    5.1   求列表的累加和 sum。
    5.2   显示个数、总和和平均值 sum/n。
```

实现代码：

```
a=[]
x=input('input a number,over quit:')
while x! ="over":
    a. append(float(x))                    #a+=[float(x)]
    x=input('input a number,over quit:')
n=len(a)
if n==0:
    print("没有输入")
else:
    s=sum(a)
    print('n=',n,'sum=',s,'average=',s/n)
```

运行示例如下：

```
input a number,over quit:-1.56
input a number,over quit:89.34
input a number,over quit:-37.763
input a number,over quit:59.31
input a number,over quit:over
n=4 sum=109.327 average=27.33175
>>>
input a number,over quit:over
没有输入
```

说明：将数据存储在列表中，就可以使用内置方法和列表类提供的方法处理数据，也可以设计算法，对列表中的数据做更复杂的处理，下节将继续介绍。

使用 split 函数同样可以处理以约定符号分隔一批数据的输入。进行字符串分裂处理后将数据存储在列表中。

【例 3-4-5】 输入若干以空格分隔的浮点数，保存到列表并输出

```
L=input("请输入一组数据，以空格分隔:"). split()
for i in range(len(L)):
        L[i]=float(L[i])
total=0                     #累和变量
s=""                        #构造输出字符串:加法表达式
for x in L:
        total+=x
```

```
        if x>0：
                    s+=str(x)+"+"
        else：
                    s+="("+str(x)+")"+"
s=s[:-3]    #除去最后一个数的加号
print("{}={}".format(s,total))
```

运行示例如下：

```
>>>
请输入一组数据，以空格分隔：2.5  78  -12.4  44  8.21  -9.27
2.5+78.0+(-12.4)+44.0+8.21+(-9.27)=111.04
>>>
```

> 说明：
> split()与 split("")的区别在于无参的 split 可以将空格、制表符、回车等符号都作为分隔符处理。加了双引号参数的 split 是以双引号中空格作为分隔符，但容易出错，空格在书写的时候容易输入一个或多个。

Python 语言还提供了更为简洁的方法来处理列表中数据类型的转换。

方法一　使用快速产生列表方式。

L=[float(x)for x in L]

方法二　map 函数。

map()会根据提供的函数对指定序列做映射。函数格式如下：

$$map(function,iterable,\ldots)$$

第一个参数 function,第二个参数是序列,可以又多个序列。对参数序列中的每一个元素调用 function 函数,返回包含每次 function 函数返回值的新列表。

例如：下面示例中 map 函数对列表中的每个单词执行 str. upper 函数,将每个单词转化为大写。

```
>>>s="I love Python!"
>>>L=list(map(str. upper,s. split()))
>>>L
['I','LOVE','PYTHON!']
```

那么将一个列表中的每一数据项转化为浮点数,只需使用 map 函数对列表中一个数据项执行 float 函数,如下：

```
map(float,L)
```

3.4.2 统计问题

1. 求最值问题

虽然对列表可以使用 max,min 函数求解最大值和最小值。但是实际应用中问题会更复杂,例如需要知道最值所在的位置、数据有重复值、在限定条件下的求最值。这就不是一个系统函数能解决的问题,需要通过算法设计完成。

对列表中的数据求最大(小)值的算法思想是先假定一个最大(小)值,然后在遍历列表的过程中进行比较修正,遍历结束,假定值变量即为所求的最值。

【例 3-4-6】 输入若干个整数,数据是有重复的,求出现次数最高的整数

算法思路:先清洗出一个无重复数据的列表,假定最大出现次数为 0,遍历列表,计算每个数在原列表中出现的次数,与假定最大出现次数比较,如果比假定最大出现次数大,则修改假定最大出现次数,并记录该数据。遍历结束,获得最大出现次数和对应的数据。

设置变量 c 为每个数据出现的次数,mcount 为当前出现次数的最大值,mnum 是当前最大值对应的数据。Ln 为无重复数据的列表。算法设计如下:

```
1  输入数据到列表 L
2  转换列表中数据类型为整数
3  使用集合获取无重复数据的列表 Ln
4  mcount 置 0
5  循环 x 取 Ln 中每一个元素
   5.1  计算 x 在 L 中出现次数 c
   5.2  如果 c 大于 mcount 则
        5.2.1  mcount＝c
        5.2.2  mnum＝x
6  输出 mcount、mnum
```

程序实现如下:

```
L＝input("请输入一组整数,以逗号分隔:").split(",")
for i in range(len(L)):
        L[i]＝int(L[i])
Ln＝list(set(L))
mcount＝0
for x in Ln:
        c＝L.count(x)
        if c＞mcount:
                mcount＝c
                mnum＝x
```

print("出现次数最高的是{},出现了{}次".format(mnum,mcount))

　　运行示例如下：

```
>>>
请输入一组整数,以逗号分隔:12,56,3,12,78,56,84,56,21,92
出现次数最高的是56,出现了3次
>>>
请输入一组整数,以逗号分隔:1,2,1,2,3,4,5
出现次数最高的是1,出现了2次
```

　　说明：第一个运行示例,56 出现次数最多,出现了 3 次,第二个运行示例中,1 和 2 都出现了 2 次,但只显示了先出现的 1 的内容。这是应为算法中只有大于 mcount 的情况下在做修改,并没有考虑,出现次数一样的问题。所以在最大值有多个的情况下,只考虑第一个数据。

　　如果要输出所有出现次数最大的数,可以将 mnum 设置为列表,存放多个数,算法修改如下：

1　输入数据到列表 L
2　转换列表中数据类型为整数
3　使用集合获取无重复数据的列表 Ln
4　mcount 置 0
5　*mnum 置空列表*
6　循环 x 取 Ln 中每一个元素
　　6.1　计算 x 在 L 中出现次数 c
　　6.2　如果 c 大于 mcount 则
　　　　　6.2.1　mcount=c
　　　　　6.2.2　mnum 为只包含 x 的列表
　　　　否则如果 c 等于 mcount 则
　　　　　6.2.3　追加 x 到列表 mnum
7　输出 mcount、mnum

　　程序实现如下：

```
L=input("请输入一组整数,以逗号分隔:").split(",")
for i in range(len(L)):
        L[i]=int(L[i])
Ln=list(set(L))
mcount=0
mnum=[]
for x in Ln:
```

```
        c＝L. count(x)
    if c＞mcount：
            mcount = c
            mnum =[x]
    elif c = = mcount：
            mnum. append(x)
```

print("出现次数最高的是{},出现了{}次". format(mnum,mcount))

运行示例如下：

请输入一组整数,以逗号分隔:<u>1,2,1,2,3,4,5</u>
出现次数最高的是[1,2],出现了 2 次

在一些场合下,关注的不再是最大(小)值的数值,而是最大(小)值所在的位置。

【例3-4-7】 输入一组数据,找出最大值和最小值,将最大值与最后一个数据交换位置,最小值与第一个数据交换位置,其他数据不改变位置

在这个问题中涉及数据交换,必须要知道最大值和最小值的位置,才能实现交换。那么要使用下标遍历列表的算法模式,假定最值是下标为0的数据,下标遍历1到n-1,用当前下标所对应的数据与当前最值下标比较,如果需要修改,修改最值下标。

设置变量 minindex 为最小数下标,maxindex 为最大数下标。算法设计如下：

1 输入数据到列表L
2 转换列表中数据类型为整数
3 minindex,maxindex 置 0
4 循环 i 从 1 到 len(L)-1
    4.1 如果 L[i]大于 L[maxindex]则 maxindex=i
    4.2 如果 L[i]小于 L[minindex]则 minindex=i
5 交换 L[0]和 L[minindex]
6 交换 L[-1]和 L[maxindex]
7 输出 L

实现代码如下：

```
L＝input("请输入一组整数,以逗号分隔:"). split(",")
for i in range(len(L))：
        L[i]＝int(L[i])
minindex,maxindex＝0,0
for i in range(1,len(L))：
        if L[i]＞L[maxindex]：
                maxindex＝i
```

```
        if L[i]<L[minindex]:
                    minindex=i

L[maxindex],L[-1]=L[-1],L[maxindex]
L[minindex],L[0]=L[0],L[minindex]

for x in L:
        print(x,end="")
```

运行示例如下：

请输入一组整数,以逗号分隔:34,73,17,39,94,24,20,83
17 73 34 39 83 24 20 94

2. 计数问题

计数问题的经典算法思想是计数变量置零,遍历序列,每访问一个元素,根据问题定义的判定条件,符合条件的计数器增 1。

【例 3-4-8】　字符统计。假设所有字符分为三类:字母、数字及其他字符。统计字符串中该类型字符的个数

运行示例如下:

```
>>>
请输入一个字符串:asdf234er
请输入一个字符:f
与 f 同类型的字符有 6 个。
```

算法思路:为三类字符设置 3 个计数器 a,b,c 表示分别字母,数字及其他字符的个数。遍历输入的字符串,分类统计。最后判断输入字符的分类类别,输出相应的计数器结果。

1　输入字符串 s
2　输入一个字符 ch
3　计算器 a,b,c 清零
4　循环遍历字符串变量 s 中每一个字符 x
　　4.1　如果 x 是英文字母 a 增 1
　　　　否则如果 x 是数字字符 b 增 1
　　　　否则 c 增 1
5　如果 x 是英文字母输出 a
　　否则如果 x 是数字字符输出 b
　　否则输出 c

程序代码如下：

```
s＝input('请输入一个字符串:')
ch＝input('请输入一个字符:')

a,b,c＝0,0,0
for x in s：
        if'a'＜＝x＜＝'z'or'A'＜＝x＜＝'Z'：
            a＋＝1
        elif'0'＜＝x＜＝'9'：
            b＋＝1
        else：
            c＋＝1
if'a'＜＝ch＜＝'z'or'A'＜＝ch＜＝'Z'：
        print("与{}同类型的字符有{}个。". format(ch,a))
elif'0'＜＝ch＜＝'9'：
        print("与{}同类型的字符有{}个。". format(ch,b))
else：
        print("与{}同类型的字符有{}个。". format(ch,c))
```

str 数据类型一旦创建,是不能通过元素索引赋值方式修改的,但列表却可以修改,所以灵活掌握两者之间的相互转换,可以方便的解决一些实际问题。

【例 3-4-9】　统计下列字符串中包含有几种程序设计语言

```
mystr＝"Python、C、JAVA、C++、Matlab"
li＝mystr. split('、')
print("共有"＋str(len(li))＋"种语言项")
```

运行结果如下：

>>>
共有 5 种语言项

Python 语言提供的字典类型在计数统计中可以优化算法,在建立字典的过程中完成计数统计,之后可以方便地操作 keys、values 和 items 序列,实现算法功能。

【例 3-4-10】　投票统计

组长选举的投票情况已存放在 vote 列表中,请计算每位被提名者的得票次数、并按得票数从大到小输出结果。

vote＝['鲁智深','柴进','宋江','吴用','林冲','卢俊义','柴进','柴进','孙二娘','史进','吴用','卢俊义','柴进','林冲','宋江','宋江','卢俊义','吴用','吴用']

算法思路:计票程序可以建立字典,键值对为:**<人名>:<票数>**。遍历 vote 列表中每一个人名字符串,如果字典中已存在,则票数增 1;如果字典中不存在,则创建键值对。然后在操作字典,排序后输出。算法设计如下:

> 1　创建空列表 voteCount
> 2　循环遍历列表 vote 中每一个 name
> 　　2.1　如果 name 已存在字典则票数值增 1
> 　　　　　否则增加新的键值对(name,1)
> 3　获得 items 对象的列表 L
> 4　列表按票数排序
> 5　输出列表

程序实现如下:

```
vote=['鲁智深','柴进','宋江','吴用','林冲','卢俊义',
'柴进','柴进','孙二娘','史进','吴用','卢俊义','柴进',
'林冲','宋江','宋江','卢俊义','吴用','吴用']
voteCount=dict()
for name in vote:
    if name not in voteCount:  #字典中还没名字
        voteCount[name]=1
    else:
        voteCount[name]+=1

result=list(voteCount.items())
result.sort(key=lambda x:x[1],reverse=True)
for x in result:
    print("{:s}\t{:d}".format(x[0],x[1]))
```

运行示例如下:

```
柴进      4
吴用      4
宋江      3
卢俊义     3
林冲      2
鲁智深     1
孙二娘     1
```

说明:

- 列表的 sort 函数可以通过 lambda 函数指定排序的关键字。lambda 函数定义一个匿名函数，x 是参数，此处表示列表 result 的一个元素，3.4.3 节详细介绍了 lambda 函数。
    • result 列表的元素是由(key,value)构成的元组，x[1]为函数的返回值，此处解释为 result 列表元素的第 2 项 value。所以此处定义了一个按票数排序的 sort 函数。详见下节介绍。

使用字典同样可以很方便地解决例 3-4-6 问题中的出现次数的计数，构造好字典后，使用 keys、values 和 items 对象解决最值的求解。

【例 3-4-11】 使用字典实现例 3-4-6 问题中数据出现次数的计数，输出出现次数最高的整数

算法思路：为序列中的每一个数据计计数出现次数，可以建立字典键值对为：

<数据>：<出现次数>

遍历序列中每一个数据，如果字典中不存在，增加键值对，如果字典中已存在，值增 1。字典建立好后，使用字典的 values 序列和 items 序列可以方便的访问键和值。算法设计如下：

```
1  输入数据到列表 L
2  转换列表中数据类型为整数
3  创建一个空字典
4  循环遍历 L 中每一个 x
   4.1  使用字典的 get 函数计数 x 的出现次数
5  获取字典的值序列，求最大值 mcount
6  循环遍历字典的键值对(key,value)
   6.1  如果 value 等于 mcount 输出 key
7  输出 mcount
```

程序实现代码如下：

```python
L=input("请输入一组整数,以逗号分隔:").split(",")
for i in range(len(L)):
        L[i]=int(L[i])
d={}
for x in L:
        d[x]=d.get(x,0)+1
mcount=max(d.values())

print("出现次数最高的是:",end="")
for key,value in d.items():
        if value==mcount:
                print(key,end="   ")
print(",出现了{}次".format(mcount))
```

说明:

· 本例使用 get 函数简化了上例中的选择结构。如果 x 在字典的关键字中不存在,get 函数返回 0,加 1 后通过赋值语句增加了键值对 x:1;如果 x 在字典的关键字中已存在,get 函数返回对应的值,加 1 后通过赋值语句修改值。

· 使用 max 函数求得值序列中的最大值,再通过迭代循环取键值对,遍历寻找与最大值相同的值,输出对应的 key。

3.4.3　排序问题

1. Python 内置的排序函数

(1) sorted 函数

sorted 函数是 python 内置函数,直接使用,排序后产生一个新的列表。函数格式如下:

sorted(iterable,/,∗,key＝None,reverse＝False)

· iterable:需要排序的迭代序列,可以是列表、元组、字典等
· key:参数是一个函数,在每个数据项比较前被调用,决定排序关键字。
· reverse:True 为降序,False(默认)为升序

【例 3-4-12】　sorted 函数示例

```
>>>L=[5,3,1,8,7,9,0,2]
>>>sorted(L)
[0,1,2,3,5,7,8,9]
>>>sorted(L,reverse=True)
[9,8,7,5,3,2,1,0]
>>>L
[5,3,1,8,7,9,0,2]
```

(2) 使用 key 参数设置排序规则

使用 key 参数,可以指定不同的排序规则。

【例 3-4-13】　sorted 函数关键字设置示例

```
>>>#忽略大小写排序
>>>sorted("This is the letter from Mr Song".split(),key=str.lower)
['from','is','letter','Mr','Song','the','This']
```

```
>>> #按字符串长度排序
>>> sorted("This is the letter from Mr Song". split(),key=len)
['is','Mr','the','This','from','Song','letter']
>>>
```

> 说明:
> - 参数中字符串执行 split 函数后按空格分裂为 7 个单词返回一个列表。
> - key 参数为 str 类的方法 lower,在每次列表数据项比较前执行,将单词字母变为小写,即比较时忽略大小写。
> - key 参数是内置函数 len,返回字符串的长度,即按单词的长度比较大小。

如果排序对象的每一项包含多项数据,例如一个学生对象中包含学号、姓名和成绩。可以使用 key 参数设置按指定字段排序。key 的函数设置为一个匿名函数,匿名函数指定排序的字段。

```
>>> stus=[('141','David',90),('112','Mary',90),('158','sara',80),('127','Lily',95)]
```

```
>>> #设置按学号排列
>>> sorted(stus,key=lambda x:x[0])
[('112','Mary',90),('127','Lily',95),('141','David',90),('158','sara',80)]
```

```
>>> #设置按成绩降序排列
>>> sorted(stus,key=lambda x:x[2],reverse=True)
[('127','Lily',95),('141','David',90),('112','Mary',90),('158','sara',80)]
>>>
```

> 说明:
> - 匿名函数 lambda 的格式如下:
> lambda　参数列表:表达式
> 匿名函数,没有函数名。冒号前是参数,冒号后是表达式,表达式计算的结果是函数的返回值。
> - 排序关键字的确定:key=lambda x:x[0]
> x 是嵌套列表中的一个数据项,lambda 函数返回值是 x[0],则 key 参数设置了以嵌套列表子项中的第一项学号为排序关键字。

(3) 列表的 sort 方法

列表有 sort 方法能对列表元素执行排序操作,格式如下,它的参数的解释和用法与 sorted 函数完全一致:

    L. sort(key=None,reverse=False)

列表的 sort 方法与 sorted 的区别在于它是原地排序,即调用 sort 方法的列表按排序的结果发生改变,不产生新的列表。Sorted 函数可以对元组、字符串、字典等排序,但元组、字符串、字典没有 sort 方法,因为它们是不可变对象。

2. 选择排序

排序算法是计算机科学的基本操作,很多程序都将它作为一个中间步骤,因而设计出大量的排序算法,本节介绍一种简单排序算法——选择排序,来了解一下排序算法的一般算法思想。

【例 3-4-14】 使用选择排序算法对列表数据排序

选择算法思想:每一趟排序,通过比较找到排序序列的一个最小值,把它交换到排序序列的第一个位置,这个数据的位置就确定不动了。这样的排序进行 $n-1$ 次,每次确定一个数的位置,直至剩下一个数,排序结束。一个手动选择排序的示例如图 3-4-1 所示。

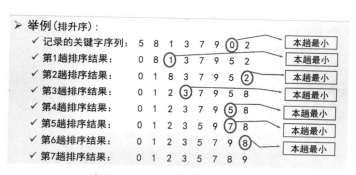

图 3-4-1　选择排序过程示例

第一趟的排序序列为[5 8 1 3 7 9 0 2],找到序列中最小值 0,与第一个数 5 交换,0 的位置就确定了;第二趟的排序序列为[8 1 3 7 9 5 2],找到序列中最小值 1,与第一个数 8 交换,1 的位置就确定了。这样的排序一直进行到[9 8]排序结束后,8 确定位置,只剩下一个 9,排序结束。

上面的手工排序示例中可以看出,整个排序序列分为已排序序列和待排序序列,每趟排序确定一个已排序数。第 1 趟排序待排序序列从 0 到 $n-1$,第 2 趟排序待排序序列从 1 到 $n-1$……

置 i 变量表示待排序序列的首位置,第 i 趟排序从 i 到 $n-1$,如图 3-4-2 所示。

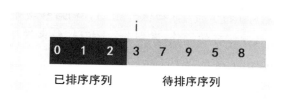

图 3-4-2　选择排序算法分析

循环执行 $n-1$ 趟排序,每趟排序找到待排序序列的最小值,并将最小值交换到待排序序列的首位置。i 变量可表示一趟排序,计数 $n-1$ 次,也是每趟排序的待排序序列的首位置。选择排序算法设计如下：

```
1  循环 i 从 0 到 n−2, step 1
      1.1  minIndex=i
      1.2  循环 J 从 i+1 到 n−1, step 1
                1.2.1  如果 L[J]<L[minIndex]
                          则 minIndex=J
      1.3  如果 minIndex 不等于 i, 交换两个位置的数据
```

程序实现如下：

```
L=[5,8,1,3,7,9,0,2]
for i in range(0,len(L)−1):
        minIndex=i
        for j in range(i+1,len(L)):
                if L[j]<L[minIndex]:
                        minIndex=j
        if minIndex! =i:
                L[i],L[minIndex]=L[minIndex],L[i]
print(L)
```

3. 其他排序问题

在有些场合下，要求将数据按条件分为两部分，例如按性别将学生序列排序为前面是女生记录，后面是男生记录。将序列按第一个元素的关键字 k 排序为所有比 k 小的排在 k 的前面，比 k 大的排在 k 的后面等等。简单的做法是增加两个临时列表，通过遍历将符合条件 1 的放在一个列表中，符合条件 2 的放在另一个列表中，再将列表元素连接为一个列表。这种做法简单，但算法效率不高。

这里介绍一个快速排序方法，使用前后两个游标控制，通过一次遍历，完成排序。

【例 3−4−15】 列表 stus 中存放了学生名单，包含学号、姓名、性别，请将调整为前面是女生，后面是男生的列表

算法思路：设置两个游标 i 初值为 0, j 初值为 n−1, i 向后移动寻找男生, j 向前移动女生，找到后，交换男女生记录，继续这样的操作，直到 i 和 j 相遇，结束循环。

算法设计如下：

```
1  i 设置为第一个元素下标 0
2  j 设置为最后一个元素的下标
3  循环当 i<j
    3.1  循环当 i 所指的是女生且 i<j
            i 增 1
```

> 3.2 循环当 j 所指的是男生且 i<j
>
> j 减 1
>
> 3.3 如果 i<j 则交换 i,j 位置的元素
>
> 4 输出排序后的列表

程序代码实现如下：

```
stus=[('141','David','M'),('112','Mary','F'),('158','sara','F'),('127','Lily','F'),('107','Bob',
'M')]
i=0
j=len(stus)-1
while i<j:
        while i<j and stus[i][2]=='F':
                i=i+1
        while i<j and stus[j][2]=='M':
                j=j-1
        if i<j:
                stus[i],stus[j]=stus[j],stus[i]
print(stus)
```

运行结果如下：

```
>>>
[('127','Lily','F'),('112','Mary','F'),('158','sara','F'),('141','David','M'),('107','Bob','M')]
>>>
```

3.4.4 递推问题

递推算法是一种简单的算法，即通过已知条件，利用特定关系得出中间推论，直至得到结果的算法。递推算法分为顺推和逆推两种。

1. 顺推法

从已知条件出发，逐步推算出要解决的方法。例如裴波那契数列就可以通过顺推法不断推算出新的数据。斐波那契数列的第一项和第二项是 1，第三项起，每一项都可以由前两项和计算得到递推的公式为：$F_n = F_{n-1} + F_{n-2}$。

【例3-4-16】 请计算并输出 n 项斐波那契数列

```
F=[1,1]
n=int(input("n(n>2):"))
for i in range(2,n):
```

```
        F.append(F[i-1]+F[i-2])
print(n,"项斐波那契数列:",end="")
for i in range(n-1):
        print(F[i],end=",")
print(F[-1])
```

运行示例如下:

```
>>>
n(n>2):10
10 项斐波那契数列:1,1,2,3,5,8,13,21,34,55
>>>
```

> 注意:数据以逗号分隔的输出方法,最后一个数的要单独处理。

2. 逆推法

从已知的结果出发,用迭代表达式逐步推算出问题开始的条件,即顺推法的逆过程。

例如植树问题,植树节有 5 位同学参加了植树活动,他们完成植树的棵数各不相同,第一位同学比第二位同学多植 2 棵,第二位比第三位多植 2 棵……第五位同学植了 10 棵树,问第一个位同学植了多少棵树。

设第 i 位同学植树为 ai,第 5 位同学 a5 是 10 棵,按照每位同学多植 2 棵树的规律可以推算:

a5=10
a4=a5+2=12
a3=a4+2=14
a2=a3+2=16
a1=a2+2=18

这就是逆推法的过程。不难根据分析写出算法

【例 3-4-17】 银行存款问题

母亲为儿子的四年大学学费准备了一笔存款,方式是整存零取,规定儿子每月月底取下一个月的生活费 1 000 元。现在假设利率为 1.71%,编写程序,计算母亲最少需要存多少钱?

可以采用逆推法分析存钱和取钱的过程,因为按照月为周期取钱,所以共四年 48 个月,并分别对每个月进行计算。如果在第 48 个月后儿子大学毕业时连本带利要取 1 000 元,这要求出前 47 个月时银行存款的钱数。

(1) 第 47 月月末存款=1 000(1+0.017 1/12)

(2) 第 46 月月末存款=(47 月月末存款+1 000)/(1+0.017 1/12)

(3) 第 45 月月末存款=(46 月月末存款+1 000)/(1+0.017 1/12)

(4) 第 44 月月末存款=(45 月月末存款+1 000)/(1+0.017 1/12)

（47）第 2 月月末存款＝（第三个月月末存款＋1 000）/（1＋0.017 1/12）

（48）第 1 月月末存款＝（第二个月月末存款＋1 000）/（1＋0.017 1/12）

设置列表 corpus 存放每月月末存款，第 48 个月是 1 000 元，每逆推一个月的月末存款，插入到列表的首位置，那么循环结束时，corpus[0]为存入的款项。程序实现如下：

```
corpus＝[1000]
for i in range(47):
        corpus. insert(0,(corpus[0]＋1000)/(1+0.0171/12))
print("母亲需要存入{:.2f}元". format(corpus[0]))
```

运行结果如下：

母亲需要存入 46 364.62 元

3.4.5　贪心算法

贪心算法（又称贪婪算法）是指，在对问题求解时，总是做出在当前看来是最好的选择。也就是说，不从整体最优上加以考虑，它所做出的是在某种意义上的局部最优解。

例如背包问题：有一个背包，背包容量是 M＝85 kg。有 7 个物品，物品不可以分割成任意大小。要求尽可能让装入背包中的物品总价值最大，但不能超过总容量。

物品	A	B	C	D	E	F	G
重量	35 kg	30 kg	6 kg	50 kg	40 kg	10 kg	25 kg
价值	10	45	30	50	35	40	30

贪心策略：选取价值最大者。那么有可能选了 BD 就结束了，但是选 DFG 会更优。

【例 3-4-18】　最优装载问题

使用贪心法实现多个集装箱的最优装载。从键盘输入轮船的最大载重量和若干个（不少于 5 个）集装箱的重量，（假设各集装箱重量为正整数，单位为吨，输入—1 表示输入结束），请使用贪心算法求出轮船能装载的最大集装箱数及所装载的各集装箱的重量，贪心策略优先装载重量轻的集装箱。

算法设计如下：

```
1  创建集装箱重量空列表 w
2  输入最大载重量 c
3  循环当 True
3.1  输入集装箱的重量 wi
```

> 3.2 如果 wi 小于 0 则跳出训话
>   否则将 wi 追加到列表 w
> 4 w 从小到大排序
> 5 设置剩余载重量 residual 为 c
> 6 创建方案空列表 L
> 7 循环 i 从 0 到 w 的长度－1
>   7.1 如果 w[i] 小于 residual
>   则 7.1.1 将 w[i] 追加到 L
>   7.1.2 residual 减 w[i]
>   否则跳出循环
> 8 输出 L

程序实现如下：

```
w=[]
c=int(input("请输入轮船的最大载重量："))
i=1
while True：
    wi=int(input("请输入第%d个集装箱的重量："%i))
    i+=1
    if wi<0：
        break
    else：
        w.append(wi)
w.sort()
residual=c
L=[]

for i in range(len(w))：
    if w[i]<=residual：
        L.append(w[i])
        residual-=w[i]
    else：
        break
print("装载的集装箱有%d个,重量分别为:%s"%(len(L),L))
```

运行示例如下：

>>>
请输入轮船的最大载重量：60
请输入第 1 个集装箱的重量：2

请输入第 2 个集装箱的重量:8
请输入第 3 个集装箱的重量:33
请输入第 4 个集装箱的重量:12
请输入第 5 个集装箱的重量:9
请输入第 6 个集装箱的重量:—1
装载的集装箱有 4 个,重量分别为:[2,8,9,12]

3.5 习题

一、选择题

1. 设有变量定义:a=(1,2,3)和 b=[1,2,3],以下正确的赋值语句是_____。
   A. a(1)=5   B. b(1)=5   C. a[1]=5   D. b[1]=5

2. 设有:x=("east","south","west","north"),变量 x[1]为_____数据类型。
   A. list   B. turple   C. str   D. set

3. 设有变量 a="Me","You",则变量 a 属于_____。
   A. 字符串   B. 元组   C. 列表   D. 集合

4. 设有变量定义:h=['abc','de','fjk'],则 h[2][1]为'_____'。
   A. d   B. e   C. f   D. j

5. 列表 ls,哪个选项对 ls.append(x)的描述是正确的?
   A. 向 ls 中增加元素,如果 x 是一个列表,则可以同时增加多个元素
   B. 只能向列表 ls 最后增加一个元素 x
   C. 向列表 ls 最前面增加一个元素 x
   D. 替换列表 ls 最后一个元素为 x

6. 下面代码的输出结果是_____。

   x=["Python","is","open"]
   y=["simple"]
   x[2:]=y
   print(x)

   A. ['Python','is','simple']   B. ["Python","is","simple"]
   C. ["Python","is","open","simple"]   D. 出错

7. 下面代码的输出结果是_____。

   lt=["apple","orange","banana"]
   ls=lt
   lt.clear()
   print(ls)

   A. 'apple','orange','banana'   B. ['apple','orange','banana']
   C. []   D. 变量未定义的错误

8. 下面代码的输出结果是_____。

   lt=["apple","orange","banana"]
   ls=lt.copy()

lt. clear()

print(ls)

A. 'apple','orange','banana'

B. ['apple','orange','banana']

C. []

D. 变量未定义的错误

9. 以下程序可能的输出结果是_____。

```
x='W49K6bU63g4VKs9f6'
lx=list(x)
slx=set(lx)
y=''
for i in slx:
    y+=i
print(y)
```

A. WbU3gVsf　　　　　　　　　　　B. WbU3gVf6

C. WKgf9bU4V6s3　　　　　　　　　D. W49K6bU63g4VKs9f6

10. 设有变量定义:x=[1,2,3]和y=x,则执行语句:x[2]=0后,y=_____。

A. []　　　　　B. [1,2,0]　　　　　C. [1,2,3]　　　　　D. [1,0,3]

11. 执行结果为[1,2,3,1,2,3,1,2,3]的表达式是_____。

A. [1,2,3]+[1,2,3]

B. ['1','2','3']+['1','2','3']+['1','2','3']

C. [1,2,3]**3

D. [1,2,3]*3

12. Python 的字典中,_____。

A. 允许有相同的键

B. 允许元组对象作为键

C. 允许列表对象作为键

D. 允许 set 集合对象作为键

13. 哪个选项不能生成一个空字典?

A. {}　　　　　B. dict()　　　　　C. dict([])　　　　　D. {[]}

14. 字典 d={'Name':'Kate','No':'1001','Age':'20'},表达式 len(d)的值为_____。

A. 6　　　　　B. 9　　　　　C. 12　　　　　D. 3

15. 设有变量定义:g={5,'5',9,'a','a','ab'},则 g 的长度为_____。

A. 4　　　　　B. 5　　　　　C. 6　　　　　D. 7

16. 下列数据类型中,_____属于无序数据类型。

A. set、tuple　　　B. str、list　　　C. list、tuple　　　D. set、dict

17. s1 和 s2 都是集合,s1^s2 代表_____操作。

A. 交集　　　　　B. 差集　　　　　C. 对称差　　　　　D. 异或集

18. 设有变量定义:s=set('hello'+'!'),则 s 的长度为_____。

A. 2   B. 4   C. 5   D. 6

19. 设有 a＝{'1. py','2. py','3. py'},b＝{'1. py','3. py','5. py'},求 a、b 共同有的文件名的 Python 运算为_____。

  A. a＋b   B. a|b   C. a&b   D. a^b

20. 以下关于组合数据类型的描述,正确的是_____。

  A. 利用组合数据类型可以将多个数据用一个类型来表示和处理

  B. 集合类型中的元素是有序的

  C. 序列类似和集合类型中的元素都是可以重复的

  D. 一个字典类型变量中的关键字可以是不同类型的数据

PART 04

第4章 程序的模块化设计方法

<本章概要>

前面几个章节,通过一些解决简单问题的微实例,学习了以三种基本控制结构为核心的结构化程序设计。当计算机解决的问题变得越来越复杂,程序也会变得越来越复杂,表现为一是代码越来越长,二是控制结构的嵌套层次越来越深。算法设计的难度和程序理解的难度也会随之增长。计算机科学家提出了模块化设计的方法,把复杂的大任务分解为若干个小任务,分层分解任务的复杂性。而程序语言通过函数实现程序的模块化设计。

<学习目标>

- 当完成本章的学习后,要求:
- 了解模块化设计的思想
- 学习模块化程序的设计
- 掌握 Python 函数的定义、调用,理解函数的执行过程
- 掌握 Pyhton 函数参数传递和返回值的概念
- 理解 lambda 函数和递归函数

4.1 函数

4.1.1 python 函数的定义

函数的定义包括函数名称、形参以及函数体,定义函数的语法如下:

$$def \quad 函数名(形参列表):$$
$$函数体$$

【例 4-1-1】 求最大公约数的函数 gcd

一个求两个整数的最大公约数的函数 gcd,它有两个参数 x 和 y,函数返回这两个整数的最大公约数。

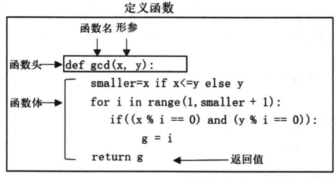
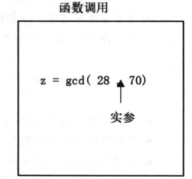

图 4-1-1 定义和调用一个函数

函数包括函数头和函数体。

函数头从关键字 def 开始,接着是函数名,函数名命名应该体现"望名生义",此处 gcd 是最大公约数(Greatest Common Divisor)的缩写。

一对圆括号是函数的标志符,括号中定义参数,多个参数间以逗号分隔。函数定义处的参数称为形式参数,简称形参。

函数体中是实现函数功能的程序语句段。在函数 gcd 中先找到两个整数中较小的一个值 smaller,遍历 i 从 1～smaller,验证 i 是否是 x 和 y 的公约数,如果是则记录在变量 g 中。在遍历的过程中,找到一个,就改写 g,最后一个就是最大公约数。

函数体中最后的 return 语句,将计算的最大公约数作为返回值返回到调用处。再赋值给变量 z。不是每一个函数都有 return 语句,有些函数会完成一些操作而没有返回值,函数区分为有返回值的函数和无返回值的函数。

有返回值的函数需要通过 return 语句返回一个值,执行 return 语句意味着函数的终止。

例如在 gcd 函数中增加一句 if 语句。当参数 x 和 y 是两个相同的数时返回 x。执行了 return x 后函数终止,后面的语句都不会再执行了。

【函数代码】
```
def gcd(x,y):
    if x==y:
            return x
    smaller=x if x<=y else y
    for i in range(1,smaller+1):
        if((x%i==0)and(y%i==0)):
            g=i
    return g
```

4.1.2　函数的调用

函数定义后,未经调用,是不会执行的。使用函数需要使用函数调用语句。在函数调用的时候要求传递一个值给形参,这个传递的值称为实际参数,简称实参。参数是可选的,也就是说函数可以不包括参数,例如:random. random()就不包含参数。

根据函数是否有返回值,函数的调用也是不同的。

1. 有返回值的函数调用

如果函数有返回值,函数调用的时候需要安排接受返回值。

① 可以是赋值语句,将返回值赋值给一个变量。

例如:z=gcd(28,70)

求 28 和 70 的最大公约数,28 和 70 是实参,28 传递给形参 x,70 传递给形参 y。函数执行结束,return 语句将 g 的值返回到调用处,赋值给变量 z,执行后 z 的值为 14。

② 可以是表达式语句,将返回值作为表达式的一个数值,继续参加运算。

例如:print(gcd(28,70) * gcd(26,65))

输出 28 和 70 的最大公约数与 26 和 65 的最大公约数的乘积。返回的最大公约数作为表达式的一部分继续参加乘法运算。

③ 也可以是函数实参。

例如:z=gcd(gcd(28,70),21)

gcd(28,70)的返回值 14 作为外层 gcd 的第一个实参,和 21 一起求最大公约数,执行后 z 的值为 7。

2. 无返回值的函数调用

print 函数的调用是一个典型的无返回值的函数调用,执行一个输出的操作。没有返回值的函数的调用形式是函数语句。

例如:print(num1,"和",num2,"的最大公约数为",gcd(num1,num2))

函数语句就是一个函数调用,从函数名开始,一对圆括号,圆括号中是实参列表。

【例 4-1-2】 pause 函数

pause 函数的作用是暂停,时间长短由参数 times 的值决定。

```
>>> # pause 函数的定义
>>> def pause(times):
    c=0
    while(c<times):
        c=c+1
>>> # pause 函数的调用
>>> pause(100000000)
```

3. 函数的执行过程

当程序调用一个函数是,程序的控制权就会转移到被调用的函数,当执行到函数结束或执行到一个 return 语句,函数将程序的控制权归还给函数调用处。

【例 4-1-3】 完整程序,调用 gcd 函数求两个整数的最大公约数

```
def gcd(x,y):
        smaller=x if x<=y else y
        for i in range(1,smaller+1):
          if((x%i==0)and(y%i==0)):
                g=i
        return g

def main():
        num1=int(input("输入第一个数:"))
        num2=int(input("输入第二个数:"))
        print(num1,"和",num2,"的最大公约数为",gcd(num1,num2))
main()
```

运行示例如下:

```
输入第一个数:28
输入第二个数:70
28 和 70 的最大公约数为 14
```

这个程序包含了 gcd 函数和 main 函数,在 main 函数的 print 语句的实参位置调用了 gcd 函数。那么这个程序是如何执行的呢?

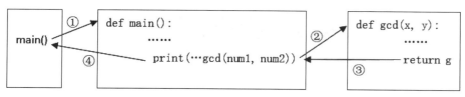

图 4-1-2 函数的执行过程

Python 翻译器从程序的第一行开始逐行读取脚本,当它读取 gcd 函数和 main 函数的函数定义时,将函数存储在内存中,并不执行。最后读取到 main 函数,程序开始执行,调用 main 函数,程序的控制权转向 main 函数,如箭头①所示。

main 函数的执行从函数的第一句开始,先输入两个数给 num1 和 num2 变量,然后执行 print 语句,这时调用 gcd(num1,num2),程序的控制权转移到 gcd 函数,如箭头②所示,开始执行 gcd 函数。

当 gcd 函数执行到 return 语句,程序的控制权返回到 main 函数的调用处,如箭头③所示,完成 print 语句的输出。此时 main 函数的语句全部执行完毕,程序的控制权返回到主程序的调用处,如箭头④所示,整个程序结束。

在 Python 中,所有的函数定义在执行时,都被 Python 翻译器读入到内存,函数定义的顺序和函数的执行顺序是无关的。也就是说,多个函数定义的顺序是可前可后的,只需函数的调用语句出现在函数定义之后即可。

4. 返回多个值

Python 允许函数返回多个值,但它被调用时,需要同时接受这些返回值。

【例 4-1-4】 返回多个值的函数示例

例如定义一个函数,参数是任意两个数,函数返回这个数的和、差、积、商。下例中,4 个变量 r1,r2,r3,r4 依次接受 4 个返回值。多个返回值和多个变量之间逗号分隔,一一对应。

```
>>>def f(x,y):
        return x+y,x-y,x*y,x/y
>>>r1,r2,r3,r4=f(15.3,3)
>>>r1,r2,r3,r4
(18.3,12.3,45.900000000000006,5.1000000000000005)
>>>t=f(15.3,3)
>>>t
(18.3,12.3,45.900000000000006,5.1000000000000005)
```

> 说明:也可以使用一个变量来接受返回值,多个返回值以元组的形式返回。如上例中,t 接受 f 函数的返回值,t 得到了一个元组。通过下标可以依次访问其中的数据。

4.2 模块化设计

4.2.1 模块化设计的思想

模块的概念来源于标准件的制造,在很多行业中都有运用。例如,风靡全球的乐高积木就是这样的模块,这种塑胶积木一头有凸粒,另一头有可嵌入凸粒的孔,通过不同人的不同组合,甚至同一人的不同巧思,乐高积木可以构建出不同的世界。

在建筑行业,远大公司采用模块化建筑技术、标准化设计方式,所有的模块部件均事先在工厂制成,由流水线模具化生产而出,正式建房时只是部件的搭建与组装。远大公司在 2010 年世博会上 1 天搭建 6 层建筑,之后又不断创造"远大极速":6 天建成 15 层新方舟宾馆,19 天封顶 57 层"小天城"。模块化建筑技术也广泛运用于高架道路、轨道桥梁的修建中。

现代电子产品的生产设计更是模块化设计的典范,芯片是电子产品的模块,不同的芯片实现不同的功能,但具有标准的接口。利用模块化设计分解和组合的原理,终端产品选用芯片搭建实现更为复杂的功能。生产芯片的厂家和生产终端产品的厂家各自专注自己的领域,从而实现社会化大生产。

模块化设计的基本思想就是:对产品进行功能分析的基础上,将产品分成若干个功能模块,再将预制好的模块进行组装,形成最终的产品。模块是指提供特定功能的相对独立的单元。

模块一般具有独立性、抽象性、互换性、灵活性等特点。

4.2.2 程序的模块化编程

模块化设计同样是程序设计的重要思想。程序的模块化设计,简单地说就是程序的编写不是一开始就逐条编写计算机语句和指令,而是首先用主程序、函数等框架把软件的主要结构和流程描述出来,并定义和调试好各个框架之间的输入、输出链接关系。再逐个实现每个模块的内部功能。模块化编程的目的是为了降低程序复杂度,使程序设计、调试和维护等操作简单化。

【例 4-2-1】 用字符画一个"工"字

程序的功能是输入一个 n 值,画出的"工"字由 2 根 2n+1 个"8"组成的横线和 1 根 n 个"8"组成的竖线构成。

```
n＝int(input("n="))
for i in range(2 * n+1)：
        print("8",end＝"")
print()
```

```
for i in range(n):
        for j in range(n):
                print("",end="")
        print("8")
for i in range(2 * n+1):
        print("8",end="")
print()
```

运行示例如下：

```
n=5
88888888888
        8
        8
        8
        8
        8
88888888888
```

下面用模块化设计的思想来改写这个程序

【例 4-2-2】　设计两个构件模块：画横线和画竖线，再设计一个图形模块：画"工"字。改写后的程序如下所示

```
def hline(n): #画横线
        for i in range(2 * n+1):
                print("8",end="")
        print()
def vline(n): #画竖线
        for i in range(n):
                for j in range(n):
                        print("",end="")
                print("8")
def figure(n): #画"工"字
        hline(n)
        vline(n)
        hline(n)
def draw(): #画指定 n 值的"工"字
        n=int(input("n="))
        figure(n)
draw() #主程序启动
```

函数 hline 的功能是画一条由 2n+1 个"8"构成的横线。函数 vline 的功能是画一条由 n 个"8"组成的竖线。函数 figure 的功能是调用 hline 和 vline 函数画"工"字。函数 draw 执行输入 n,输出图形的功能。主程序只需调用 draw 函数。

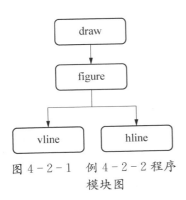

图 4-2-1　例 4-2-2 程序模块图

对比两个程序,程序 4-2-2 的程序明显的优势有三个,一是便于理解阅读,每一个函数完成一个小任务,小任务的代码量小,算法简单。函数名可以帮助理解语句段的功能。二是减小重复代码,画横线的函数定义好了,可以多次调用。三是方便维护。减小重复的优点直接影响可维护性。如果画横线的功能有变化,例如要把横线拉长,每个字符间插入一个空格,只需要在函数 hline 中修改代码。而在不使用函数的程序中,要多处修改,大程序中很容易发生修改遗漏。

函数通过参数传递,可以增强函数的通用性,参数 n 的值不同,就可以画出不同大小的"工"字。还可以通过增加参数,传递指定字符实现由用户指定字符绘制图形。

【例 4-2-3】 在例 4-2-2 的 hline 函数、vline 函数、figure 函数增加参数 ch,传递用户输入的字符

```python
def hline(n,ch):
        for i in range(2*n+1):
                print(ch,end="")
        print()
def vline(n,ch):
        for i in range(n):
                for j in range(n):
                        print("",end="")
                print(ch)
def figure(n,ch):
        hline(n,ch)
        vline(n,ch)
        hline(n,ch)

def draw():
        n=int(input("n="))
        ch=input("ch=")
        figure(n,ch)
draw()
```

运行示例如下:

```
n＝5
ch＝ *
 * * * * * * * * * * *
             *
             *
             *
             *
             *
 * * * * * * * * * * *
```

4.2.3　程序的开发过程

解决复杂问题的程序,通常并不是从第一行代码开始,逐行顺序地完成。程序的开发要经过"自顶向下"的设计,"自底向上"的实现。

1. "自顶向下"的设计方法

自顶向下、逐步求精是分析问题的基本方法,具体的做法是把一个大任务分割成小的更容易控制的任务,再继续细分为更小的任务,直到所有的小任务都能很容易实现。

以安排一次竞赛活动为例,整个竞赛活动可以先划分为"报到"、"开幕式"、"现场答辩"、"现场活动"、"闭幕式"等五个模块,再对每一模块进行细化。"报到"模块可以细化为:"注册缴费"、"抽签"、"发放资料"、"办理入住"等四个子模块。"注册缴费"又可以向下细化为:"核对信息"、"缴费"、"开发票"等子模块,如有需要,还可以一层一层地向下细化,直到每一块的任务都清晰明白为止。

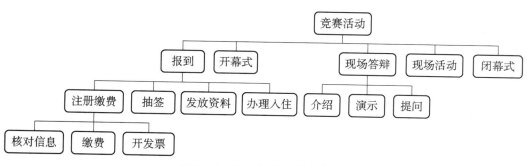

图 4-2-2　竞赛活动分析图

自顶向下、逐步求精的结果是得到一系列以功能块为单位的算法描述。上例竞赛活动安排的算法描述可以如下所示。

```
1  报到
  1.1  注册缴费
```

2. "自底向上"的实现

自顶向下的设计是创建层次化的模块结构的过程,从程序实现和测试的角度看,最好从模块结构图的底层开始实现、运行、测试每一个函数,然后逐步上升,实现上层模块,自底向上直至主程序得到实现。

例如例 4-2-3 的画"工"字程序,经过自顶向下的设计,得到模块结构图(图 4-2-1),依据模块结构图可以得到例 4-2-3 的程序框架结构。pass 语句是空语句,在这里为了完整一个函数的语法结构,函数的功能待开发。

例 4-2-3 的程序框架结构:

```
def hline(n,ch):
        pass
def vline(n,ch):
        pass
def figure(n,ch):
        pass
def draw():
        pass
draw()
```

在模块化编程中,测试程序最适合采用单元测试技术,即先分别测试每一个小模块,然后逐步测试较大的模块,直至最后测试完整程序。"自底向上"的实现首先从最底层的 hline 和 vline 开始实现,Python 支持在交互平台中测试文件中的函数,在程序框架中完成两个函数的代码,check module 后可以切换到交互界面,在命令行测试函数,测试过程如图 4-2-3 所示。

例 4-2-3 的底层实现:

```
>>> hline(5,"8")
88888888888
>>> vline(5,"8")
    8
    8
    8
    8
    8
>>> hline(3,"@")
@@@@@@@
>>> vline(3,"@")
    @
    @
    @
```

图 4-2-3　底层模块
测试过程

```python
def hline(n,ch):
    for i in range(2 * n+1):
        print(ch,end="")
    print()
def vline(n,ch):
    for i in range(n):
        for j in range(n):
            print("",end="")
        print(ch)
```

hline 函数和 vline 函数测试正确,再实现 figure 函数并测试 figure 函数。

例 4-2-3 的第二层实现:

```python
def figure(n,ch):
    hline(n,ch)
    vline(n,ch)
    hline(n,ch)
```

最后实现测试顶层 draw 函数,完成整个程序的运行测试。

例 4-2-3 的顶层实现:

```python
def draw():
    n=int(input("n="))
    ch=input("ch=")
    figure(n,ch)
```

在模块化设计中,运用自顶向下,逐步细化的分析方法分层设计,得到功能独立的模块再以功能块为单位进行程序设计,实现其求解算法。

完整的程序代码如下所示:

例 4-2-3 的完整实现:

```python
def hline(n,ch):
    for i in range(2 * n+1):
        print(ch,end="")
    print()
def vline(n,ch):
    for i in range(n):
        for j in range(n):
            print("",end="")
        print(ch)
def figure(n,ch):
    hline(n,ch)
    vline(n,ch)
    hline(n,ch)
```

```
def draw():
        n=int(input("n="))
        ch=input("ch=")
        figure(n,ch)
draw()
```

思考：

（1）修改例 4-2-3 的程序：如果程序要求当输入一个偶数，图形用 * 绘制，输入一个奇数，图形用@绘制，应该修改哪个函数？如何修改？

```
n=5
@@@@@@@@@@@
        @
        @
        @
        @
@@@@@@@@@@@
```

```
n=4
*********
        *
        *
        *
        *
*********
```

（2）修改例 4-2-3 的程序：如果要输出下面图形，应该修改哪个函数？如何修改？

```
n=4
ch=$
$$$$$$$$
$      $
$      $
$      $
$      $
$$$$$$$$
```

4.3　模块化设计实例：素数问题

素数，又称为质数，是指除了 1 和它本身没有其他约数的自然数。围绕着素数有着很多有趣的话题和数学未解难题。例如：梅森素数、孪生素数、哥德巴赫猜想等等。本节将对素数问题用程序的方法一探究竟。

4.3.1　判断一个数 n 是不是素数

【例 4-3-1】　判断一个数 n 是不是素数

最直接的判断方法是从定义出发，从 2 到 n-1 逐个验证 n 能否被整除，有被整除则不是素数，所有都不可以被整除则是素数。

算法设计的重点在于：

判定 n 不是素数，只需验证 n 能被 2 到 n-1 中的一个数整除，就可以停止验证，得出结论。

判定 n 是素数，要所有的验证结束，才能得出结论。

算法：
1　输入一个数 n
2　i=2
3　循环当 i<n
　　　3.1 如果 n 能被 i 整除则跳出
　　　3.2 i=i+1
4　如果 i==n　　　则输出 n 是素数
　　　　　　　　　否则输出 n 不是素数

说明：

这个算法的循环结构有两个出口：一个是"循环当 i<n"不满足条件；一个是"如果 n 能被 i 整除则跳出"；两个出口分别代表不同的结论。第一个出口结束循环，n 是素数；第二个出口结束循环，n 不是素数。

两个出口都汇聚到算法的第 4 步。在此，如何要区分两种不同的情况？

仔细观察程序循环结构的执行，结束循环时，i 的值是不同的。循环正常结束，i 的值是等于 n；在循环体中如果 n 能被 i 整除，跳出循环，i 的值在 2 到 n-1 之间。利用 i 值的不同可以区分 n 是不是素数。

程序实现如下：

```
n=int(input("n="))
```

```
i＝2
while i＜n：
        if n％i＝＝0：
                break
        i＝i＋1
if i＝＝n：
        print(n,"是素数")
else：
        print(n,"不是素数")
```

运行示例：

```
>>>
 n＝2
2   是素数
>>>
 n＝6
6   不是素数
>>>
n＝997
997   是素数
```

跟踪输入 n＝2 时程序的执行流程。n＝2,i＝2,while 循环条件不成立,则不执行循环语句；if 条件,i＝＝n 成立,输出：2 是素数。所以虽然 2 是一个特殊点,但程序执行结果符合预期,不需要特别处理。

while 循环和 for 循环在很多场合都可以相互转换,但下面的程序却转换失败,发生错误的原因是什么呢?

```
n＝int(input("n＝"))
for i in range(2,n)：
        if n％i＝＝0：
                break
if i＝＝n：
        print(n,"是素数")
else：
        print(n,"不是素数")
```

运行示例如下：

```
n＝3
3   不是素数
```

说明：

本算法是根据 i 的终值来判断是否为素数。for 语句实现的程序和 while 语句实现的程序的不同在于：for 循环正常执行结束（即不从 break 跳出）时，i 值是 n—1，而 while 循环正常结束时 i 值是 n。也就是说一个素数执行 for 循环结束后，i 值为 n—1。例如 n＝3，for 语句迭代运行 i＝2，n%i＝＝0 不满足，不执行 break 语句，迭代结束退出 for 语句。

解决这个问题，可以使用一个标志变量 flag 来表示是否是素数，而不再根据 i 的终值来判断。

【例 4‑3‑2】　用 for 语句实现判断一个数 n 是不是素数

初值假定 n 是素数，flag 设为 True。循环迭代验证时，如果能被整除，则设置 flag 为 False，表示 n 不是素数。最后根据 flag 的值来判断是否为素数。

算法：
```
1   输入一个数 n
2   设置 flag 为 True
3   循环 i 从 2 到 n—1 step 1
        3.1 如果 n 能被 i 整除则
            3.1.1   设置 flag 为 False
            3.1.2   跳出循环
4   如果 flag==True   则输出 n 是素数
                    否则输出 n 不是素数
```

for 语句实现代码如下

```python
n=int(input("n="))
flag=True
for i in range(2,n):
        if n%i==0:
                flag=False
                break
if flag:
        print(n,"是素数")
else:
        print(n,"不是素数")
```

Python 的 for…else 语句也可以解决这个问题。for 的 else 子句是在 for 语句循环正常结束的时候进入，也就是说从 break 语句跳出循环时，不进入 else 子句，这样就可以区分两种情况了。用 for…else 语句实现判断素数的程序代码如下：

```python
n=int(input("n="))
```

```
for i in range(2,n):
        if n%i==0:
                print(n,"不是素数")
                break
else:
        print(n,"是素数")
```

【例 4-3-3】 模块化编程实现判断一个数 n 是不是素数

例 4-3-1 是在主程序中直接设计算法实现,那么模块化编程要如何解决这个问题? 如图 4-3-1 所示的模块结构图,判断 n 是否是素数是一个独立的功能,在顶层算法中不展开,设计一个子模块完成这个功能,第二层算法就是对该子模块的算法描述。

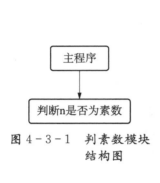

图 4-3-1 判素数模块
结构图

顶层算法:
1 输入一个数 n
2 如果 n 是素数　则输出 n 是素数
　　　　　　　　否则输出 n 不是素数

第二层算法—判断 n 是否是素数:
1 设置 flag 为 True
2 循环 i 从 2 到 n-1 step 1
　2.1 如果 n 能被 i 整除则
　　　　　　　2.1.1 设置 flag 为 False
　　　　　　　2.1.2 跳出
3 返回 flag

然后再自底向上实现,首先实现判断 n 是否是素数的子模块,即编写一个判断 n 是否为素数的函数。

函数名:isPrime

接口参数:n

返回值:n 是素数返回 True,不是素数返回 False

【函数代码】

```
def isPrime(n):
        flag=True
        for i in range(2,n):
                if n%i==0:
                    flag=False
                    break
        return flag
```

下面使用 return 特性优化函数。当函数执行到 return 语句,函数的执行结束,回到调用处。所以循环体中当验证为 n 可以被 i 整除,直接使用 return False 返回,得出结论不是素数。那么能正常执行完 for 循环语句的 n 都是素数,不需再作判断,直接使用 return True。

【函数代码】

```
def isPrime(n):
        for i in range(2,n):
                if n%i==0:
                        return False
        return True
```

数学上已证明如果 n 不能被 2 到 n 的平方根整除,就可以确定 n 为素数,进一步优化算法,再考虑 n 的合法性,得到下面的函数代码。

【函数代码】

```
from math import sqrt
def isPrime(n):
        if n<2:
                return False
        m=int(sqrt(n))
        for i in range(2,m+1):
          if n%i==0:
                        return False
        return True
```

测试 isPrime 函数正确后,继续实现主程序。isPrime 函数返回值为布尔值,可以直接作为 if 条件判定的结果,所以在 if 条件处直接调用 isPrime 函数。完整的程序代码如下所示。

```
from math import sqrt
def isPrime(n):
        if n<2:
                return False
        m=int(sqrt(n))
        for i in range(2,m+1):
          if n%i==0:
                        return False
        return True


#主程序代码
n=int(input("n="))
if isPrime(n):
        print(n,"是素数")
else:
        print(n,"不是素数")
```

4.3.2　孪生素数

孪生素数(twin prime number),指的是相差为 2 的两个素数,例如 3 和 5。孪生素数有其特殊的规则,除了第一对孪生素数(3,5)之外,其他的孪生素数都可以写成(6k−1,6k+1)的形式。找一找有哪些是孪生素数。

【例 4-3-4】　求解【a,b】区间以内的孪生素数

这个问题的求解可以按照 IPO 的思路先给出顶层算法设计。

顶层算法:

1　获取指定区间的素数
2　求解孪生素数
3　输出孪生素数

顶层算法的 3 个步骤对应三个子模块,进入第二层算法设计。

在第二层,分别细化顶层三个子模块的算法。第一个子模块,获取指定区间的素数,算法思路是列举区间内的每一个数,逐个判断是否为素数,将素数追加到一个列表,返回素数列表。

第二层算法—1　获取指定区间的素数:

1.1　列表 L 初始化
1.2　循环 n 从 start 到 end,step 1
　　　1.2.1 如果 n 是素数则追加到列表 L
1.3　返回列表 L

在这一层设计中,判断 n 是一个素数的算法,到下一层实现。

第二个子模块,在一个素数列表中,查找孪生素数。算法思路是根据定义,依次计算相邻两个素数的差值是否为 2,如果是,将两个数构造为一个元组,追加到一个列表。返回孪生素数列表。

第二层算法—2　求解孪生素数:

2.1　列表 TwinL 初始化
2.2　循环 i 从 0 到 len−2,step 1
　　　2.2.1 如果 L[i]和 L[i+1]的差值为 2 则追加素数对到列表 TwinL
2.3　返回列表 TwinL

第三个子模块,输出孪生素数,以每行 5 对孪生素数的格式输出。使用一个计数变量 n,每计数 5 个换行。可以通过对 5 取余为 0 实现。

第二层算法—3　输出孪生素数:

3.1　计数 n 初始化为零
3.2　循环列举列表 L 中每一对孪生素数

3.2.1　输出一对孪生素数
3.2.2　n 增 1
3.2.3　如果 n%5==0　则换行

至此,第二层算法设计结束。但是 1.2.1 中还留了一个问题没有解决,如何判断 n 是素数,留到第三层解决,具体算法参照上一节的实现。本节问题的求孪生素数模块结构图如图 4-3-2 所示:

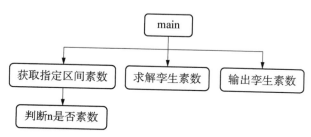

图 4-3-2　求孪生素数模块结构图

自顶向下的模块结构图设计完成后,可以写出整个程序的框架结构代码。

例 4-3-4 框架结构代码:

```python
def isPrime(n):    #判断 n 是否素数
        pass
def getPrimes(start,end):    #获取指定区间素数
        pass
def getTwinPrimes(L):    #求解孪生素数组
        pass
def printTwinPrimes(L):    #输出孪生素数
        pass
def main():
        L=getPrimes(2,3000)
        TwinL=getTwinPrimes(L)
        printTwinPrimes(TwinL)


if__name__=="__main__":
    main()
```

习惯上,程序里通常定义一个包含程序主要功能的名为 main 的函数,程序从 main 函数开始执行。main 函数的算法通常执行顶层 IPO 算法,即输入、处理、输出。

每个 python 模块(python 文件,也就是此处的 4-3-4.py)都包含内置的变量 __name__,当运行模块被执行的时候,__name__ 等于文件名(包含了后缀.py);如果 import 到其他模块中,则 __name__ 等于模块名称(不包含后缀.py)。

而"__main__"等于当前执行文件的名称(包含了后缀.py)。因而当模块被直接执行时,
__name__=='main'结果为真。if_name_=="__main__"之下的代码块将被运行;当.py文
件以模块形式被导入时,if_name_=="__main__"之下的代码块不被运行。

接着进行自底向上实现,先实现第三层模块 isPrime 函数,再逐个实现第二层模块
getPrimes、getTwinPrimes、printTwinPrimes 函数。在实现的过程中,结合命令行和 print 语
句输出边实现边测试,完成整个程序的编写,完整程序如下:

例 4-3-4 完整代码:

```python
from math import sqrt
def isPrime(n):
        if n<2:
                return False
        m=int(sqrt(n))
        for i in range(2,m+1):
                if n%i==0:
                        return False
        return True


def getPrimes(start,end):
        L=[]
        for n in range(start,end+1):
                if isPrime(n):
                        L.append(n)
        return L
def getTwinPrimes(L):
        TwinL=[]
        for i in range(len(L)-1):
                if L[i+1]-L[i]==2:
                        TwinL.append((L[i],L[i+1]))
        return TwinL


def printTwinPrimes(L):
        n=0
        for x in  L:
                print("({:4d},{:4d})".format(x[0],x[1]),end="\t")
                n=n+1
                if n%5==0:
                        print()

        print("\n共{}组孪生素数".format(n))
```

```
def main():
        a,b=input("请输入区间范围 a,b:").split(",")
        a,b=int(a),int(b)
        L=getPrimes(a,b)
        print("【{},{}】之间的素数有{}个".format(a,b,len(L)))
        TwinL=getTwinPrimes(L)
        printTwinPrimes(TwinL)

if__name__=="__main__":
    main()
```

运行示例如下：

```
请输入区间范围 a,b:100,300
【100,300】之间的素数有 37 个
(101,103)   (107,109)   (137,139)   (149,151)   (179,181)
(191,193)   (197,199)   (227,229)   (239,241)   (269,271)
(281,283)
共 11 组孪生素数
```

4.3.3　使用筛选法求素数

所谓筛选法是指埃拉托色尼筛选。埃拉托色尼是古希腊的著名数学家。他采取的方法是，在一张纸上写上 1 到 1 000 的全部整数，然后逐个判断它们是否素数，找出一个非素数，就把他们挖掉，最后剩下的就是素数。

算法思路可以表示如下：

```
1. 先将 1 挖去。
2. m 取 2,用 m 去除它后面的各个数,把 2 的倍数挖掉。
3. m 取下一个数,重复 2 步骤直到列表最后一个数。
4. 剩下的即是素数。
```

【例 4-3-5】　使用筛选法求 100 以内的所有素数,编写一个函数 getPrimes(start, end),使用筛选法返回 start 到 end 之间的所有素数的列表,并编写主程序代码,调用 getPrimes 函数实现相同功能

```
def getPrimes(start,end):
        if start==1:
                start=2
        L=[i for i in range(start,end+1)]
```

```
#列表中下标为 i 的数 m 作为因子,将 m 的倍数筛去。
i＝0
while i＜len(L)：
        m＝L[i]
        n＝2
        while True：
                removedItem＝n＊m
                if removedItem＞L[－1]：
                        break
                elif removedItem in L：
                        L. remove(removedItem)
                n＝n＋1
        i＝i＋1
    return(L)
def main()：
        a,b＝input("请输入区间范围 a,b："). split(",")
        a,b＝int(a),int(b)
        L＝getPrimes(a,b)
        print("【{},{}】之间的素数有{}个". format(a,b,len(L)))
        print(",". join([str(i)for i in L]))

if__name__＝＝"__main__"：
    main()
```

运行示例如下：

请输入区间范围 a,b：1,100
【1,100】之间的素数有 25 个
2,3,5,7,11,13,17,19,23,29,31,37,41,43,47,53,59,61,67,71,73,79,83,89,97

4.4　函数的参数

4.4.1　参数传递的实质

在 C 程序语言中参数传递区分为传值和传地址,而 Python 中所有的数据都是对象,变量的实质是指向对象的引用,而 Python 参数传递实质是传递对象的引用。当调用带参数的函数,每个实参的引用值被传递给形参变量。

【例 4-4-1-1】　示例单变量和列表变量传参的区别

```python
def changeInt(n):
        n=n+1
def changeList(L):
        for i in range(len(L)):
                L[i]=L[i]*1.05

x=1
print("start x:",x)
changeInt(x)
print("end x:",x)
Ls=[10,20,30]
print("start Ls:",Ls)
changeList(Ls)
print("end Ls:",Ls)
```

运行结果:

```
>>>
start x:1
end x:1
start Ls:[10,20,30]
end Ls:[10.5,21.0,31.5]
```

说明:

　如例 4-4-1-1 运行结果所示。x 的值传递给 changeInt 函数的参数 n,无论 changeInt 函数做什么,x 的值不变。但是将列表 Ls 的值传递给 changeList 函数的参数 L, changeList 函数中将每一个列表项 L[i] 的值增加至 105%。主程序中的 Ls 中每一项发生了改变。这是为什么？

　　这样的运行结果的原因是：整数、浮点数、字符串等对象是不可改变的对象，不可改变的对象的内容是不会变的。当你将一个新的数据赋值给变量时，Python 会为这个数据创建新的对象，变量获取新的引用值。在本例中。x 变量是指向整型对象 1 的引用，将这个引用值传递给形参变量 n，n 也指向这个整型对象 1，当执行 n＝n＋1 时，n＋1 产生一个新的数据，Python 为这个数据创建新的对象，变量 n 获取新的对象的引用值。而变量 x 的引用值并没有发生改变。

　　列表是可以改变的对象，将 Ls 的引用值传递给 changeList 函数的形参变量 L，L 获取了 Ls 所指列表对象的引用值，指向同一个列表对象。虽然 changeList 函数直接修改 L[i] 的数值，但 L 的引用值始终没有改变，Ls 和 L 指向同一个列表对象，在 changeList 函数中对 L[i] 的修改等同于对 Ls[i] 的修改。在程序 4-4-1-1 中增加过程输出语句，可以更好地理解参数传递的实质。

【例 4-4-1-2】 增加输出语句查看引用

```python
def changeInt(n):
        print("2. id(n)",id(n))
        n＝n＋1
        print("3. id(n)",id(n))
def changeList(L):
        print("2. id(L)",id(L))
        for i in range(len(L)):
                L[i]＝L[i] * 1.05
        print("3. id(L)",id(L))


x＝1
print("start x：",x)
print("1. id(x)",id(x))
changeInt(x)
print("end x：",x)
print("4. id(x)",id(x))


Ls＝[10,20,30]
print("start Ls",Ls)
print("1. id(Ls)",id(Ls))
changeList(Ls)
print("4. id(Ls)",id(Ls))
print("end Ls",Ls)
```

```
>>>
start x:1
1. id(x)1739895872
2. id(n)1739895872
3. id(n)1739895904
end x:1
4. id(x)1739895872
start Ls[10,20,30]
1. id(Ls)2999244964680
2. id(L)2999244964680
3. id(L)2999244964680
4. id(Ls)2999244964680
end Ls[10.5,21.0,31.5]
>>>
```

> **说明：**
> 调用 changeInt 函数，传递 x 到 n，x 和 n 指向同一数据对象，引用值为 1 619 899 456。之后 n 指向新的数据对象，引用值为 1 619 899 488。而 x 的引用值不变。
> changeList 函数调用过程中 Ls 和 L 的引用值没有发生改变，一直是 2 211 170 371 336，说明两个变量始终指向同一个列表对象。

所以说，Python 参数传递的实质是传递引用。当传递的是不可改变的对象，对形参变量的修改是让形参变量指向新的数据对象，不会影响实参变量的值；当传递的是可改变的对象，形参变量和实参变量同时指向同一个可改变的对象，直接对该对象的内容进行修改。

根据参数传递的特性，类似列表、字典等可改变的对象，传递到函数中直接操作，不需要"return 列表"对调用处的传入列表的变量重新赋值。

4.4.2　默认参数

Python 允许定义带默认值的参数，当函数调用时没有传递实参时，那么这些默认值会传递给形参。

【例 4-4-2】　设定默认值的 pass 函数

例如给 pass 函数设定默认值 100 000，它的调用形式更加灵活。

```
>>> # 使用默认参数定义函数
>>> def pause(times=100000):
       c=0
       while(c<times):
```

```
>>> # 默认参数的调用示例
>>> pause()
>>> pause(200000000)
>>> pause(times=100000000)
```

$$c=c+1$$

有多个参数的时候,函数调用是可以灵活地选择是否设置实参。

【例4-4-3】 求三角形面积函数
求三角形面积的getTriangleArea函数有底和高两个参数。可以按需要进行不同的调用。

```
>>>#定义包含多个默认参数的函数
>>>def getTriangleArea(bottom=1,height=1):
    return(bottom * height)/2
>>>#多个默认参数调用示例
>>>#底和高都使用默认值
>>>getTriangleArea()
0.5
>>>#底和高都不使用默认值
>>>getTriangleArea(3,4)
6.0
>>>#底不使用默认值,高使用默认值
>>>getTriangleArea(3)
1.5
>>>#底使用默认值,高不使用默认值
>>>getTriangleArea(height=4)
2.0
>>>
```

当函数有多个参数时,把变化大的参数放前面,变化小的参数放后面。变化小的参数就可以作为默认参数。函数调用时,在很多场合下,可以省略默认参数的实参。

4.4.3 可变参数

在Python函数中,还可以定义可变参数。顾名思义,可变参数就是传入的参数个数是可变的,可以是1个、2个到任意个,还可以是0个。定义可变参数仅仅在参数前面加了一个 * 号。在函数内部,可变参数接收到的是一个tuple。

【例4-4-4】 求任意一组数据的乘积

```
>>>#定义包含可变参数的函数          >>>#可变参数的调用示例
>>>def mutiply ( * args):          >>>mutiply()
    p=1                            1
    for x in args:                 >>>mutiply(10,20,30)
        p=p * x                    6000
```

```
        return p
```

还可以把列表中的数据通过可变参数传递到函数中。

【例4-4-5】 传递列表中的不定长数据

```
>>>L＝[i＋2 for i in range(10,31,5)]
>>>L
[12,17,22,27,32]
>>>mutiply(＊L)
3877632
```

使用 for 循环快速产生一个整数列表 L,L 中有 5 个整数,通过 ＊L 将这 5 个整数传入 multiply 函数,注意,这里传递的是 5 个整数对象,而不是列表对象。

4.4.4 全局变量和局部变量

在函数内部定义的变量称为局部变量,包括函数的形参。在函数的外部定义的变量称为全局变量。局部变量和全局变量的作用域不一样,局部变量只能在定义它的函数中被程序引用,离开该函数作用域终止,全局变量可以被在全局变量定义位置后调用的函数访问。

【例4-4-6】 全局变量的使用

全局变量 x,在 f1 函数中可以正确访问,也可以在该函数外部正确访问。

```
x＝10
def f1():
        y＝x＋1
        print("in f1,x＝",x,"y＝",y)


f1()
print("x in programm",x)
```

运行结果:

```
>>>
in f1,x＝10 y＝11
x in programm 10
```

【例4-4-7】 同名的全局变量和局部变量

例 4-4-7 中,在 f2 函数中通过赋值语句 x＝5 定义了一个局部变量 x,虽然与函数外定义的 x 是同名,但是不同变量。同名局部变量堵塞对全局变量的访问,故在 f2 函数中起作用的是局部变量 x,值为 5。回到主程序,不认识局部变量 x,起作用的是全局变量 x,值为 10。

```
x=10
def f2():
        x=5
        y=x+1
        print("in f2,x=",x,"y=",y)

f2()
print("x in programm",x)
```

运行结果:

```
>>>
in f2,x=5y=6
x in programm 10
```

【例 4-4-8】 global 语句声明全局变量

可以在函数内部声明全局变量,这样既可以使用在外部定义的全局变量,也可以在函数中创建一个全局变量然后在函数外使用它,例 4-3-12 中,x 在函数外定义,y 在函数内部定义,使用 global 语句将 x,y 都设定为全局变量,无论是在 f3 函数中,还是主程序中,x、y 的值都是一致的。

```
x=10
def f3():
        global x,y
        x=5
        y=10
        print("in f3   x=",x,"y=",y)

f3()
print("in programm x=",x,"y=",y)
```

运行结果:

```
in f3 x=5y=10
in programm x=5y=10
```

【例 4-4-9】 区分全局变量和局部变量

```
x=10
y=30
def f4():
```

```
#global y
y=y+5
print("in f4    x=",x,"y=",y)
```

```
f4()
print("in programm x=",x,"y=",y)
```

Python 中变量是不需要定义的。通过赋值语句确定一个变量的创建。本例运行后会产生异常：

```
>>>
Traceback(most recent call last):
  File"C:/教材示例/4-3-13.py",line 7,in<module>
    f4()
  File"C:/教材示例/4-3-13.py",line 4,in f4
    y=y+5
UnboundLocalError:local variable'y'referenced before assignment
```

在 f4 中，赋值语句 y=y+5 会创建一个局部变量 y，y 就定位为一个局部变量，但是右边的表达式中要引用 y 的值参加表达式计算，于是产生异常。

那么，将 f4 中注释语句放开，global 定义 y 为一个全局变量，程序就可以顺利执行。运行结果为：

```
>>>
in f4    x=10 y=35
in programm x=10 y=35
>>>
```

注意：f4 中并没有对 x 声明全局变量，但并不影响全局变量 x 在 f4 中的正常访问。而函数中赋值语句会产生同名的局部变量 y，才使得在 f4 中使用全局变量 y 必须声明全局变量。

尽管允许使用全局变量，但是在一个函数中允许修改全局变量并不是一个好习惯，容易引起程序的出错。数据在函数之间的流动，更可靠地还是应该使用参数传入数据，使用 return 返回数据。

4.5 特殊的函数

4.5.1 lambda 函数

1. lambda 函数的定义

lambda 函数是匿名函数,所谓匿名函数,通俗地说就是没有名字的函数。lambda 函数没有名字。定义 lambda 函数的语法如下:

lambda 参数列表:表达式

其中,lambda 是 Python 预留的关键字,参数列表和表达式由用户自定义。参数列表的结构与 Python 中函数的参数列表是一样的,可以是普通参数,可以是默认参数,也可以是可变参数等等。表达式是一个包含参数的表达式,并且表达式只能是单行的。lambda 函数有输入和输出,输入是传入到参数列表的值,输出是根据表达式计算得到的值,lambda 会返回一个函数对象。

【例 4-5-1】 lambda 函数使用示例

例如:z 变量获取 lambda 返回的函数对象,使用 z 变量调用匿名函数,传递实参 10,20 给形参 x 和 y,返回 x,y 的和 30。

```
>>>z=lambda x,y:x+y
>>>z(10,20)
30
```

2. lambda 函数的应用

lambda 函数一般功能简单,单行表达式决定了 lambda 函数不可能完成复杂的逻辑,只能完成非常简单的功能。由于其实现的功能一目了然,甚至不需要专门的名字来说明。

lambda 函数比起 def 定义的用户自定义函数,行文更简单。但是它更适合的场合是作为 Python 的一些内置高阶函数的参数。

filter 函数

filter()函数用于过滤序列,过滤掉不符合条件的元素,返回由符合条件元素组成的新 filter 对象,filter 对象可以转化为序列对象。它的语法格式为:

filter(function,iterable)

filter 函数接收两个参数,第一个为函数,第二个为序列,序列的每个元素作为参数传递给函数进行判断,返回 True 或 False,将返回 True 的元素放到 filter 对象中。lambda 函数可以用于指定过滤列表元素的条件。

【例 4-5-2】　在 filter 函数中使用 lambda 函数指定过滤条件

```
>>>L=[4,1,4,3,8,2,8,5,8,9]
>>>Ld=list(filter(lambda x:x%2==0,L))
>>>Ld
[4,4,8,2,8,8]
```

　　lambda 函数指定将列表 L 中能够被 2 整除的元素过滤出来,其结果是[4,4,8,2,8,8]。其中 lambda 函数的参数依次取 L 中的每一个数据项 x,当 x 能被 2 整除,lambda 函数返回 True,filter 函数就会留下 x 的值。

　　map 函数

　　map 函数的作用是根据提供的函数对指定序列做映射。它的语法格式为:

$$map(function,iterable,...)$$

　　第一个参数 function,第二个参数是迭代对象,可以有多个迭代对象。以迭代对象中的每一个元素调用 function 函数,返回包含 function 函数返回值的新 map 对象,map 对象可以转换为列表对象。此时 lambda 函数用于指定对列表中每一个元素的共同操作。例如将 salary 列表中的每一个工资值增加 20%,可以用 map 函数完成。

【例 4-5-3】　在 map 函数中使用 lambda 函数指定对序列的操作

```
#实现职工工资增长20%
>>>salary=[3580,5320,7380,4720,5269]
>>>m_salary=list(map(lambda x:x*1.20,salary))
>>>m_salary
[4296.0,6384.0,8856.0,5664.0,6322.8]
#计算得到新列表c,c中元素是列表a和列表b对应元素之和。
>>>a=[12,56,89,10]
>>>b=[67,78,23,98]
>>>c=list(map(lambda x,y:x+y,a,b))
>>>c
[79,134,112,108]
```

　　说明:

　　(1) 调用 lambda 函数将列表 salary 中的每一个数据项传递给参数 x,分别乘以 1.2,其结果是[4296.0,6384.0,8856.0,5664.0,6322.8]。

　　(2) 有多个序列参数时,lambda 函数可以有多个参数一一对应。a 列表的每一项对应 lambda 函数的第一个参数 x,b 列表的每一项对应 lambda 函数的第二个参数 y,返回 x+y 的值,其结果是[79,134,112,108]。

4.5.2 递归函数

递归函数是直接或者间接调用自身的函数。递归作为一种算法在程序设计语言中广泛应用,通常把一个大型复杂的问题层层转化为一个与原问题相似的规模较小的问题来求解,递归策略只需少量的程序就可描述出解题过程所需要的多次重复计算,大大地减少了程序的代码量。例如阶乘的递归定义:

$$\begin{cases} 0! = 1 \cdots\cdots\cdots\cdots\cdots\cdots\cdots\cdots ① \\ n! = n \times (n-1)! \cdots\cdots\cdots ② \end{cases}$$

给定 n 求 n 的阶乘,根据公式 2,把问题简化为求 $(n-1)!$,求 $(n-1)!$ 又可以简化为求 $(n-2)!$,直到简化为 0!,再反推回来,求得 n!。公式 1 称为终止条件。

【例 4-5-4】 使用递归函数实现计算阶乘

factorial(n)函数为计算 n 阶乘的函数。当 n=0 时,程序直接返回 1。当 n 不等于 0 时,返回一个 n-1 的阶乘和 n 的乘积的表达式。求解 n-1 的阶乘的本质和求解 n 的阶乘的本质是一样的,所以可以用不同的参数调用同一个函数,这就形成了递归调用。程序代码如下所示。

```python
def factorial(n):
        if n==0:
                return 1
        else:
                return n * factorial(n-1)
def main():
        n=eval(input("n="))
        print("%d! = %d"%(n,factorial(n)))
main()
```

运行示例如下:

```
n=4
4! =24
```

一个递归调用会产生新的递归调用,但问题会不断简化,直到满足终止条件,把结果返回到调用处,这个过程会持续进行,直到回到最初的调用处为止。

在递归程序的执行过程中,每当执行函数调用时,必须完成以下任务:

① 计算当前调用函数时的实参值;

② 为当前被调函数分配一片存储空间,并将这片存储空间的首地址压入堆栈中;

③ 将当前被调函数的实参、调用后返回到主调函数代码的地址等数据存入上述所分配的存储空间中;

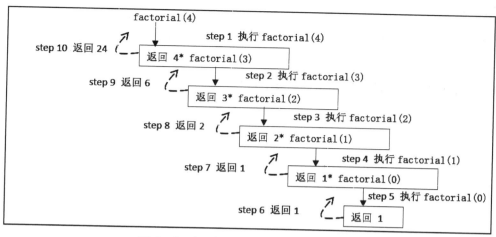

图 4-5-1　factorial(4)递归调用过程

④ 控制转到当前被调用函数的函数体,从其第一个可执行的语句开始执行。

⑤ 当从被调用的函数返回时,必须完成以下任务:

⑥ 如果被调函数有返回值,则记下该返回值,同时通过栈顶元素到该被调用函数对应的存储空间中取出其返回地址;

⑦ 把分配给被调函数的那片存储空间回收,栈顶元素出栈;

⑧ 按照被调函数的返回地址返回到调用点,若有返回值,还必须将返回值传递给调用者,并继续程序的执行。

从阶乘的例子可以看出递归程序设计具有以下两个特点:

(1) 具备递归出口

在某种条件下,可直接给出值。递归出口定义了递归的终止条件,当程序的执行使它得到满足时,递归执行过程便终止。

(2) 每次递归调用,问题有所简化

在不满足递归出口的情况下,根据所求解问题的性质,将原问题分解成若干子问题,这些子问题的结构与原问题的结构相同,但规模较原问题小。

递归函数不仅用于数学问题,还可以用于一些操作问题上

【例 4-5-5】　用递归算法实现了列表指定区域的倒置

```
L=[x for x in range(1,25)]
def f(L,start,end):
        if(start<end):
                f(L,start+1,end-1)
                L[start],L[end]=L[end],L[start]
f(L,11,20)
print(L)
```

运行结果：

[1,2,3,4,5,6,7,8,9,10,11,21,20,19,18,17,16,15,14,13,12,22,23,24]

想一想：这个递归算法的终止条件是什么呢？

4.6 习题

一、选择题

1. Python 中定义函数的关键字是_____。

    A. def   B. return   C. if   D. function

2. 函数要返回一个数据到调用处,使用_____语句。

    A. 函数名＝   B. goto   C. return   D. 赋值语句

3. 下面关于 return 语句的说法错误的是_____。

    A. 一个函数中必须包含一个 return 语句。

    B. return 语句可以返回多个函数计算的结果给函数被调用处的多个变量。

    C. 一个函数中可能有多个 return 语句。

    D. return 函数返回的多个值以 tuple 类型保存。

4. 有函数定义:

```
def dup(str,times＝2):
    print(str * times)
```

    下面不能正确调用 dup 函数的语句是_____。

    A. dup("knock",4)   B. dup("knock")

    C. dup(str＝"knock",times＝5)   D. dup()

5. 有函数定义如下,可变参数 b 的类型是_____。

```
def vfunc(a, * b):
    ……
```

    A. int   B. tuple   C. list   D. str

6. 表示全局变量的关键字为_____。

    A. import   B. finally   C. assert   D. global

7. 执行下面一段程序,输出的结果为_____。

```
n＝1
def func(a,b):
    n＝b
    return a * n
s＝func(10,2)
print(n,s)
```

    A. 2 20   B. 1 20   C. 1 10   D. 2 10

8. 执行下面一段程序,输出的结果为_____。

```
def func(a,b):
        c=a*b
        return c
s=func(10,2)
print(c,s)
```

A. 20 20   B. 0 20

C. 0 10   D. NameError:name'c'is not defined

9. 执行下面代码,得到的输出是_____。

```
FA=lambda x,y:(x==y)*x+(x!=y)*y
FB=lambda x,y:(x==y)*y+(x!=y)*x
a=15
b=25
print(FA(a,a))
print(FB(a,b))
```

A. 15   B. 15   C. 25   D. 25
    15   25   15   25

10. 给出下面代码,选项描述错误的是_____。

```
Lcolor=["red","blue"]
def func(color):
        Lcolor.append(color)
        return
func("green")
print(Lcolor)
```

A. Lcolor.append(color)中的 Lcolor 是局部变量

B. color 是局部变量

C. print(Lcolor)中的 Lcolor 是全局变量

D. 程序语句的运行结果是['red','blue','green']

11. 关于递归函数的描述,以下选项中正确的是_____。

A. 包含一个循环结构   B. 函数名作为返回值

C. 函数比较复杂   D. 函数内部包含对自身的调用

12. 有下面 func 函数的定义,请问调用 func(6)的结果是_____。

```
def func(n):
        if n==0:
                return 0
        elif n==1:
                return 1
```

return func(n－1)＋func(n－2)

　A．5　　　　　　　　B．6　　　　　　　　C．7　　　　　　　　D．8

13. 程序模块化和可重用性是软件工程的中心目标之一，可以通过_____实现这一目标。

　A．复制运算　　　　B．函数　　　　　　C．循环结构　　　　D．多文件

14. 下面_____说法是错误的。

　A．使用自顶向下分析、自底向上编码的方法是实现大程序的好方法

　B．使用函数的程序更易于编写、调试、维护和修改

　C．模块化设计是面向对象的编程技术

　D．模块化是自顶向下分层设计的结果

15. 下面不是使用函数的优点的是_____。

　A．减少代码的重复　　　　　　　　B．降低编程的复杂度

　C．增加程序的可读性　　　　　　　D．执行速度更快

PART 05

第 5 章　文件和文本格式

< 本章概要 >

程序的交互性可以体现为两种形式：键盘交互和文件交互。键盘交互是指通过键盘输入数据，在显示屏上显示结果，也称为"标准输入输出"。文件交互是指程序从数据文件中读取数据，运行后还可以将结果写入到一个文件中的交互方式。

到目前位置，本书介绍的程序与外部的交互只限于 input、print 函数提供的标准输入输出交互，与外部的交互很少，处理大批量数据使用键盘输入也很不方便。

本章将介绍另外一种文件交互方式。文件中的数据可以长期存储，并且文件也是不同程序之间数据交互的载体。根据存储数据的编码方法，数据文件可分为文本文件、二进制文件。

< 学习目标 >

- 当完成本章的学习后，要求：
- 掌握文件和文件操作的基本概念
- 掌握文本文件的基本读写操作
- 掌握将文本文件中的字符流，转化为程序中的结构化的数据结构的方法
- 了解和掌握 CSV 格式文件的处理方法
- 了解和掌握 JSON 格式数据的处理方法
- 了解和掌握 XML 格式文件的读取和解析方法

5.1 文件

5.1.1 文件和文件目录

在程序设计中,文件是一些具有永久存储特性及特定顺序的字节组成的一个有序的,具有名称的集合,它保存在磁盘、光盘、磁带等存储设备上。标准输入输出的数据是内存存储的数据,内存数据在程序执行结束后就不复存在。对于大批量的原始数据和处理后的结果数据通常需要长久保存,可以保存在文件中。

通常情况下,文件按树状目录结构进行组织。完整地描述一个文件包括驱动器、目录路径和文件名三方面的内容。例如:c:\sample\ch5\5-1-3. py 表示存放在 c 盘、文件夹 sample\ch5 下的文件 5-1-3. py,这种表示方法称为绝对路径文件名。

文件还可以以相对路径文件名的方式表示,相对于当前路径,从当前路径出发表示一个文件。例如,当前路径为 c:\sample,文件 5-1-3. py 可以表示为:ch5\5-1-3. py,如果当前路径为 c:\sample\ch5,直接读取文件名 5-1-3. py 即可。

一个执行的程序的当前路径就是该程序所在的文件夹,如果读取的数据文件与 Python 程序在同一文件夹下,可以直接用文件名表示。如果处理的数据文件在不同的文件夹下,通常要用绝对路径文件名表示。

5.1.2 访问文件的流程

访问文件的流程一般为:
① 打开文件。
② 访问文件(读/写)。
③ 关闭文件。

程序可访问的数据文件分为二进制文件和文本文件,二进制文件直接按数据的二进制编码组织数据,文本文件逐个字符存储字符的 ASCII 编码。打开文件可以做的操作有读、写、追加等,打开文件时要明确文件的访问方式,打开后按访问方式有限制地访问文件,若要改变文件的访问方式,必须先关闭文件,再次按新的访问方式打开文件。

访问文件包括将文件中的数据读取存储到内存中去和将存储在内存中的程序数据写入到文件中。通常文本文件是由字符构成,没有数据类型,在读入时与标准输入相似,由处理文件的程序确定数据类型。

文件是流式结构或顺序结构,所以在顺序地读取文件中的字符串时,程序还要将读入的字符串转化为程序所需的数据类型,甚至构造所需的复杂的数据结构(链表、队列、树等)。写文件时,组织程序数据顺序地写入到文件中。

文件交互的优势在于可以处理大批量的数据,并在文件中长久的保存计算结果。

5.2 文件的基本操作

Python 的有关文件类的定义在内置模块中,可以直接使用内置函数完成文件的操作。

5.2.1 打开和关闭文件

1. 打开文件

使用 open 函数打开一个文件,返回一个文件对象。open 函数常用的格式为:

<文件对象> = open(file, mode = 'r', encoding = 'gbk')

参数 file 表示打开文件的文件名,可以是绝对路径文件名,也可以是相对路径文件名。当打开的文件和程序文件在同一目录下,只需提供加后缀的文件名即可,不需要路径。

参数 encoding 表示编码方式,使用 ASCII 编码的参数设置为"gbk",使用 Unicode 编码的参数设置为"utf‐8"。encoding 的默认值为 gbk。

参数 mode 表示打开文件的方式,默认为 r 表示只读,mode 的符号设置如表 5‐1‐2 所示。

表 5‐1‐2 文件打开方式控制字符表

mode	解 释
r	以只读方式打开
w	以写方式打开一个文件,当这个文件存在时,覆盖原来的内容。当这个文件不存在时,创建这个文件
x	创建一个新文件,以写方式打开,当文件已存在,报错 FileExistsError
a	以写方式打开,写入内容追加在文件的末尾
b	表示二进制文件,添加在其他控制字符后
t	表示文本文件,默认值
+	以修改方式打开,支持读写

最后三个符号"b"、"t"、"+"是修饰符,添加在"r"、"w"、"x"、"a"的后面,例如"rb"表示以只读方式打开一个二进制文件,"r+"表示以修改方式打开一个文本文件,"rb+"表示以修改方式打开一个二进制文件。

例如:创建一个在 C 盘 sample 目录下的 test. txt 文件,返回文件对象 f, f 是由程序员命名的用户标识符,之后就可以使用 f 调用文件操作的方法操作文件。

>>> f = open("c:\\sample\\test.txt","w")

说明：

第一个参数是文件名称，包括路径；路径的分隔符"\"需要转义，用两个"\\"表示一个路径分隔符。如在当前程序目录下打开，只需写"test. txt"。

第二个参数是打开的模式 mode。解释为以写方式打开的文本文件，如果文件不存在，则自动创建文件。

如果需要以二进制方式打开文件，需要在 mode 后面加上字符"b"，比如"rb"、"wb"等。

> 注意：
>
> （1）Open 函数不具备创建文件夹的功能，所以上面示例中 c:\sample 文件夹必须是存在的文件夹。执行完文件创建命令，可以在 c:\sample 文件夹下找到 test. txt 文件。
>
> （2）使用 r 开始的原生字符串可以避免转义字符在路径表示时带来的混淆。打开文件的语句可以写为：
>
> >>>f = open(r"c:\sample\test. txt","w")
>
> （3）第一个参数也可以是相对路径的文件名，比如直接写文件名。在程序文件中使用相对路径的文件名，程序文件所在的目录为当前目录。下面的语句会在程序文件的同目录下创建 mytest. txt 文件。
>
> f = open("mytest. txt","w")

2. 关闭文件

文件操作完毕，一定要记得关闭文件，可以释放分配给文件的系统资源，供分配给其他文件使用。通过调用文件对象的 close 方法来关闭文件，调用格式为：

<文件对象>. close( )

3. with 语句和上下文管理协议

文件操作容易产生异常，最后需要关闭打开的文件对象，确保文件对象占用的资源可以释放。Python 语言中与资源相关的对象可以使用 with 语句实现上下文管理协议，with 语句的格式为：

with context ［as ＜对象＞]:
    操作语句

with 语句定义了一个上下文。执行 with 语句时，首先调用 context 对象的_enter()_方法，将返回值赋值给对象；在离开 with 语句块的时候，自动调用 context 对象的_exit()_方法，确保释放资源。

文件对象使用 with 语句，可以确保打开的文件自动关闭：

with open(文件,打开方式) as f:
    ♯操作打开的文件

使用 with 语句就不需要调用 close 函数关闭文件。

5.2.2　从文件中读取数据

1. 文件类的读方法

文件类提供了三种方法读取文本文件的内容,分别是:

(1) f.read(size)

返回一个字符串,内容为长度为 size 的文本。参数 size 表示读取的数量,可以省略。如果省略 size 参数,则表示读取文件所有内容,作为一个字符串返回。

(2) f.readline()

返回一个字符串,内容为文件当前一行的文本。

(3) f.readlines()

返回一个列表,列表的数据项为一行的文本[line1,line2,... lineN]。再通过循环操作可以逐行访问列表中每一行的内容。

2. 迭代循环读取数据

文本文件对象也是可迭代对象,也可以使用 for 循环语句遍历所有的行。格式为:

```
for line in f:
    #操作一行数据 line
```

3. 文本文件的操作示例

执行>>>import this 命令,获取 Tim Peter 写的《The Zen of Python》——Python 编程和设计的指导原则,保存为 zen.txt 文件

【例 5-2-1】　读取 zen.txt 文件,显示在屏幕上

read 函数读取文件中所有的内容,以一个字符串的形式返回,处理本例的显示文件的所有内容是最合适的。程序代码如下:

```
f=open("zen.txt")
s=f.read()
print(s)
f.close()
```

open 函数打开 zen.txt 文件,默认打开方式为 r。返回 f 文件对象。f 对象调用 read 方法读取文件的内容,返回字符串 s,显示在屏幕上,最后关闭文件。程序运行结果如下。

>>>
The Zen of Python,by Tim Peters

Beautiful is better than ugly.

Explicit is better than implicit.

Simple is better than complex.

Complex is better than complicated.

Flat is better than nested.

Sparse is better than dense.

Readability counts.

Special cases aren't special enough to break the rules.

Although practicality beats purity.

Errors should never pass silently.

Unless explicitly silenced.

In the face of ambiguity,refuse the temptation to guess.

There should be one—and preferably only one—obvious way to do it.

Although that way may not be obvious at first unless you're Dutch.

Now is better than never.

Although never is often better than * right * now.

If the implementation is hard to explain,it's a bad idea.

If the implementation is easy to explain,it may be a good idea.

Namespaces are one honking great idea—let's do more of those!

>>>

【例 5 - 2 - 2】 读取例 5 - 2 - 2 的源文件,加行号显示在屏幕上

程序文件加行号显示会更加清晰。Python 标准模块 sys 提供了 argv[0]参数获取本程序文件名。这样可以在程序运行是访问当前运行的程序文件。

要在每行前加行号,那么必须逐行的读取文件中的内容,使用 readline、readlines 和迭代循环都能够实现逐行访问。

方法一:使用 readline 函数

readline 函数每次读取一行数据。算法需要设计逐行访问的循环控制模式,当读入一行为空时,文件读取结束。算法模式为:

```
line = f. readline ()
while line！ = "":
    #处理 line
    line = f. readline ()
```

程序代码实现和运行结果如下:

```
#例 5 - 2 - 2 - 1
import sys
filename=sys. argv[0]
with open (filename)as f:
```

```
>>>
1:import sys
2:filename=sys. argv[0]
3:with open(filename)as f:
```

```
line_no=0                        4:       line_no=0
line=f.readline()                5:       line=f.readline()
while line! ="":                 6:       while line! ="":
        line_no+=1               7:               line_no+=1
        print(line_no,":",line,  8:               print(line_no,":",line,
        end="")                                  end="")
        line=f.readline()        9:               line=f.readline()
                                          >>>
```

方法二：使用 readlines 函数

readlines 函数返回列表，列表元素为一行字符串。可以通过列表的下标访问或迭代访问，逐个访问列表中的一项，完成逐行处理。算法模式如下：

迭代访问模式：
```
L=f.readlines()
for line in L:
    #处理 line
```

下标访问模式：
```
L=f.readlines()
for  i  in range(len(L)):
    #处理 L[i]
```

本例要处理行号，采用下标访问模式，程序代码实现和运行结果如下

```
#例 5-2-2-2                       1:#例 5-2-2-2
import sys                        2:import sys
filename=sys.argv[0]              3:filename=sys.argv[0]
with open(filename,encoding="utf-8")   4:with open(filename,encoding="utf-8")
as f:                                 as f:
        L=f.readlines()          5:               L=f.readlines()
                                 6:
for line_no in range(len(L)):    7:for line_no in range(len(L)):
        print(line_no+1,":",end="")     8:               print(line_no+1,":",end="")
        print(L[line_no],end="")        9:               print(L[line_no],end="")
```

方法三：迭代循环

迭代循环访问文件对象，正好是逐行读取，更符合本例需要。本例使用 with 语句管理文件对象的上下文管理，程序实现如下：

```
#例 5-2-2-3
import sys
filename=sys.argv[0]
line_no=0
with open(filename,encoding="utf-8")as f:
        for line in f:
                line_no+=1
                print(line_no,":",line,end="")
```

5.2.3　将数据写入到文件

将数据写入文件,可以调用文件类的 write 方法,语法格式如下:

<p align="center"><<b>文件对象</b>>.write(string)</p>

将一个字符串写入文件,write 函数不提供换行,如果需要换行则要通过换行符"\n"。

f.write('hello')

f.write('hello')

文件中得到的文本内容是 hellohello。要得到两行的文本可以写为:

f.write('hello\nhello\n')

【例 5-2-3】　创建一个文本文件示例

f=open("test.txt","w")

f.write("hello\nhello\n")

f.close()

在程序文件 5-2-3.py 的同一个目录下,可以看到 test.txt 文件,test.txt 文件中得到文本:

hello

hello

> 注意:
>
> 以创建或写入方式在程序中打开文件,对文件进行了写入操作,必须执行关闭文件操作后,才能在看到文件内容的变化。

5.2.4　文件中的内容定位

f.read()读取之后,文件指针到达文件的末尾,如果再来一次 f.read()将会发现读取的是空内容,如果想再次读取全部内容,必须将定位指针移动到文件开始:

f.seek(0)

这个函数的格式如下:

f.seek(offset,from_what)

offset 表示从 from_what 再移动一定量的距离,单位是 bytes。

from_what 值为 0 表示自文件起始处开始,1 表示自当前文件指针位置开始,2 表示自文件末尾开始。参数 from_what 可以忽略,其默认值为零,此时从文件头开始。

【例 5-2-4】　定位函数示例

```
>>>f=open("test. txt",'w+')
>>>f. write('0123456789abcdef')
>>>f. seek(5) #定位到文件的第 6 个字节
5
>>>f. read(1)
'5'
>>>f. seek(0) #定位到文件的开始
0
>>>f. read(1)
'0'
```

注意：

以创建方式在程序中打开文件，文件指针指向文件的开始位置，是对原文件覆盖写，原来的内容被覆盖。

"w"方式打开文件只能执行写操作，"w+"方式打开既能写又能读。

"a+"方式与"w+"方式的区别仅在"a+"方式打开文件，文件指针指向文件的末尾位置。

5.3 数据文件访问的程序设计

文本文件的纯文本格式的特性决定文本文件非常适合作为各种不同应用程序间交流的数据格式,例如可以把一张 EXCEL 表存储为 CSV 格式的文本文件或直接复制到 txt 文本文件中,在 Python 中读入继续处理。处理后数据再返回到 EXCEL 表。一般应用程序都提供了文本数据的导出导入接口。所以,文本文件是存放批量数据的常用形式。

5.3.1 从文件中读取批量数值数据

Python 按文本读入文本文件中的数据,进行处理前,要按数据本身的含义,进行相应的类型转换。

如果数据仅仅是一组整数数据,按文件中数据的组织形式可以区分为一行、一列和多行多列,不管哪一种方式,只要数据之间分隔的符号是一样的,例如空格、逗号、制表位等,都可以先使用 read 函数全部读取到一个字符串变量,再使用字符串对象的 split 函数分裂数据,最后修改数据的数据类型。

【例 5-3-1】 将数据文件中的整数读取到一个列表中

现有数据文件 data1.txt 存放了一行整数,每个整数之间一个空格分隔;data2.txt 中存放了一列整数,一行一个整数;data3 中存放了多行整数,每行整数之间制表符分隔。假设所有的数据文件都与程序文件存放在同一个目录下。将整数从文件中读取到一个列表的算法设计和程序实现代码如下。

算法设计
1 以只读方式方式打开文件
2 读入全部内容,返回一个字符串对象
3 按回车、制表位、空格分离字符串,得到一个列表
4 将列表中字符串元素转化为整型
5 输出列表

程序实现
```python
with   open("data1.txt")as f:
        a=f.read()
        L=a.split()
        print(L)
        L=[int(L[i])for i in range(len(L))]
        print(L)
```

运行结果如下:
```
>>>
['34','78','47','787','84','25','69','25','58','67','52','77','12','67','325','33']
[34,78,47,787,84,25,69,25,58,67,52,77,12,67,325,33]
>>>
```

从文件中读入数据,与键盘读入数据一样,也是读入字符,要注意数据类型的转换。read

函数将所有文件内容作为一个字符串对象读入,再对字符串对象做分离操作,按空格分离为若个字符串,第一次输出列表可以看到,一个整数数据是一个字符串形式,然后再转化为整数类型。第一次输出列表可以看到一组整数数据。

将上面程序中的文件名修改为 data2. txt 和 data3. txt,都能够成功地将数据读到列表中,因为 split 函数在不带参数的情况下,默认将空格、制表位和回车都视为分隔符。

【例 5 - 3 - 2】 **将文件中存储的多行逗号分隔的数据读到一个一维列表中**

图 5 - 3 - 1　多行逗号分隔的数据文件

由于数据的分隔符有两种:回车和逗号,所以需要分开处理。首先分行,再对每行使用逗号分离,将每行分离出来的数据追加到一个列表中去。程序需要采用逐行访问,例 5 - 1 - 2 介绍的三种的算法模式适用于本例。下面使用迭代循环的方式,实现程序代码如下:

算法设计
1　列表置空
2　打开文件,创建文件对象 f
3　循环迭代访问 f
3.1　将每一行分裂后追加到列表
4　将列表元素转化为整型
5　输出列表

程序实现
```
L=[]
with  open("data4. txt")as f:
        for line in f:
                L+=line. split(",")
L=[int(L[i])for i in range(len(L))]
print(L)
```

运行结果如下:

```
[679,69,191,510,73,815,182,583,96,153,450,109,107,443,371,140,136,242,206,236,
378,993,802,131,428,994,169,572,201,687,30,953,519,58,247,891,727,934,441,518,
94,942,587,389,799]
```
>>>

5. 3. 2　从文件中读取批量结构数据

所谓的结构数据,也就是一个数据由若干个不同属性的成员构成。例如一户居民一年的用水数据由（户主、户名、表号、上年抄见数、每月抄见数（12 个月的数据））构成，一个可能的记录为：

（'黄晓明'，'东川路 156 弄 3 号 504 室'，'0000359222'，772，789，806，847，880，901，950，991，1022，1043，1064，1089，1114），那么一个文件中保存着多个这样的数据，文件的组织结构一般为每行一户人家的数据。

在程序中表示一户居民的数据可以用一个列表，表示多户居民的数据可以使用下面形式的嵌套列表表示：

[[ ]，[ ]，[ ]，[ ]，...，[ ]]

文本文件中保存结构数据通常是一行保存一条记录，数据之间用逗号分隔，如下图所示，data5.txt 中存放了若干条居民一年的用水数据。

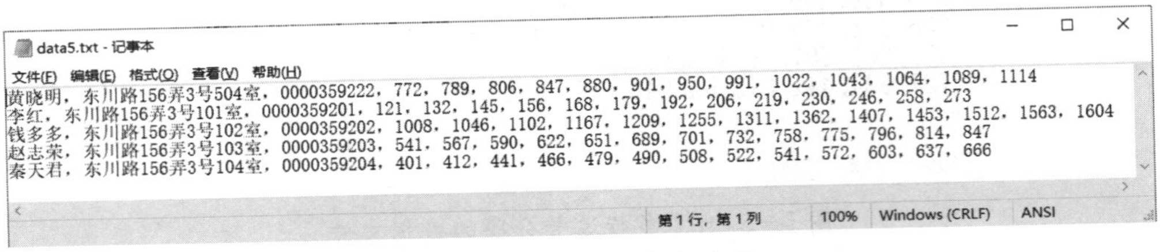

图 5-3-2 结构数据文件

将结构数据文件的数据读入到程序中，在程序上的处理为：逐行处理模式，每一行再分离数据，逐一处理数据的不同的数据类型。

【例 5-3-3】 结构数据读入示例

使用循环迭代访问数据文件 data5.txt，文件中存放了 5 户居民一年的用水数据，按嵌套列表方式读入结构数据。户主、户名、表号的数据类型为字符串，上年抄见数、每月抄见数的数据类型为整型。

```
L=[]
with open("data5.txt")as f:
        for line in f:
                line=line.split(",")
                for  i in range(3,len(line)):
                        line[i]=int(line[i])
                L.append(line)
print(L)
```

运行结果如下：

>>>
[['黄晓明'，'东川路 156 弄 3 号 504 室'，'0000359222'，772，789，806，847，880，901，950，991，1022，1043，1064，1089，1114]，['李红'，'东川路 156 弄 3 号 101 室'，'0000359201'，121，132，145，156，168，179，192，206，219，230，246，258，273]，['钱多多'，'东川路 156 弄 3 号 102 室'，'0000359202'，1008，1046，1102，1167，1209，1255，1311，1362，1407，1453，1512，1563，1604]，

['赵志荣','东川路 156 弄 3 号 103 室','0000359203',541,567,590,622,651,689,701,732,
758,775,796,814,847],['秦天君','东川路 156 弄 3 号 104 室','0000359204',401,412,441,
466,479,490,508,522,541,572,603,637,666]]]

>>>

5.3.3　输出列表数据到文件

文件类的 write 函数只能输出一个字符串对象到文件中,数据的分隔,换行等效果都要程序员自行构造字符串完成。

【例 5-3-4】　一维数值数据输出示例

方法一:循环迭代访问列表,每读一个数据,转换为字符串对象,写入到文件。

```
#5-3-4-1.py
L1=[34,78,47,787,84,25,69,25,58,67,52,77,12,67,325,33]
with open("data6.txt",'w')as f:
    for i in L1:
        f.write(str(i)+'\n')
```

方法二:循环迭代访问列表,构造输出字符串对象。最后一次写入到文件。

```
#5-3-4-2.py
L1=[34,78,47,787,84,25,69,25,58,67,52,77,12,67,325,33]
s=""
for i in L1:
    s+=str(i)+'\n'
with open("data6.txt",'w')as f:
    f.write(s)
```

在程序文件所在的目录中了找到创建的 data6.txt 文件,一列排放 L1 中的 16 个整数。读者可以自行实现一行数据,和多行多列数据(例如每行 5 个)的效果。

5.3.4　文件输入输出程序综合示例

1. 批量数值数据示例

【例 5-3-5】　程序设计:分析班级计算机课程期末考试情况,统计各个级别的人数。考试成绩按一行存储在文本文件 score.txt 中,级别分类:90 分以上;89~80 分;79~70 分;69~60 分;59~40 分;40 分以下

算法设计:

1 读入文件数据到列表 L。

    1.1 以只读方式打开文件 score. txt。

    1.2 使用 read 方法读入数据得到一个字符串对象 a。

    1.3 使用 split 方法分离数据得到列表 L,列表中数据为整数字符串。

    1.4 遍历列表 L 将字符串对象转换为整数。

2 分类统计各级别人数到列表 c。

    2.1 列表 c 初始化置 0。

    2.2 循环迭代遍历 L 中的每一个元素 x。

        如果 x>=90 则 c[0] 增 1。

        否则如果 x>=80 则 c[1] 增 1。

        否则如果 x>=70 则 c[2] 增 1。

        否则如果 x>=60 则 c[3] 增 1。

        否则如果 x>=40 则 c[4] 增 1。

        否则 c[5] 增 1。

3 输出各级别统计结果。

程序实现：

```python
#5-3-5. py
#读入文件数据到列表 L
with open ("score. txt")as f:
        a=f. read()
L=a. split()
for   i in range(0,len(L)):
    L[i]=int(L[i])
#分类统计各级别人数到列表 c
c=[0,0,0,0,0,0]
for x in L:
    if x>=90:
            c[0]+=1
    elif x>=80:
            c[1]+=1
    elif x>=70:
            c[2]+=1
    elif x>=60:
            c[3]+=1
    elif x>=40:
            c[4]+=1
    else:
            c[5]+=1
```

```
#输出各级别统计结果
print("90 分以上{:d}人,89~80 分{:d}人,79~70 分{:d}人,\
69~60 分{:d}人,59~40 分{:d}人,40 分以下{:d}人。"\
        .format(c[0],c[1],c[2],c[3],c[4],c[5]))
```

score. txt 中的数据如下,在文件中一行排列。

```
99  63  55  62  13  83  64  92  78  77  84  77  55  97  93  86  82  89  96
97  80  93  69  87  90  84  94  75  76  89  83  83  33  72  48  66  86  98
89  89  88  87  63  87  81  100  80  37  68  71  77  98  66  47  29  87  93
96  100  70  85  83  35
```

运行结果

>>>

　　90 分以上 15 人,89~80 分 22 人,79~70 分 9 人,69~60 分 8 人,59~40 分 4 人,40 分以下 5 人。

>>>

说明:

(1) 数据文件中的数据一行排列,数据之间分隔符只有制表符,故选择 read 方法来完成读入操作。

(2) 分类统计完成六个级别的计数,可选用列表 c 作为计数变量列表,每个列表元素对应一个级别,计数前要置 0。

2. 批量结构数据示例

【例 5-3-6】 读取居民用水量数据文件 data5. txt,计算居民每月产生的水费,并将结果输出到结果文件 result. txt 中。2013 年的上海市城镇居民用水计算方法是每立方米 1.630 元,并收排水费每立方米 1.090 元

程序思路:

从文件 dataa 中读取批量数据到列表 Ls,Ls 采用嵌套列表结构,一户居民一个子列表,然后逐户逐月计算水费,同样一户居民一个子列表写入到列表 Ld 中,最后将列表 Ld 中的数据按一户一行写入到文本文件中。

算法设计:

1　打开文件 data5. txt 到文件对象 t。
2　创建输出字符串对象 s,存放一行文本。
3　循环迭代访问文件对象 t 的一行 line
　3.1　将 line 按逗号分离得到的列表赋值给 Ls
　3.2　修改 Ls 中的用水量数据为整型数据。

3.3 将 Ls 中前 3 个字符串数据连接到 s 串, tab 键分隔。

3.4 循环遍历列表 Ls 的 1 月份到 12 月份的用水量抄见数(下标: 3—15)

    3.4.1 计算水费并连接到 s 串 tab 键分隔。

3.5 s 串以回车结束一行

4 创建结果文件 result. txt 到文件对象 f。

5 将 s 对象写入文件对象 f。

程序实现代码如下:

```
#打开 data5.txt 文件,计算水费
with open("data5.txt")as t:
    s=''                        #创建输出字符串对象 s
    for x in t:
        Ls=x.split(',')
        for i in range(3,len(Ls)):
            Ls[i]=int(Ls[i])
        #遍历列表 Ls,计算水费
        for i in range(0,3):
            s=s+Ls[i]+'\t'
        for i in range(3,len(Ls)-1):
            s=s+str(round((Ls[i+1]-Ls[i])*2.72,2))+'\t'
        s=s+'\n'

#将数据写入文件 result.txt
with open('result.txt','w')as f:
    f.write(s)          #将 s 对象写入文件对象 f
```

运行示例:

生成的文本文件如图 5-3-3 所示:

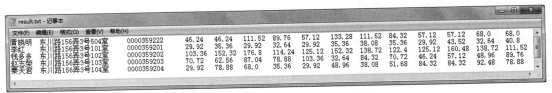

图 5-3-3 生成的居民水费记录文件

【例 5-3-7】 计算手机销量年增长率

文件 smartphone. txt 存放着某些公司手机年销量数据,每行为每家公司若干年销量(百万),数据间的分隔符为制表符。读取 smartphone. txt 内的数据,计算并屏幕输出各公司年销量是否快速增长的情况(设年销量增长率均超过 30% 为快速增长),各数据间以制表符相隔。

smartphone.txt 文件的内容如下所示,第一行为标题行,一行一个公司的销量记录。

公司	2014年	2015年	2016年	2017年
Samsung	311	322.9	310.3	318.7
Apple	192.9	231.6	215.2	15.8
Huawei	73.6	104.8	139.1	153.1
OPPO	29.9	50.1	92.9	121.1
Vivo	19.5	40.5	74.3	100.7
ZTE	43.8	56.2	60.1	44.9
LG	59.2	59.7	55.1	55.9
Lenovo	70.1	74.1	50.7	49.7
Xiaomi	61.1	70.7	61.5	96.1

程序运行结果如下所示:

```
>>>
手机公司          是否快速增长?
Samsung          否
Apple            否
Huawei           否
OPPO             快速
Vivo             快速
ZTE              否
LG               否
Lenovo           否
Xiaomi           否
>>>
```

　　首先编写一个函数 isBigGrowth(L,rate),形参 L 为一组含有数值型数据的列表(某公司各年份的销量),rate 为年增长率,判断并返回是否年销量快速增长:若每年销量增长率都超过给定的 rate,则为 True,否则为 False。

　　然后在主程序中读取文件到列表,删去标题行数据,将每行数据中的年销量转为数值型数据,利用函数 isBigGrowth(L,rate)计算是否快速增长获得布尔值,输出是否快速增长的信息。程序实现代码如下。

```
def isBigGrowth(L,rate):
    for i in range(1,len(L)):
        r=(L[i]-L[i-1])/L[i-1]    #计算每年增长率
        if r<rate:
            return  False
    return True
```

```
def main():
    print("手机公司\t是否快速增长?")
    with open("smartphone.txt")as f:
        L=f.readlines()
        del L[0]                        #删除标题行
        for line in L:
            line=line.split()           #分裂一行,得到列表
            for i in range(1,len(line)):    #将列表中销售量转化为浮点型
                line[i]=float(line[i])

            if isBigGrowth(line[1:],30/100):    #参数:销售量数据不包括公司名
                print("{}\t\t{}".format(line[0],"快速"))
            else:
                print("{}\t\t{}".format(line[0],"否"))
main()
```

【例 5-3-8】 读取居民用水量数据文件 data5.txt,计算居民一年产生的用水总费用,按从小到大的顺序输出每户的一年用水的总费用

程序运行的结果如下所示,每户输出户号、户名和一年的总费用。

0000359201	李红	413.44
0000359204	秦天君	720.80
0000359203	赵志荣	832.32
0000359222	黄晓明	930.24
0000359202	钱多多	1 621.12

例 5-3-6 实现了每月水费的计算。本例接下去继续要求计算一年的总费用,并要按一年的总费用排序。不同于例 5-3-6 使用一个一维列表保存一个用户的水费数据,在本例中每一户计算的数据都要保留在一个二维列表中,最后再进行排序。

程序定义 2 个函数 readRec 和 calcuFee。readRec 函数实现从文件 data5.txt 读入数据到二维列表,返回列表。calcuFee 函数实现计算每户每月的水费和总费用,返回水费列表。

主程序调用 readRec 函数获取从文件中读取的每月抄见数列表,调用 calcuFee 函数计算水费,然后按总水费排序后输出结果。

程序代码实现如下所示:

```
def readRec():
    L=[]
    with open("data5.txt")as f:
        for line in f:
            line=line.split(",")
            for  i in range(3,len(line)):
```

```
                        line[i]=int(line[i])
                    L. append(line)
            return(L)
def calcuFee(L):
        Lfee=[]
        for Ls in L:
                    Lf=[]
                    for i in range(0,3):
                            Lf. append(Ls[i])

                    for i in range(3,len(Ls)-1):
                            Lf. append(round((Ls[i+1]-Ls[i]) * 2.72,2))
                    Lf. append(sum(Lf[3:15]))
                    Lfee. append(Lf)
        return Lfee
def main():
        L=readRec()
        fee=calcuFee(L)
        fee. sort(key=lambda x:x[15])
        for item in fee:
                    print("{}\t{}\t{:10. 2f}". format(item[2],item[0],item[15]))


main()
```

5.4 常用文本格式读取和解析

5.4.1 CSV 格式

CSV(Comma-Separated Value,逗号分割值)是存储表格数据的常用文件格式。由于 CSV 格式简洁且易于处理,MicroSoft Excel 等很多应用程序都支持这种格式。如可直接用 Excel 来打开 CSV 文件并保存为 xls/xlsx 格式。

下面是一个 CSV 文件的例子,文件名为 ranks.csv,用于存放一些著名的游乐园过山车的标识、名称和游客推荐的排名。

```
ID,Name,Rank
240,Steel Dragon 2000,1
152,Leviathan,2
101,Fujiyama,3
...
```

CSV 文件中各行用换行符分隔,行中列与列之间用逗号分隔。虽然 CSV 文件还可以用制表符(Tab 字符)或其他字符来分隔一行中的各列,但不太常见。

其实,CSV 文件是个文本文件,可以用常规的方法进行解析和处理。

【例 5-4-1】 读取上述 CSV 文件并输出各行各字段内容

```python
with open("ranks.csv")as f:          #打开文件供读
    for line in f:                    #迭代读取每一行
        L=line.strip().split(',')     #行去掉首尾空白字符后分隔
        for i in range(len(L)):
            print(L[i],end="\t")
        print()
```

另外,python 还提供了 CSV 模块,可以很方便地创建、修改一个 CSV 文件。

CSV 模块的 reader 和 writer 对象可用于读取和写入序列。详细用法可参见 python 文档:https://docs.python.org/3/library/csv.html。对应的,CSV 模块也提供了 reader 和 writer 方法来构造 reader 和 writer 对象。

【例 5-4-2】 使用 CSV 模块写入 CSV 文件的示例

```python
import csv
```

```
with   open("phonelist.csv","w",newline=")as csvfile:    #打开文件写
         writer=csv.writer(csvfile)   #构造 writer 对象
         writer.writerow(("name","age","sex","phone"))   #写入标题行
         writer.writerow(("张三","29","男","11111111"))   #写入数据行
         writer.writerow(("李四","21","男","22222222"))
```

上例中,通过 csv 模块的 writer 方法构造了一个 writer 对象(writer 方法最常见的参数就是一个已打开且可写的文件对象,对应要写入的 csv 文件,该方法返回一个 writer 对象)。write 对象的 writerow 方法,其参数是要写入 CSV 文件的各字段值组成的元组或列表,方法能将参数内容按指定或默认的格式写入 write 对象并作为其一行,行分割符默认为逗号。如要使用其他行分隔符,在构造 writer 对象时使用 delimiter 参数指定。

程序运行后,就会在代码所在的目录下,生成 test1.csv 文件,文件内容如下:

```
name,age,sex,phone
张三,29,男,11111111
李四,21,男,22222222
```

注意,程序在使用 open 函数打开文件时,需指定参数 newline=",如不指定,用 writerow 写入时,会添加空行。

对写入的上述 CSV 文件,同样可用 CSV 模块的 reader 对象来读入。

【例 5-4-3】　使用 CSV 模块读入一个 CSV 文件的示例

```
import csv
with open("ranks.csv","r")as csvfile:
         lines=csv.reader(csvfile)    #生成 reader 对象
         for line in lines:                #从 reader 对象中遍历各行
             print(line)            #line 对应 row 对象,是包含行中各字段的列表
```

这里,用 csv 模块的 reader 方法构造 reader 对象。reader 方法的参数可以是 csv 文件名或文件对象。方法的返回值为 reader 对象,是一个包含文件各行内容的列表,类似用文件对象的 readlines 方法得到的列表,但与之不同的是列表中的元素不再是行对应的字符串,而是由行的各列组成的列表,称为 row 对象。程序中 for 循环的循环变量 line,对应的就是一个 low 对象,循环遍历 reader 对象中的各个 low 对象并在标准输出上打印。

程序运行后,输出 CSV 文件中各行对应的列表:

```
['name','age','sex','phone']
['张三','29','男','11111111']
['李四','21','男','22222222']
```

另外,CSV 模块还提供了 DictReader 和 DictWriter 类让程序员可以以字典的格式来读写数据。

【例 5 - 4 - 4】 使用 DictWriter 类，创建 CSV 文件

```
import csv
with   open('phonelist2. csv','w',newline='')as csvfile：#打开文件供写
          head＝['name','age','sex','phone']   #字段名列表
          #构造 DictWriter 对象
          writer＝csv. DictWriter(csvfile,fieldnames＝head)
          writer. writeheader()   #写入标题(字段名)
          #写入数据行
          writer. writerow({'name':张三','age':'29','sex':'男','phone':'11111111'})
          writer. writerow({'name':'李四','age':'21','sex':'男','phone':'22222222'})
```

该文件也可以用 DictReader 类来读出。

【例 5 - 4 - 5】 使用 DictReader 类读取 csv 文件

```
import csv
with   open('phonelist2. csv')as csvfile：  #打开文件供读
          reader＝csv. DictReader(csvfile)#构造 DictReader 对象
          for row in reader：  #遍历 DictReader 对象中的 row 字典对象
                 print(row['name'],row['age'],row['sex'],row['phone'])
```

运行结果为：

```
张三   29   男   11111111
李四   21   男   22222222
```

与前面 reader 对象不同，DictReader 对象中行对应的 row 对象，实际上是对应行中各字段值(值)与对应的字段名(键)组成的字典，应按字典的方式处理。

由于 CSV 文件格式简单、处理方便，在网络数据采集时，也经常会将获取的 HTML 表格数据写入 CSV 文件。

5.4.2 JSON 格式

JSON(JavaScript Object Notation)是一种轻量级的数据交换格式，它基于 ECMAScript(欧洲计算机协会制定的 JS 规范)的一个子集，采用完全独立于编程语言的文本格式来存储和表示数据。简洁和清晰的层次结构使得 JSON 成为理想的数据交换语言。

由于 JSON 格式的文档易于人阅读和编写，同时也易于机器解析和生成，所以数据处理中经常会遇到这种格式。

JSON 基于 JavaScript(下简称 JS)脚本语言，语法也类似 JS。在 JS 语言中，一切都是对象。JSON 是 JS 对象的字符串表示法，它使用文本表示一个 JS 对象的信息，本质是一个字符

串。典型的 JSON 格式,如 JSON 对象,通常由键值对组成,键/值对组合中的键名和值由冒号分隔,如:

$$\{\text{"firstName":"Json"}\}$$

任何 JS 支持的类型都可以通过 JSON 来表示,JSON 的主要类型包括字符串、值、对象、和数组。

1. 字符串(string)

JSON 字符串是由双引号包围的任意数量的字符的集合,字符串内部特殊字符可使用反斜杠"\"转义。一个字符即一个单独的字符串。

要注意的是,JSON 字符串的定义与 JavaScript 或 Java 一致,需用双引号包括;而 Python 中字符串既可用双引号也可用单引号包括。如果在 Python 中定义 JSON 字符串,最外层可用单引号包括,而内部的字符串用双引号包括。如果字符串内还有特殊符号,应用反斜杠转义。

一个 JSON 字符串可这样定义:

$$\text{'}\{\text{"a":"Hello","b":"World"}\}\text{';}$$

2. 对象(Object)

对象在 JS 中是使用花括号包裹起来的内容,数据结构类似{key1:value1,key2:value2,...}的键值对结构。在这里,key(键)为对象的属性,必须用字符串来表示;value(值)为属性对应的值,可以是任意值类型。

JSON 对象很像 Python 的字典,但不同的是 JSON 对象的 key 要求是字符串,不能是数字,所以如果 key 是常量的话一般需用双引号包括。

JSON对象语法

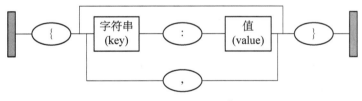

图 5 - 4 - 1　JSON 对象语法

如一个 name 对象可定义为:

$$\{\text{"firstName":"John","lastName":"Smith"}\}$$

3. 数组(array)

JS 的数组与其他程序设计语言类似,使用方括号包括数组的元素,元素间用逗号区分。数组的元素也可以是使用键值对的对象。但与 Python 的列表或元组不同,JSON 数组中所有元素的类型是相同的。

以下是一个包含了两个元素的对象,元素的 key(键)是字符串类型,value(值)均为数组,

JSON数组语法

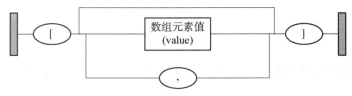

图 5-4-2　JSON 数组语法

每个数组各含 3 个元素(这 3 个元素本身又是对象):

{"arrayOfNums":[{"number":0},{"number":1},{"number":2}],
　"arrayOfFruits":[{"fruit":"apple"},{"fruit":"banana"},{"fruit":"pear"}]}

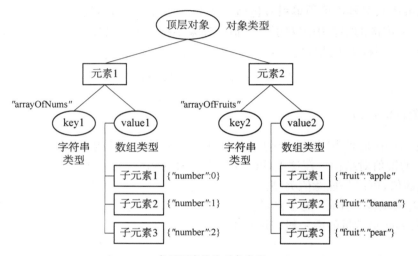

图 5-4-3　上例中的对象结构

4. 值(value)

JSON 的值可以是双引号括起来的字符串(string)、数值(number)、布尔值(true 或 false)、空值(null)、对象(object)或者数组(array)。这些结构可以嵌套。

JSON值语法

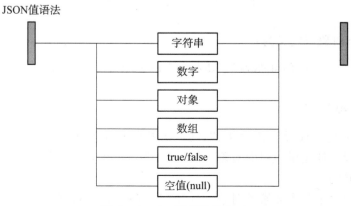

图 5-4-4　JSON 值语法

Python 使用 JSON 模块来处理 JSON 格式的数据。JSON 模块包含在 python 标准库中,不需要额外安装。使用时需用 import 语句载入 JSON 模块。

表 5 - 4 - 1　JSON 模块的常用方法

方法	描　　述
json. loads( )	用于将 str 类型的数据转成 python 对象
json. dumps( )	用于将 python 对象转成 str 对象
json. load( )	用于从 json 文件读取,并生成 python 对象
json. dump( )	用于将 python 对象转成 str 对象,并写入到文件

【例 5 - 4 - 6】　下面是使用 python 的 json 模块来处理 JSON 格式数据的一个例子

```
import json
jsonString='{"arrayOfNums":[{"number":0},{"number":1},{"number":2}],\
"arrayOfFruits":[{"fruit":"apple"},{"fruit":"banana"},{"fruit":"pear"}]}'
jsonObj=json. loads(jsonString)    ♯载入 JSON 格式字符串,返回字典对象
print(jsonObj. get("arrayOfNums"))    ♯获取字典中 key 为 arrayOfNums 的值(该值为数组)
♯获取字典中 key 为 arrayOfNums 的值(数组)的第 1 个元素(该元素为字典对象)
print(jsonObj. get("arrayOfNums")[1])
♯获取字典中 key 为 arrayOfNums 的值(数组)的第 1 个元素中(字典对象)中 key 为
"number"的值
print(jsonObj. get("arrayOfNums")[1]. get("number"))
♯获取字典中 key 为 arrayOfNums 的值(数组)的第 2 个元素中(字典对象)中 key 为
"fruit"的值
print(jsonObj. get("arrayOfFruits")[1]. get("fruit"))
```

程序运行结果为:

```
[{'number':0},{'number':1},{'number':2}]
{'number':1}
1
banana
```

这里 loads 方法返回的是一个由参数类型决定的 python 对象(指去除最外层引号后的实际对象类型,这里是字典对象),该对象由 JSON 串中的键/值对构成,可通过键名来获得相应的值。

注意,载入字符串用 loads 方法,载入文件则用 load 方法,该方法的参数是一个 JSON 格式的文件对象。详细用法可参见 python 文档:

https://docs. python. org/3/library/json. html。

由于 loads 方法的参数要求是一个 JSON 字符串,如果已有的是 JSON 对象(字典),不能直接作为参数使用,可用 dumps 方法或直接前后加引号使其变为 JSON 字符串类型。

【例 5 - 4 - 7】 JSON 对象转为 JSON 字符串的例子

```
import json
dic={"city1":[{1:-18,2:-15}],"city2":[{1:5,2:16}]}
jsonStr="\""+str(dic)+"\""  #将字典对象前后加双引号转为 JSON 字符串
#jsonStr=json.dumps(dic)    #同样可将字典转为 JSON 字符串
jsonObj=json.loads(jsonStr) #loads 方法返回的 jsonObj 是与 dic 一样的 JSON 对象
(字典)
print(jsonObj)
```

现在许多网站(特别是提供地图服务的网站)请求后返回的往往是 JSON 格式的数据。使用 python 的 json 模块结合网络爬虫,可方便地对爬取的数据进行处理。

5.4.3 XML 格式

可扩展标记语言(EXtensible Markup Language,XML)是一种使用标签来组织互联网信息内容的标记语言。它非常像 HTML 标记语言,但与 HTML 不同,它的标签没有被预定义,而需要用户自行定义,其标签具有自我描述性,因此表达上更具灵活性。XML 的设计宗旨是传输数据,而非显示数据,它是由万维网联盟(W3C)推荐的开放标准,非常适合标准化传输数据,因此成为各种应用程序之间进行数据传输的最常用的工具。

XML 被设计用来结构化、存储以及传输信息,它只表达信息,不做任何动作。

下面是张三写给李四的便签,存储为 XML:

note.xml 文件:

```
<note>
<to>李四</to>
<from>张三</from>
<heading>会议提醒</heading>
<body>请别忘了周五下午的会议!</body>
</note>
```

上面的这条便签具有自我描述性。它拥有标题以及留言,同时包含了发送者和接受者的信息。需要说明的是,上例中的标签没有在任何 XML 标准中定义过(比如<to>和<from>)。这些标签是由文档的创作者发明的。这是因为 XML 没有预定义的标签(这与 HTML 不同)。XML 允许创作者定义自己的标签和自己的文档结构。

但是,这个 XML 文档仍然没有做任何动作,它仅仅是包装在 XML 标签中的纯粹的信息。我们需要编写软件或者程序,才能传送、接收和显示出这个文档。

XML 的文档是一个纯文本文件。有能力处理纯文本的软件都可以处理 XML（如可用记事本打开 XML 文件）。不过，能够读懂 XML 的应用程序可以有针对性地处理 XML 的标签。标签的功能性意义依赖于应用程序的特性。一般浏览器能打开 XML 文件，但你看到的是 XML 源码，因为浏览器不会像解析 HTML 那样解析 XML。

XML 包含标签、元素、属性三种基本概念。

1. 标签

标签用于标识一段数据。标签必须成对出现，分别位于数据的开始和结束位置，称为开始标签和结束标签。结束标签以"/"开始，后面与开始标签相同。标签可嵌套使用。

2. 元素

被标签包围的数据称为元素。

3. 属性

元素可以具有属性，属性用来为元素提供额外的信息。在 XML 中，属性必须在开始标签内部使用键值对（key＝value）来指定。一个元素可以有多个属性，但它们的属性名不能重复。

XML 有相应的语法规则。如 XML 标签对大小写敏感，即大小写是有区别的，类似＜Message＞AAA＜/message＞的格式是错误的，因为标签的大小写必须保持一致。又如，XML 必须正确地嵌套，类似＜b＞＜i＞This text is bold and italic＜/b＞＜/i＞也是错误的，因为＜i＞元素是在＜b＞元素内打开的，那么它必须在＜b＞元素内关闭。另外，所有 XML 元素都须有与开始标签对应的结束标签；XML 文档必须有根元素；XML 的属性值须加引号，像＜note date＝08/08/2008＞应改为＜note date＝"08/08/2008"＞。

XML 文档形成了一种树结构，它从"根"（称为根元素）开始，然后扩展到"枝叶"。XML 文档必须包含根元素，它是所有其他元素的祖先元素。根据树的层次结构，相邻两个层次中上一层的元素是父元素，下一层元素则为子元素，父元素拥有子元素。相同层级上的元素则称为同胞（兄弟或姐妹）。所有元素均可拥有文本内容和属性。

一个简单的 XML 文件的例子如下：

book. xml 文件：

```
<bookstore shelf="Classics">
<book category="CHILDREN">
  <title lang="en">Harry Potter</title>
  <author>J K. Rowling</author>
  <year>2005</year>
  <price>29. 99</price>
</book>
</bookstore>
```

这个例子中，成对出现、位于数据的开始和结束位置的，就是标签。如＜book＞＜/book＞，＜title＞＜/title＞。标签中的数据主体称为元素。XML 元素指的是从开始标签直到结束标签的全部内容,如 year 元素的完整内容是"<year>2005</year>"。元素可包含其他元素、文本或者两者的混合物,也可以拥有属性。如 book 元素拥有属性 category,属性又分为属性名和属性值(通常以属性名=属性值形式给出),category 是属性名,"CHILDREN"是属性值。

上例XML文件对应的树结构

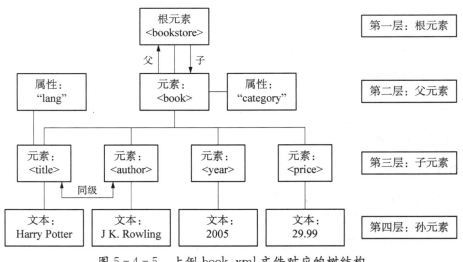

图 5-4-5　上例 book. xml 文件对应的树结构

该例中,根元素<bookstore>有子元素<book>,而<book>又是其他元素的父元素,<book>元素有 4 个子元素:<title>、<author>、<year>、<price>。而子元素标签包含的文本,如<year>标签包含的文本 2005,这里是作为<year>的子元素处理的。

Python 标准库中提供了相应的 XML 解析模块来处理 XML。最常用的两个 XML 数据处理 API 是 SAX 和 DOM 接口。

SAX(Simple APIs for XML)接口是面向 XML 的简单 API,基于事件且处理是顺序的,即读到某个标签时才会调用相应的方法,因此不需要将数据存储在内存中,对处理大型文档具有优势。而 DOM(Document Object Model,文档对象模式)接口,是基于文档对象来解析的,它是 W3C 指定的一套规范标准,核心是按树形结构处理数据,DOM 解析器读入 XML 文件并在内存中建立一棵"树",该树各节点和 XML 各标记完全对应,接口通过操纵此"树"来处理 XML 中的文件。与 SAX 是只读的不同,DOM 允许更改 XML 文件,功能也更强。本书主要介绍 DOM 接口的使用。

Python 提供了 xml. dom. minidom 模块可以方便地调用 DOM 接口。该模块包含在 Python 的标准库中,不需额外下载。使用时需先用 import 语句导入。

以下是使用 DOM 接口的一个例子。针对后面给出的 sample. xml 文件,程序加载该 XML 文档并使用 xml. dom. minidom 模块的 parse 方法,该方法提供了一个简单的解析器,可以从 XML 文件快速创建一个 DOM 树。Minidom 的详细文档可参见 https://docs. python. org/3/library/xml. dom. minidom. html。

解析后 sample. xml 文件中的各元素构成一棵 DOM 树,其 DOM 树的结构类似图 5-4-5,只是增加了两个父元素及下属的子、孙元素。

sample. xml 文件：

```
<bookstore shelf="Classics">
<book category="COOKING">
  <title lang="en">Everyday Italian</title>
  <author>Giada De Laurentiis</author>
  <year>2005</year>
  <price>30.00</price>
</book>
<book category="CHILDREN">
  <title lang="en">Harry Potter</title>
  <author>J K. Rowling</author>
  <year>2005</year>
  <price>29.99</price>
</book>
<book category="WEB">
  <title lang="en">Learning XML</title>
  <author>Erik T. Ray</author>
  <year>2003</year>
  <price>39.95</price>
</book>
</bookstore>
```

【例 5-4-8】　下面是对上述 XML 文件进行处理的示例代码

```
from xml. dom. minidom import parse
#Open XML document using minidom parser
DOMTree=parse("sample. xml")    #xml. dom. minidom. parse 方法构造 DOM 树
root=DOMTree. documentElement   #得到树中根节点(根元素 bookstore)
if root. hasAttribute("shelf"):  #打印根元素的属性值
   print("Attribute of Root element:%s"%root. getAttribute("shelf"))
#获得 book 标签对应的所有元素(有 3 个 book 父元素)
books=root. getElementsByTagName("book")
#Print detail of each book.
for book in books:  #遍历 book 标签对应的所有元素(本例为 3 个)
   print(" * * * * * Book * * * * *")
   if book. hasAttribute("category"):  #如果当前 book 元素有属性 category
      print("Category:%s"%book. getAttribute("category"))#打印属性值
   #在 book 父元素中查找标签为 title 的子元素
   title=book. getElementsByTagName('title')[0]#取结果列表的首个元素
```

```
#打印<title>子元素的文本内容(文本是其子节点)
print("Title:%s"%title. childNodes[0]. data)
author=book. getElementsByTagName('author')[0]
print("Author:%s"%author. childNodes[0]. data)
year=book. getElementsByTagName('year')[0]
print("Year:%s"%year. childNodes[0]. data)
price=book. getElementsByTagName('price')[0]
print("Price:%s"%price. childNodes[0]. data)
```

程序的输出如下：

```
Attribute of Root element:Classics
* * * * * Book * * * * *
Category:COOKING
Title:Everyday Italian
Author:Giada De Laurentiis
Year:2005
Price:30. 00
* * * * * Book * * * * *
Category:CHILDREN
Title:Harry Potter
Author:J K. Rowling
Year:2005
Price:29. 99
* * * * * Book * * * * *
Category:WEB
Title:Learning XML
Author:Erik T. Ray
Year:2003
Price:39. 95
```

上述代码中，xml. dom. minidom 模块的 parse()方法能够通过一个 XML 文件名或文件对象，构造一个代表 DOM 树结构的 Document 对象。Document 对象的 documentElement 属性，能返回 XML 文档中的主要元素的集合（本例为 collection）。通过该集合可以方便地获取 DOM 树中各层级的元素。如使用该集合的 getElementsByTagName("book")方法获得 book 标签对应的所有元素，本例中有 3 个；随后程序用循环逐个打印每个 book 元素的属性和各自的子元素，属性值是通过 getAttribute(<属性名>)来得到的，子元素则同样是调用方法 getElementsByTagName(<标签名>)来获得的，该方法返回带有指定标签名的所有元素的列表，这个列表实际是 NodeList 对象，该对象代表一个有序的节点列表，列表中的节点可以通过索引号（下标）来访问。在一个节点列表中，节点排列的顺序与它们在 XML 文档中被规定的顺序相同。因为上例中标签为<title>的子元素只有一个，所以列表只有一个元素，这里取索引值为 0。如果节点列表或 XML 文档中的某个元素被删除或添加，列表也会被自动更新。需注意的是，NodeList 对象的元素是 Element 对象，而 Element 对象包含的文本是作为其子节点来处理的。例如，在<year>2005</year>中，有一个元素节点（year），同时此节点之下存在一个文本节点，其中含有文本（2005）。所以示例程序中又调用 childNodes 方法来返回元素的子节点的 NodeList，其元素是 DOM Text 对象，其 data 属性可返回属性对应的文本内容。

对 NodeList 对象，其 length 属性可返回节点列表中的节点数量；其 item() 方法可返回节点列表中指定索引号的节点。

5.5 习题

一、选择题

1. 使用 open 函数打开一个文件时,如果要以写方式打开,并且写入内容追加在文件的末尾,这时 mode 对应的参数应为_____。

A. x　　　　　　B. r　　　　　　C. w　　　　　　D. a

2. python 中,使用 open 函数打开文件并且写入操作结束后,应调用文件对象的_____方法。

A. exit()　　　　B. end()　　　　C. shutdown()　　　　D. close()

3. 假设当前目录下文件 a. txt 有多行但第一行为空行,则执行 f＝open('a. txt')并随后执行 print(len(f. readline()))指令后的输出应为_____。

A. 0　　　　　　B. 1　　　　　　C. 2　　　　　　D. 产生异常

4. 在 file1. txt 文件中只有两行数据,第 1 行为 34,第 2 行为 56。使用语句:f＝open ("file1. txt")打开该文件后,执行语句:m＝f. readline(),此时 m＝_____。

A. '34'　　　　B. '34\n'　　　　C. '34\n56\n'　　　　D. '34\n56'

5. 文件打开模式中,使用 w 模式,文件指针指向_____。

A. 文件头　　　　B. 文件尾　　　　C. 文件随机位置　　　　D. 空

6. 打开文本文件"text. txt"生成文件对象 f,经过下面的操作后,变量 a 的数据类型是_____。

a＝f. read(). split()

A. 字符串　　　　B. 列表　　　　C. 元组　　　　D. 字典

7. 打开文本文件"text. txt"生成文件对象 f,经过下面的操作后,变量 a 的数据类型是_____。

a＝f. readlines()

A. 字符串　　　　B. 列表　　　　C. 元组　　　　D. 字典

8. 以"w"模式打开文件,则_____。

A. 对文件只能读,不能写

B. 可以将写入内容加到文件末尾

C. 如果指定的文件已经存在,则将删除已有数据

D. 如果指定的文件不存在,则报错

9. 使用 open 函数打开文件时,如果需要以修改方式打开,并支持读写,mode 对应的参数应为_____。

A. r　　　　　　B. w　　　　　　C. ＋　　　　　　D. rw

10. 打开文本文件"text. txt"生成文件对象 f,执行下列操作后,文件指针指向_____。

f. readlines()

f. seek(0)

　　A．文件头　　　　　　B．文件尾　　　　　　C．文件随机位置　　　D．空

11. 以下哪一个是 JSON 字符串?

　　A．"firstName"

　　B．{"firstName":"Json"}

　　C．'{"a":"Hello","b":"World"}'

　　D．[{"number":0},{"number":1},{"number":2}]

12. 有关 JSON 描述错误的是_____。

　　A．JSON 指的是 JavaScript 对象表示法

　　B．JSON 是存储和交换文本信息的语法,类似 XML。

　　C．JSON 比 XML 体积稍大,但是更快,更易解析。

　　D．JSON 是轻量级的文本数据交换格式。

13. JSON 对象通常包含于哪种符号之间?

　　A．括号　　　　　　　B．花括号　　　　　　C．单引号　　　　　　D．圆括号

14. 什么是 XML?

　　A．一种标准泛用标记语言

　　B．一种扩展性标记语言

　　C．一种超文本标记语言

　　D．一种层叠样式表单是.NET 托管程序的执行引擎

15. <Name StuNo="10183903442">kalaiche</Name>中,哪些是数据部分?

　　A．Name　　　　　　　B．StuNo　　　　　　C．10183903442　　　D．kalaiche

16. 这行 XML 声明,声明该文档采用了什么编码标准?

　　<? xml version="1.0"? >

　　A．GB2312　　　　　　　　　　　　　　　　B．ANSI

　　C．Unicode UTF-8　　　　　　　　　　　　D．Windows-1252

17. 何谓 DOM?

　　A．XML 文档　　　　　　　　　　　　　　　B．XML 文档对象模型

　　C．XML 模型语言　　　　　　　　　　　　　D．XML 路径语言

18. 以下哪种说法是错误的?

　　A．XML 是 HTML 的一个子集。

　　B．XML 包含标签、元素、属性三种基本概念。

　　C．XML 的标签必须成对出现。

　　D．XML 的标签没有被预定义,需用户自己定义

19. 阅读下面 XML 文档,然后判断下列说法正确的是_____。

<book>

<author>Giada</author>

<price>30.00</price>

</book>

A．＜book＞是元素对象,同样也是文本对象。

B．＜author＞是元素对象,同样也是文本对象。

C．Giada 是文本对象

D．Giada 是元素对象

20. 有 XML 格式如下,对应的 JSON 格式为 _____。

XML 格式为

＜xml＞

＜rows＞

＜interface＞feth0＜/interface＞

＜description＞aa＜/description＞

＜/rows＞

＜rows＞

＜interface＞feth1＜/interface＞

＜description＞bb＜/description＞

＜/rows＞

＜total＞2＜/total＞

＜/xml＞

A．{"xml":{"rows":[{"interface":"feth0","description":"aa"},{"interface":"feth1", "description":"bb"}],"total":"2"}}

B．{"xml":["rows":{"interface":"feth0","description":"aa"},"rows":{"interface": "feth1","description":"bb"},"total":"2"]}

C．{"rows":{"interface":"feth0","description":"aa"},"rows":{"interface":"feth1", "description":"bb"},"total":"2"}

D．以上都错

PART 06

第6章　面向对象编程

＜本章概要＞

早期的计算机程序设计方法是面向过程的,即先分析解决问题所需要的步骤,然后采用函数等手段将这些步骤逐步实现。随着计算机技术的日益发展,计算机需要处理的问题越来越复杂,所开发的系统也越来越庞大,面向过程方法处理这类问题时,由于逻辑过于复杂,编写的代码量大且难以理解,同时也无法有效解决重用、维护和系统扩展的问题,因而需要一种新思想、新方法来解决此类问题,于是就产生了面向对象的编程思想。面向对象的主要思想是使计算机直接模拟现实世界,以人类解决问题的思路、方法和步骤来分析设计开发相应的应用系统。

本章主要介绍面向对象的思想、面向对象中的基本概念以及 Python 面向对象编程的基本方法。此外,本章也将介绍异常处理机制和 Python 异常处理语句。

＜学习目标＞

当完成本章的学习后,要求:

- 理解面向对象思想
- 掌握面向对象中的基本概念
- 理解 python 面向对象编程的基本方法
- 掌握 python 类和对象的基本处理方法
- 了解异常处理机制
- 掌握简单的异常处理语句的使用

6.1 面向对象思想

计算机问题求解的过程,实际上是将所关心的现实世界映射到计算机世界的过程:首先在正确认识现实世界(问题域)的基础上,借助某种建模思想建立相关模型,然后根据所建模型使用某种程序语言编程,之后交由计算机执行求解。

目前计算机程序设计方法主要有两类:一类是面向过程,另一类是面向对象。在面向过程方法中,在正确分析问题域的基础上,借助流程图等手段建模并使用面向过程语言编程进行问题求解;在面向对象方法中,在正确认识现实世界的基础上,借助面向对象思想建模,并采用面向对象语言编程进行问题求解。

面向对象是一种思想、一种方法,它力求更客观更自然地描述现实世界。面向对象更符合人们的认知习惯,可使计算机世界更贴近现实世界。

6.1.1 面向对象思想概述

自上世纪八十年代以来,面向对象思想已深入到计算机问题求解领域的各个方面。它不只是用于解决具体问题的某种软件开发技术,而是关于如何看待计算机世界与现实世界之间的关系、用什么观点来分析研究问题并进行问题求解的思想方法。它力求更客观自然地描述现实世界,使分析、设计和系统实现的方法同人们认识客观世界的自然思维方式尽可能一致。

1. 面向过程和面向对象的区别

在传统的面向过程方法中,系统分析、设计是围绕结构化体系模型进行的:首先将需要求解的问题域视为需要处理的一个大过程,然后进行功能分析,将系统(大过程)分解为若干个子功能模块(子处理过程)。期间,根据问题的性质和复杂程度,子处理过程又可细化成更小的小过程,直至整个系统被分解为一个个易于处理的细分过程为止,之后再解决系统的整体控制问题。在传统开发方法中,数据与过程常常分离,缺乏对问题基本组成元素的完整分析,也欠缺灵活性,尤其是当需求功能变化时,将导致大量修改,不易维护。

为了克服传统开发方法的不足,面向对象方法解决问题的思路是从现实世界中客观存在的事物入手,强调直接以问题域(现实世界)中的客观事物为中心来认识问题、分析问题,并根据这些事物的本质特征,把它们抽象地表示为计算机系统中的对象,把对象作为系统的基本构成单位,又通过将对象之间的相互作用、相互联系映射到计算机系统来模拟现实客观世界。

2. 面向对象的主要优点

较之传统的面向过程的方法,面向对象具有如下主要优点:

(1) 自然高效

面向对象方法运用人们认识客观世界的自然思维方式来处理问题,使得软件开发者对问题域的认识更为透彻,并能以人们容易理解的方式表述出来,从而使从需求分析到系统设计的转换更加自然。

同时由于系统是根据应用领域中的真实对象建模的,能更有效全面地理解问题模型的各个方面,整个开发工作更为高效。

(2) 易于重用

面向对象在分析问题时,要求透过事物表象抓住本质特征,通常在此基础上创建的对象(类)在其问题域中具有普适性,因而可应用于其他类似问题中。

开发人员在创建某个类后,可以在包含该类对象的许多系统中重用它。若新系统具有新特征,可将类扩充,即在保持原有类的所有特性基础上,通过添加新特征来重用原来的工作成果。

(3) 便于维护

面向过程的方法强调功能模块(过程)的实现方法,在具体实现时由于函数(过程)与数据的分离,因而软件的开发与维护都较为困难。

而面向对象方法立足于对问题域中的事物(对象)及其相互关系进行透彻分析,因而,在此基础上完成的设计通常比较简洁且易于理解。同时由于将数据和处理这些数据的操作作为一个整体——对象来处理,使得对象相对独立,因而一个对象的修改对其他对象的影响很少,系统开发出的类和对象会比较健壮,从而增强了系统的灵活性和扩展性。

6.1.2　面向对象中的基本概念

1. 对象

从人们的认知角度看,现实世界中的对象是某种确实存在的、可以被感官觉察到的物质、或者是思想、感觉等某种精神的东西。

在面向对象方法中,人们进行研究的任何事物统称为对象,它可以是有形的实体,如食材、建筑物等,也可以表示人的活动,如教学、作曲等,也可以表示事件和规则,如战争、法规等。

2. 属性和方法

每个对象都有其独特的性质、状态及行为等特性,在面向对象方法中,描述对象有两个要素:属性和方法。

属性是描写对象静态特性的数据元素,例如:人具有姓名、性别、身份证号等属性;方法是用于描写对象动态特性(行为特性)的一组操作,例如:人具有工作、学习等行为特性。

3. 类

人类在认知过程中,为了更好地把握客观事物的实质,采用归类方法,即忽略事物的非本质特征,只关心与所研究目标相关的本质特征,并将具有共同本质特性的事物分为同一类。例如,对于各种各样的汽车,你今天看见一辆奥迪(它是一个对象),明天又看见一辆宝马(它也是一个对象),……,如此这般,假如现在你对汽车产生了兴趣,那么可将这一类对象抽取出它们的共同特征,由此构造一个类——"Car"类。

　　在面向对象方法中,类是一组具有共同特性的所有对象成员的抽象描述。例如:对上面遇到的汽车进行抽象分析后,可看到汽车都具有汽车型号、车牌、车速、车高、车宽、车身颜色、用油量、前进、后退、加速、减速、制动、转向等特性。

　　类的定义描述了该类对象共同具有的属性,以及实现该类对象共同行为的具体方法。例如:对于上述 Car 类,可做若下描述(假定在所研究的问题域内,下面列出的属性和方法足以解决相关问题):

　　类名:Car

　　属性:

　　　　汽车型号、车牌、车速、车高、车宽、车身颜色、用油量等

　　方法:

　　　　前进、后退、加速、减速、制动、转向等

4. 实例化

　　从一个类定义,可以创建该类的多个"真正实体",即实例,实例是类所定义的对象的具体实现。

　　实例化是指在类定义的基础上构造对象(实例)的过程。

　　例如,定义了上述"Car"类后,可以根据该类创建一个个具体的汽车对象(比如一辆牌号为"沪 A·69678"的黑色宝马、另一辆牌号为"京 B·86885"的银色奥迪等等)。

6.1.3　面向对象的基本特征

1. 封装

　　封装是面向对象思想的基本特征之一。面向对象将真实世界视为一系列完全自治、独立的对象,通过对真实世界中的对象和对象间的相互作用进行抽象,将抽象出来的属性和行为整合在一个封装的独立单元内。对外界来说,对象的内部信息被隐藏了起来,外界只要通过定义良好控制严格的对象接口使用对象,无需关心其内部实现的具体细节。

　　封装保证了对象具有较好的独立性,防止了应用程序相互依赖而带来的变动影响,使系统维护更为容易。同时由于不允许直接调用、修改对象内部的私有信息,增强了系统的安全性。封装使系统更为清晰与健壮。

2. 继承

　　继承是面向对象思想中另一个基本特征。继承表达了一种类之间的相互关系,它使得新类可以从已存在的类那里获得已有特征。已存在的类称为"基类"或"父类"(例如"动物"),新建类称为"派生类"或"子类"(例如"狗"或"猫"等)。

　　继承是面向对象思想很重要的特点。继承带来了诸多好处:

(1) 代码复用

　　将已经存在的类作为基类,子类只需通过继承,就可直接使用基类的程序代码而不必重复劳动,即可以在原有工作成果上,快速开发出高质量的程序。

（2）统一共同属性和行为

继承可以确保基类下的子类都具有基类的属性和行为。若没有继承机制，分别创建的应用于相同问题域中的众多类很有可出现冗余现象和兼容问题。

（3）程序更简洁、更易扩展

继承是一种联结类与类的层次模型，体现了自然界中特殊与一般的关系。在软件开发过程中，继承保证了软件模块的可重用性和独立性，可缩短开发周期，提高软件开发效率，同时使软件易于扩展和维护。

3. 多态

所谓的多态是指在继承体系中，派生类的不同实例，收到同一消息，鉴于自身状况，给予不同的响应，或者说，派生类实例的同种行为在不同情况下有不同的表现形式。

多态机制使具有不同内部结构的对象可以共享相同的外部接口，实现了接口重用。多态特性增强了系统的灵活性和扩展性。

6.2 Python 中的类和对象

Python 是面向对象的程序设计语言。下面简要介绍 Python 面向对象编程的基本方法。

6.2.1 类的定义和对象的创建

1. 类的定义

在 Python 中,类用 class 关键字来定义。

格式为:

```
class   类名:                          # 定义类
      [类变量名＝初始值]                # 定义类变量(属性)
    [def   方法名(self,参数):          # 定义类方法
          方法体                    ]
```

说明:

(1) 关键字 class 后接着是一个类名,随后是定义类的类体代码,通常由各种各样的定义和声明组成。

(2) 类属性用类中的数据成员(变量)来描述。

(3) 类中的方法类似函数,但类的方法定义中的第一个参数是个强制性参数(按惯例命名为 self),它在所有的方法声明中都存在,该参数代表实例(对象)本身,当用实例(对象)调用方法时,不需要将 self 传递进来,因为系统会自动将其传入。

具体对象通过类的实例化获得,格式为:

$$对象＝类名([参数])$$

对象创建后,可获取属性,格式为:

$$对象.属性名,$$

并可应用方法,格式为:

$$对象.方法名([参数])$$

【例 6-2-1】 定义一个最简单的 People 类,该类只有一个方法 sayHello( ),然后创建一个对象,该对象调用方法 sayHello( )

```
class People:                          # 定义 People 类
```

```
    def    sayHello(self)：          #定义方法 sayHello()
        print("你好!")
p1=People()                        #创建对象 p1
p1.sayHello()                      #对象 p1 调用方法 sayHello()
```

运行结果：

你好!

> 注意：上述类方法 sayHello()定义中必须含有参数 self。对象 p1 被创建后,其调用 p1.sayHello()方法时不需要给予参数,因为系统自动将对象 p1 作为 self 传递给方法 sayHello(),也即此时的 self 代表对象 p1 本身。

【例6-2-2】　修改上题方法 sayHello(),在该方法体中增加一个对象(实例)属性 name

```
class People：                     #定义 People 类
    def sayHello(self,xm)：        #定义方法 sayHello()
        self.name=xm
        print("你好! 我是"+self.name+"!")
p1=People()                        #创建对象 p1
p1.sayHello("张三")                #对象 p1 调用方法 sayHello()
```

运行结果：

你好! 我是张三!

> 注意：上述方法 sayHello()定义中增加了参数 xm,故当对象 p1 调用方法 p1. sayHello("张三")时需要给予一个实际参数"张三",系统自动将对象 p1 作为第一参数 self、将"张三"作为第二参数 xm 传递给方法 sayHello()。

思考：

上述例子主要用于说明 Python 类方法中参数的处理方式,若在求解实际问题时仍使用该 sayHello(self,xm)方法,有何不妥? 你认为比较妥当的处理方式是什么?

2. __init__()方法

分析【例6-2-2】中的 sayHello(self,xm)方法,可发现调用该方法时都要给予 xm(姓名)参数,在实际使用时可能要多次调用 sayHello(self,xm)方法。一般情况下人的名字起好后不会轻易变动,故每次调用此 sayHello(self,xm)方法都给予 xm 的做法显得不太妥当。可以考虑在人对象刚创建时给予其名字,以后在需要时直接使用即可(假定在所讨论的问题中名字保持不变)。

一般在类定义中,通常考虑在对象创建时对其基本属性赋予具体数值,也即对象的初始化。

在 Python 类中,常常使用__init__()方法(该方法名前后都带有双下划线,在 Python 中,带双下划线的标识符具有特定意义)用于对象的初始化,__init__()方法在类被实例化时立即执行。

【例 6-2-3】 创建 People 类,创建对象时直接赋值 name 和 nationality 属性

```
class People:                              #定义 People 类
    def  __init__(self,xm,gj):            #定义__init__()方法
        self.name=xm                       #为对象的 name 属性赋值
        self.nationality=gj                #为对象的 nationality 属性赋值
    def  sayHello(self):                   #定义 sayHello()方法
        print("你好! 我是%s! 我来自%s!"%(self.name,self.nationality))
p1=People("张三","中国")                    #创建对象时自动调用__init__()方法
print("创建了一个对象,该人名叫:%s,国籍为:%s。"%(p1.name,p1.nationality))
p1.sayHello()
```

运行结果:

创建了一个对象,该人名叫:张三,国籍为:中国。
你好! 我是张三! 我来自中国!

说明:

在上述 People 类定义中加入了__init__()方法,在该方法中创建了两个对象属性 name 和 nationality。需要注意的是,执行语句 p1=People("张三","中国"),即创建对象 p1 时,系统自动调用__init__(self,xm,gj)方法,即该方法无需我们显式调用,这就是__init__()方法的特殊之处。由于第一个参数 self 无需我们处理,故我们只需传递两个实际参数"张三"和"中国"给予对应的第二个形参 xm 和第三个形参 gj 即可。

对象的属性可以在类内部使用,如上述第 6 条语句(类 People 内部 print 语句),也可以在类外部使用,如上述第 8 条语句(类 People 外部 print 语句)。

3. 类变量和对象(实例)变量

在 Python 面向对象语言中,有两种变量类型——类变量和对象(实例)变量,它们根据所有者是类还是对象而区分开来。类对象是共享的——它们可以被一个类的所有实例使用,即一个类的变量一经定义后,在其生存期间,任何对象对其所做的修改都会保存并反映到所有对象上。而对象(实例)变量只被自己的对象所拥有,不同对象中的同名对象变量没有任何关联。

【例6-2-4】 在下面的 People 类中,添加一个类变量,用于记录人的数量

```
class People:                              #定义 People 类
    number=0                               #定义类变量 number
    def __init__(self,xm,gj):              #定义__init__()方法
        self.name=xm                       #为对象的 name 属性赋值
        self.nationality=gj                #为对象的 nationality 属性赋值
        People.number=People.number+1      #类变量 number 累加
    def sayHello(self):                    #定义 sayHello()方法
        print("你好!我是%s!我来自%s!"%(self.name,self.nationality))
        print("现在有%d 人!"%People.number)   #使用类变量 number
p1=People("张三","中国")
p1.sayHello()
p2=People("杰克","美国")
p2.sayHello()
p1.sayHello()
```

运行结果:

> 你好!我是张三!我来自中国!
> 现在有1人!
> 你好!我是杰克!我来自美国!
> 现在有2人!
> 你好!我是张三!我来自中国!
> 现在有2人!

> 说明:
>
> 对象 p1 的实例变量 name 为 p1 自己所有,经初始化后其 name 值为"张三",对象 p2 的实例变量 name 为 p2 自己所有,经初始化后其 name 值为"杰克",两者不相关。类变量 number 为 p1 和 p2 所共享,p1 和 p2 生成后,类变量 number 为 2,此时无论 p1 还是 p2 使用该 number 时其值均为 2。
>
> 注意在使用类变量时,类变量名前应指明类名,如上例的 People.number。

6.2.2 类的继承

面向对象的主要好处就是代码的重用,可通过继承实现这一特点。Python 语言提供了类的继承机制。

假设有个 People 类完全符合某系统的要求,并已在相关应用场合工作正常。该类如下:

```
class People:
```

```
        def    setName(self,xm):
               self.name=xm
        def    setNationality(self,gj):
               self.Nationality=gj
        def    sayHello(self):
               print("你好！我是%s！我来自%s!"%(self.name,self.nationality))
```

现情况发生了变化,有学生加入了系统,因而,需要建立一个 Student 类。那么该 Student 类是否需要将其所有的类方法和属性完整地重新定义一遍呢? 考虑到系统的可扩展性,若每当系统增加新类,每个新类都要全部重新定义的话,那么整个系统的代码将会变得极其复杂和庞大,并且极可能出现不相容的情况。在面向对象方法中,可通过继承来解决这个问题。

继承是一种强大的功能,通过声明子类(派生类)和已经建立的父类(基类)之间的上下层关系来建立新类,子类继承父类的特性,并加入自己的新特性。在实际使用中可通过继承来实现代码的重用。事实上,大多数的类都是从其他类继承过来的,并根据需要增添自己特有的类方法和属性。

1. 单继承

如果子类(派生类)只继承一个基类(父类),这表示单继承。

在 Python 中,类的基类(父类)只是简单地列在子类(派生类)名后面的小括号里。

格式为:

class 子类名(基类名):
定义子类新特性

在 python3.x 中,若创建类时不指明父类,则默认继承 object 类(最顶层的类)。

【例 6-2-5】 **利用上述的 People 类,定义一个 Student 类,并创建一个学生对象,该对象调用相关特性**

```
#定义基类 People 类
class People:
        def    setName(self,xm):
               self.name=xm
        def    setNationality(self,gj):
               self.nationality=gj
        def    sayHello(self):
               print("你好！我是%s！我来自%s!"%(self.name,self.nationality))


#定义子类 Student 类
class Student(People):              #继承基类 People 类
        #定义子类自己的__init__()方法
        def __init__(self,xm,gj):
```

```
        People. setName(self,xm)          #调用基类的 setName()方法
        People. setNationality(self,gj)   #调用基类的 setNationality()方法
        #定义子类自己的 study()方法
        def study(self)：
            print("我正在学习……")
#创建一学生对象 std1
std1＝Student("李四","新加坡")
std1. sayHello()                          #调用继承的 sayHello()方法
std1. study()                             #调用自己的 study()方法
```

运行结果：

```
你好！我是李四！我来自新加坡！
我正在学习……
```

注意：在上述的示例中，基类 People 类定义中没有采用 __init__()方法，而是用 setName()和 setNationality()方法为属性 name 和 nationality 赋值，实际应用时，根据情况灵活运用。

2. 继承中的 __init__()方法

在 Python 中，若基类定义中使用 __init__()方法，则子类继承分两种情况：

若子类的初始化与基类完全相同，则子类无需重复定义 __init__()方法。在创建子类的实例时，系统会自动调用基类的 __init__()方法(参见【例 6-2-6】)。

若子类初始化时打算在基类初始化基础上增添新特性，则子类需要定义自己的 __init__()方法。此时，在子类 __init__()的方法中应该显式调用基类的 __init__()方法，语句为：父类名. __init__()或 super(). __init__()(参见【例 6-2-7】)。

【例 6-2-6】　子类初始化自动调用基类初始化的应用示例

```
#定义基类 People 类
class People：
    #使用 __init__()方法
    def __init__(self,xm,gj)：
        self. name＝xm
        self. nationality＝gj
    def sayHello(self)：
        print("你好！我是%s！我来自%s！"%(self. name,self. nationality))
#定义子类 Student 类
class Student(People)：
    #定义子类自己的 study()方法
```

```
def study(self):
     print("我正在学习……")
```

```
#创建一学生对象 std1
std1＝Student("李四","新加坡")
std1. sayHello()
std1. study()
```

运行结果：

> 你好！我是李四！我来自新加坡！
> 我正在学习……

在上例中，子类 student 的初始化与基类的__init__()方法相同，故无需重新定义，直接使用即可。

【例6-2-7】 子类初始化需要显式调用基类初始化的应用示例

```
#定义基类 People 类
class People:
     #使用__init__()方法
     def   __init__(self,xm,gj):
          self. name＝xm
          self. nationality＝gj
     def   sayHello(self):
          print("你好！我是%s！我来自%s!"%(self. name,self. nationality))
```

```
#定义子类 Student 类
class Student(People):
     #定义自己的__init__()方法
     def__init__(self,xm,gj,ID):
          self. stuID＝ID                    #增加新属性 stuID(学号)
          People. __init__(self,xm,gj)       #显式调用基类的__init__()方法
     #定义子类自己的 study()方法
     def study(self):
            print("我的学号是%s。"%self. stuID)
print("我正在学习……")
```

```
#创建一学生对象 std1
std1＝Student("李四","新加坡","123456789")
std1. sayHello()
```

```
std1. study()
```

运行结果

你好！我是李四！我来自新加坡！
我的学号是 123456789。
我正在学习……

说明：在上例中，子类 Student 在基类 People 的初始化基础上增加了新属性（stuID 属性），故要定义自己的__init__()方法，同时若要保留基类的__init__()方法，需使用语句：People. __init__(self,xm,gj)或 super(). __init__(xm,gj)显式调用基类的__init__()方法。

3. 多继承

有时候单继承可能满足不了需求，此时可考虑多继承（一个子类继承多个父类）。

Python 支持多继承，在子类名后面的小括号内，可列出多个基类名，基类名间以逗号分隔。

格式为：

class 子类名(基类名 1,基类名 2…)：
定义子类新特性

若父类（基类）中有相同的方法（属性）名，而在对当前类（子类）使用时未指定，在方法调用时就需要对当前类（子类）和基类进行搜索以确定方法所在的位置。而搜索的顺序就是所谓的 MRO(Method Resolution Order,方法解析顺序)。

在 python3. x 中，类被创建时会自动创建方法解析顺序 MRO,采用广度优先算法搜索，即先从当前类找起，若没有，在其继承的父类中按从左至右顺序搜索，若找不到再到父类的父类（祖辈类）中从左至右搜索……，直至搜索至 object 类为止。

【例 6-2-8】　先定义一个最简单的 Animal 类,然后定义 Lion 类和 Tiger 类,该两类均继承 Animal 类,再定义狮虎兽(LionTiger)类,其继承 Lion 类和 Tiger 类,之后创建一狮虎兽对象,应用其具有的方法

```
# 定义基类 Animal
class Animal:
    def eat(self):
        print("I am eating. ")


# 定义类 Lion
class Lion(Animal):    # 继承 Animal 类
    def show(self):
        print("Lion!")
```

```
#定义类 Tiger     #继承 Animal 类
class Tiger(Animal):
    def show(self):
        print("Tiger!")


#定义 LionTiger(狮虎兽)类
class LionTiger(Lion,Tiger):        #继承 Lion 类和 Tiger 类
    def illustrate(self):
        Lion. show(self)
        Tiger. show(self)


#创建狮虎兽对象 lntgr1
lntgr1=LionTiger()
lntgr1. illustrate()
lntgr1. show()
lntgr1. eat()
```

运行结果：

```
Lion!
Tiger!
Lion!
I am eating.
```

在上例中，倒数第 3 句 lntgr1. illustrate()中的方法在当前类（LionTiger 类）中存在，故直接调用，其中的 Lion. show()，Tiger. show()运行结果分别为"Lion!"和"Tiger!"；倒数第 2 句 lntgr1. show()中的 show()在当前类中不存在，则到其父类中搜索，先搜索最左面的父类 Lion 类，找到后运行该 show()，结果为"Lion!"；倒数第 1 句 lntgr1. eat()中的 eat()在当前类、父类 Lion 类和 Tiger 类中均不存在，搜索到父类的父类 Animal 中找到，运行结果为"I am eating."。

Python 可通过语句：类. mro()查看继承关系。

在上例中，若执行语句：print(LionTiger. mro())，则运行结果如下：

```
[<class'__main__. LionTiger'>,<class'__main__. Lion'>,<class'__main__. Tiger'>,
<class'__main__. Animal'>,<class'object'>]
```

表明上例类继承搜索的顺序为：LionTiger（当前类）→Lion（父类左）→Tiger（父类右）→Animal（祖辈类）→object（最顶层类）。

6.3　异常

6.3.1　异常简介

在运行程序的过程中,时常会出现一些错误,导致屏幕上出现一些非常专业的错误信息,告知错误的名称和发生的原因以及发生错误的程序行,甚至是错误发生时调用的堆栈跟踪情况,接着正在运行的程序就此终止了运行。这就是非常典型的所谓"错误"或"异常"发生了,而且已经被系统中的一种神奇的错误监测处理机制(异常处理机制)捕捉到了,并得到了处理——输出相关的出错信息,导致程序被终止运行(程序崩溃)。

1. 为什么要使用异常

使用异常控制最主要的目的就是为了避免程序崩溃。

对于程序设计者来说,发生异常时所看到的这些非常专业化的错误信息是非常有用的,它可以帮助设计者快速定位错误的出处,并改正错误。但对于最终的程序用户来说,这些信息就好似天书一般,无法看懂,并且毫无意义,最直观的感觉就是程序运行到中途突然崩溃;用户数据丢失;不知接下去该如何处理,这是极为糟糕的用户体验。因此,一个好的程序设计者通常要用一种特殊的手段,在程序中设法去捕捉这些发生的错误和异常,并用通俗的、直接面对应用功能的、最终用户能够理解的语言,非常亲切友好地告知用户发生了什么情况(这也是用户喜欢使用这种软件的原因之一),同时作出对异常的相应处理,防止程序的崩溃,提高程序的强壮性。甚至可以提供多种处理方案让用户选择,用户自己决定应该如何处理。这就是所谓异常处理的主要目的之一。

当前几乎所有程序设计语言中都向程序设计者提供了神奇的处理异常的能力。

程序中可能发生的错误或异常的种类繁多,通常可分为如下三种。

(1) 语法错误(Syntax Error)

这是 Python 在对程序脚本做语法解析时所捕捉到并提出警告的错误。比如:Print 的 p 大写了、关键字拼错、括号不配对等等。这类错误最容易发现,修改也最为简单,一般在初步调试程序时就会发现并被设计者及时改正,通常不必大费周章地在程序中专门为其编写异常处理代码。这类语法错误,在 Python 中被归类为"错误"(Errors)。

(2) 运行时错误(Run time Error)

该错误相对于语法错误而言不容易被发现。通常是在没有语法错误的情况下发生的,它可能出现在脚本交互的过程中,或者在其他的事件发生时或者某种条件下才会发生,有时甚至是不可避免的。比如:除数为 0、用户的非法输入、要打开并读取数据的文件已经不存在了等等。这类错误,在 Python 中被归类为"异常"(Exceptions)。异常处理最主要的就是针对此类错误。

（3）逻辑错误（Logical Error）

这类错误是最难发现和清除的，这类错误的代码从语法上来看完全正确，因此程序也会顺利执行，但可怕的是得到的结果却是错误的。比如：在编程中写错了一个变量名，将值错误地赋给了另一个变量、以百分比输出的时候漏乘了 100 等等。此类错误无法用异常处理机制捕捉，除非由此导致上述两种错误的出现。

2. 异常的角色

在 Python 中，虽然异常处理的主要功能是捕捉错误和处理错误，但由于它的特殊机理，还衍生出各种其他的用途。下面是它所担当的最常见的几种角色。

（1）错误处理（主要角色）

每当在程序运行时检测到程序错误时，Python 就会引发异常。我们可以在程序代码中捕捉和响应错误，或者忽略已发生的异常。如果忽略错误，Python 默认的异常处理行为将启动：输出出错信息，终止程序运行（即上文所述情况）。如果不想启动这种默认的异常处理行为，程序员想自己来控制发生异常以后的行为，就要使用专门的语句来捕捉异常并从异常中恢复。

（2）事件通知

异常也可用于发出有效状态的信号，而不需在程序之间传递结果标志位，或者刻意对其进行测试。

（3）特殊情况处理

有时，发生了某种很罕见的情况，很难调整代码去处理，通常会在异常处理器中处理这些罕见的情况，从而省去编写应对特殊情况的代码。

（4）终止行为

可以确保一定会进行某些必需的结束动作的运算，无论程序中是否有异常。

6.3.2　异常处理

一旦程序发生异常，肯定会针对这种异常进行处理。异常处理机制存在于两个地方，一个是程序员使用捕获处理异常 try…except…else…finally 语句写的异常处理代码，另一个就是 Python 自身的"默认异常处理器"。先来看一下这个所谓"默认异常处理器"的表现。

1. 默认异常处理器

如果程序员没有在脚本代码中特意编写异常处理代码，或者编写的异常处理代码没有能力捕获或处理所发生的特定的错误，那么这些特定的错误异常一旦发生，就会一直向上传递到程序的最顶层，并启用 Python 系统自身的"默认异常处理器"：输出标准出错信息，并终止程序的运行。此时，你也许已经熟悉了标准出错消息，这些消息包括引发的异常名称及说明，还有"堆栈跟踪"信息，也就是异常发生时激活的程序行和程序调用清单。

在 Python 命令行上输入 Print(1)

```
>>>Print(1)
Traceback(most recent call last):
  File"<stdin>",line 1,in<module>
NameError:name'Print'is not defined
```

　　由于 print()函数的 p 大写了,Python 找不到名称为 Print 的函数,错误发生了,系统的默认异常处理器立即启动,给出了错误名称"NameError",告诉你错误的详细信息:"Print"这个名称没有被定义过。其中"stdin"是指出错程序所在的文件名。由于上例是处于 Python 命令行状态,输入的语句直接位于标准输入输出设备(屏幕),因此,会看到了一个特殊的设备文件名"stdin"。

> 　　注:由于 Python 的 IDLE 工具中外壳行命令执行窗口有时会和真正的执行环境有所不同,它会将下述的 sys.exit()等方法所产生的中断也看作是一种异常,会触发它自身的"默认异常处理器"。因此,为了避免混淆,本章节中的所有代码的实现,最好脱离 Python 的 IDLE 工具(毕竟它是一个开发调试工具,非真实的最终运行环境),直接在 DOS 窗口中的 Python 中进行测试。

　　接着,再来看看已经被保存为文件的程序,在运行过程中的错误所引发的默认异常处理器的处理情况。

【例 6-3-1】　默认异常处理器处理示例

　　新建一个简单的程序 Default_excep. py 如下。

```
#Filename:Default_excep
s=input('输入一些东西——>')
print('OK! ')
print('你输入的是:'+s)
```

　　运行该程序时,要在 DOS 窗口中键入 python Default_excep. py 运行之(或者直接键入文件名 Default_excep. py,省略 python)。

> 　　注:要使得能找到并启动 Python 虚拟机以及源程序,必须确保 DOS 窗口的当前路径为程序文件所保存的地方,比如:c:\mypython,并同时保证 python 安装路径已经作为操作系统 path 变量中的一员。
> 　　在 DOS 窗口中,无论当前工作路径为何,都可以输入如下两条 DOS 指令(非 python 语句),使得当前工作路径为 c:\mypython。
>
> ```
> c:
> cd\mypython
> ```

当程序开始运行并等待你的输入时,你不是老老实实地输入文字或数字信息,而是直接按Ctrl+Z再加上回车(Ctrl+Z 是 Windows 系统中的文件结束符,如果是在 Python 的 IDLE 中运行,应该按 Ctrl+D,这来源于 Linux 系统),由此来产生"异常"。结果如下:

```
C:\mypython>python Default_excep. py
输入一些东西——>^Z
Traceback(most recent call last):
  File"Default_excep. py",line 2,in<module>
    s=input('输入一些东西——>')
EOFError
```

此时默认异常处理器的处理结果清楚地告诉你调用的堆栈跟踪信息:错误出在 Default_excep. py 中的第 2 行的语句中,错误名是 EOFError(end-of-file 文件结束符错误)。并同时终止了程序(其后的 print 函数没有被执行)。这种处理方式很有道理,因为错误通常都是致命的,而当其发生时,所能做的就是查看标准出错信息,并设法解决问题。

综上所述,默认异常处理器的特征如下。

所在地: Python 系统自身的异常处理器

启动时机:程序中的异常处理代码无法捕捉和处理所发生的异常时启动

处理动作:

- 终止程序的运行
- 输出标准、专业的出错信息
- 异常名称及异常说明
- "堆栈跟踪"信息:异常发生时激活的程序行和程序调用清单

虽然上述默认异常处理器的处理方式和结果能非常好地帮助程序设计者,不过在某些情况下,这并不是程序设计者想要的结果。因为首先程序没错(但却看到了程序错误的提示),因为程序无法让计算机伸出手臂去阻止用户输入 Ctrl+Z,只能等错误发生了以后,再做事后的异常处理。其二,最好能给用户一个友好的提示,让用户确切地知道发生了什么事情。第三,或许还能让用户获得重新输入数据的机会。基于如上这些要求,就需要抛开 Python 默认的异常处理器,由程序设计者编写的程序来捕捉异常和处理异常。

异常处理语句 try…except…else…finally 语句的特性如下。

所在地:源程序内

启动时机:发生异常时先于默认异常处理器启动,如果已经捕捉到异常,该异常不会再自动被上传至顶层默认异常处理器。

处理动作:可按实际应用的需求编写。比如:输出非软件专业的,与实际应用最贴切的出错信息、终止程序运行、完成结尾工作、传递信息、忽略错误继续运行程序,或者重新获得新的数据后再次执行前一次出错的程序段等。

2. 异常处理语句 try…except

【例 6-3-2】 将例 6-3-1 程序改成如下所示,并另存为,except-input1. py

#Filename:except-input1

```
import sys
try：
    s＝input('输入一些东西－－＞')
except EOFError：
    print('你为何在此输入 Ctrl＋Z 啊？')
    sys. exit()♯退出程序
except：
    print('你到底在干什么啊？')
    sys. exit()♯退出程序
print('OK！')
print('你输入的是：'＋s)
```

运行该程序的结果如下。

```
C：\mypython＞python except-input1. py
输入一些东西－－＞^Z
你为何在此输入 Ctrl＋Z 啊？
```

这里，用户错误的输入数据被程序捕捉到了，并给出了用户能够理解的提示，初步达到了处理异常的目的。

在程序中所使用的 try……except 语句，就是异常捕获处理语句，它分为 try 子句和 except 子句。

• try 子句块：把所有可能引发错误的语句放在 try 子句块中，该子句块中的语句只要发生异常，就会自动将该异常抛出，让下面的 except 捕捉。

• except 子句块：该子句块中的语句通过指定的异常名称，匹配捕捉和处理 try 子句所抛出的错误和异常。一个 except 子句可以专门处理一个或多个错误和异常(要匹配多个异常，必须将多个异常名称用逗号分隔，放在圆括号内)。如果某个 except 子句没有给出任何错误或异常的名称，则它会捕捉和处理剩下的所有错误或异常(好似一个不管部部长)。对于每个 try 语句，至少都要有一个相关联的 except 子句。

try……except 异常处理语句的结构，就好似一个抛球和接球的游戏布局。

上述程序中的 sys. exit()是 sys 模块中的方法，它的作用就是终止程序的执行。

当 try 子句块中的所有语句没有发生任何错误或异常时，立刻跳出 try……except 语句，执行下面的 print('OK！')语句。一旦有错误发生，立刻就去找和该错误名相对应的 except 子句执行，执行完毕后，退出 try……except 语句，继续往下执行(此程序的异常处理结束后没有看到输出的 OK，这是因为在执行 print('OK!')之前，异常处理语句块已经用 sys. exit()方法终止了整个程序的运行)。如果找不到和该错误名相对应的 except 子句，就去找没有附带任何错误名的 except 子句并执行其中的语句块。

try……except 语句在使用时，要注意几个要点：

• 不要遗漏子句后的冒号。

• try 子句块中可以写多个语句，这些语句执行时所发生的任何错误，都可以用 except 子句捕捉。

● 写 except 子句前,必须先确定可能会发生的错误的名称(可以通过实际的错误试验,从默认异常处理器的提示信息中获取)。子句块中的语句,就是针对这些错误的处理语句。

● 一句 except 可以捕捉并处理多个指定的错误(在 except 后跟括号,括号中用逗号分开多个错误名称)。

● 一句不带错误名的 except 子句,必须放在所有带有明确的错误名的 except 子句后面,它可以捕捉本 try……except 语句内所有前面的 except 子句中没有列出的所有异常(运行上述程序,然后按 Ctrl+C 看看会有什么结果)。该功能看似万能,但实际使用过程中尽量少用,因为它屏蔽了你没有估计到的所有错误和异常,这种 try……except 语句中,默认异常处理器不再会被启动,不利于程序的调试。

● 如果所发生的异常找不到相对应的 except 子句,异常就会向上传递到程序中的先前进入的 try 中(try 嵌套的上层),或者如果它已经是第一层 try,异常就会被传递到这个进程的顶层(默认异常处理器启动:输出详细的专业出错信息,终止运行程序)。

● 一个错误一旦被一句 except 子句捕捉到并处理完后,不会再进入该 try……except 中其他的 except 子句,而是直接跳出 try……except 语句,执行 try……except 语句后面的语句。

● 如果连 except 子句块中的语句也出错,那么,该错误不会被该 try 语句所捕捉,该异常会上传至上层 try(如果有嵌套的上层 try 语句的话),如果本 try 语句是第一层,那么异常就会往上传至顶层,启动 Python 的默认异常处理器,输出错误信息,终止整个程序。

上述程序中的错误处理只是输出了出错信息,并立即终止程序。如果对这种处理手法不满意,还可以再次进行调整。

【例 6-3-3】 修改例 6-3-2,如果输入出错了,给出提示让用户重新输入,直到不出错为止

将程序修改后,另存为 except-input2.py,源程序如下:

```
#Filename:except-input2
while True:
    try:
        s=input('输入一些东西——>')
        break
    except EOFError:
        print('你为何在此输入 Ctrl+Z 啊? 请重新输入!')
print('OK!')
print('你输入的是:'+s)
```

运行该程序,再次使其出错,结果如下:

```
C:\mypython>python except-input2.py
输入一些东西——>^Z
你为何在此输入 Ctrl+Z 啊? 请重新输入!
输入一些东西——>^Z
你为何在此输入 Ctrl+Z 啊? 请重新输入!
```

输入一些东西——＞Thank you!
OK!
你输入的是：Thank you!

> 说明：修改后的程序去掉了屏蔽所有未知错误的单独的 except 子句，以及已经无用的 import sys。加上了一个 while 循环，在 try 子句块中加上了 break 语句，当输入不产生错误时，顺利执行紧挨着的 break 语句，于是跳出循环，执行紧跟在循环后面的语句，输出正确的信息。当输入出现 EOFError 错误时，错误被 except EOFError 子句捕捉，执行 except 子句块，提示错误信息，让用户重新输入，进入下一轮循环，直到输入正确为止。

3. 无异常发生后的 else 子句

try 子句除了与其相匹配的 except 字句外，还有一个可选的 else 子句，它的作用是当 try 子句块中的语句块执行时没有发生任何错误，else 子句中的语句块就会被接着执行，然后退出整个 try 语句，接着执行 try 语句后面的语句。

【例 6－3－4】　修改例 6－3－3，增加 else 语句，另存为 except-input3. py

```
#Filename：except-input3
while True：
    try：
        s＝input('输入一些东西——＞')
    except EOFError：
        print('你为何在此输入 Ctrl＋Z 啊？请重新输入！')
    else：
        break
print('OK！')
print('你输入的是：'＋s)
```

> 说明：该程序执行的效果跟 except-input2. py 一模一样。程序只是将本来 try 子句块中的 break 语句移入了 else 子句块中。这是一种非常好的习惯，将可能发生异常的代码和无异常发生后必须执行的代码分开来。注意：else 子句只能放在所有 except 子句的后面。它的好处在于：通常在此处将无异常发生的正常情况标志位传递给退出 try 后要执行的语句。它和 try 子句块脱离，在结构和逻辑上清晰易读。

4. 至关重要的 finally 子句

某种情况下，不管 try 子句中的语句是否发生了异常、不管 except 子句是否捕捉到了匹配的异常、是否对异常进行了处理，也不管程序是否会因此被终止，都要完成最后的至关重要的结尾工作。此时，就要用上可选的 finally 子句了。

【例 6-3-5】 修改例 6-3-4,增加 finally 语句处理文件关闭操作,另存为 except-finally1.py

```
＃Filename:except-finally1.py
import time
try:
    f＝open('poem.txt')
    while True:
        line＝f.readline()
        if len(line)==0:
            break
        time.sleep(2)
        print(line,end=")
finally:
    f.close()
    print('\n\n 最终任务已经完成,文件被关闭了！')
print('正常结束！')
```

程序中的 time.sleep()是 time 模块中的延时函数,此处延时 2 秒。该程序使用循环,一次次读取 poem.txt 文件中的每一行,并以每 2 秒一行的速度显示在屏幕上。整个过程中不加人为干预的运行结果如下(必须预先准备好纯文本文件 poem.txt,最好放在与程序相同的路径下)。

```
C:\mypython>python except-finally1.py
当你用你的智慧编写了你自己喜欢的有用的程序,
你会发觉这是一种美好的自我享受。
当你的作品在别人手中争相传递,
你的内心会升腾起无以言表的喜悦！

最终任务已经完成,文件被关闭了！
正常结束！
```

如果你在整个显示过程中按了 Ctrl＋C(中断程序),此时一个叫做 KeyboardInterrupt 的异常发生了,默认异常处理器启动,程序被终止。但是在程序终止前,finally 子句中的最重要的关闭文件动作必须完成。如果不关闭文件,那么这个文件一直处于被打开状态,其他对于文件的操作就会失效,后果很严重。运行结果如下,观察程序被中断后先前打开的文件是否已被关闭。

```
C:\mypython>python except-finally1.py
当你用你的智慧编写了你自己喜欢的有用的程序,
```

最终任务已经完成,文件被关闭了!
```
Traceback(most recent call last):
    File"except-finally1. py",line 9,in<module>
        time. sleep(2)
KeyboardInterrupt
```

通过运行结果可以看到 finally 子句运行良好,的确关闭了文件。但是,由于没有 except 子句的参与,默认异常处理器依然被启动。现在要把 Ctrl+C 也捕捉到,就要增加 except 子句。

【例 6-3-6】 修改例 6-3-6,增加 except 子句,然后将其另存为 except-finally2. py

```
#Filename:except-finally2. py
import time
import sys
try:
    f=open('poem. txt')
    while True:#常用的读取文件的习惯
        line=f. readline()
        if len(line)==0:
            break
        time. sleep(2)
        print(line,end=")
except KeyboardInterrupt:
    print('你是如此的没有耐心,按了 Ctrl+C,程序被你中断了!')
    sys. exit()
finally:
    f. close()
    print('\n\n 最终任务已经完成,文件被关闭了!')
print('正常结束!')
```

其中加上了 except KeyboardInterrupt:子句块来捕捉 Ctrl+C 所产生的异常。执行之,并在整个程序执行过程中按 Ctrl+C。结果如下。

```
C:\mypython>python except-finally2. py
当你用你的智慧编写了你自己喜欢的有用的程序,
你会发觉这是一种美好的自我享受。
你是如此的没有耐心,按了 Ctrl+C,程序被你中断了!

最终任务已经完成,文件被关闭了!
```

由此看出,异常被捕捉并得到了处理,finally 子句依然正常工作。但此处有一个奇怪的现象:照理说,应该在 finally 完成工作后跳出 try 语句,继续执行 try 语句下面的其他语句 print('正常结束!')。但在本例中,程序此时已经不可能执行 try 语句下面的其他语句了,因为 sys. exit()退出了程序,看不到"正常结束!"字样了。虽然看上去 finally 在 sys. exit()后执行,但是 python 为了实现 finally 的设计要求,将程序中断函数自动押后到 finally 以后去执行。综上所述,finally 子句块专门用来做极其重要的扫尾、收拾残局、打扫战场的善后工作,比如关闭文件、断开与服务器的连接等等。因此为该子句起名为 finally。

另外,由于 Ctrl+C 是用户手动终止正在运行着的程序的一种常用方法,所以就让它完成它本来的工作——终止程序,不过程序设计者在此时可以提供一些友好的信息。因此,关于 Ctrl+C 所引起的终止程序动作所引发的 KeyboardInterrupt 异常,通常有两种对待方法。

不去捕捉它,让默认异常处理器处理:不输出信息,程序被终止。只要做好 finally 子句的设计工作即可。

去捕捉它,并向用户提供程序被终止的信息,但最终还是必须以 sys. exit()来终止程序,同样不能遗忘对 finally 子句的设计。

5. 引发(手动抛出)异常 raise 语句

前面所述的所有错误和异常,如果不用 try 语句捕捉,都会引起默认异常处理器的启动,这种错误和异常,称之为系统默认异常或内置异常。但在某种情况下,想利用 try 语句的异常处理机制,把一些不会引起默认异常处理器启动的异常,人为地制作成内置异常或用户自定义异常并抛出,然后由 try 语句来捕捉和处理。这样就可以将整个程序中的所有需要处理的异常都设计成在统一机制下的捕捉和处理,便于程序的设计和维护。比如控制用户的数据输入的范围等。

【例 6-3-7】 接受用户输入年龄,输出用户出生年份的程序,当年龄输入负数,作异常处理,创建程序 except-raising1. py

```
#Filename:except-raising1. py
import datetime
class BadAgeException(Exception):
    '''一个用户自定义异常类.'''
    def__init__(self):
        Exception. __init__(self)
        self. message='你来自未来世界吗? 连年龄都是负数%d! \
请仔细考虑一下,重新输入! '

while True:
    try:
        yourAge=int(input('输入你的年龄——>'))
        if yourAge<=0:
            raise BadAgeException()  #抛出自定义异常类的匿名实例
```

```
except EOFError：
    print('\n 为何给我个 Ctrl＋Z 文件结束符？重新来过！')
except BadAgeException as x：#给抛出的自定义匿名实例一个变量名
    print(x. message％yourAge)
else：
    print('你的年龄是％d 岁,你生于％d 年'％(yourAge,
datetime. date. today(). year-yourAge))
    break
finally：
    print('加油！')
```

该程序用到了 datetime 模块,datetime. date. today(). year 的结果是：先从 datetime 该模块中 date 对象的 today 方法得到系统当前日期对象,再通过该对象的 year 属性得到系统当前日期的年份。

用程序语句来引发一个异常的过程看似比较复杂,下面我们来看看引发异常所需的准备工作以及引发异常、捕捉处理异常的整个过程。

程序中预先定义了一个异常类 BadAgeException,用于在发生错误时被实例化并抛出。它是系统内置异常类 Exception 的子类,并在该类中定义了一个实例变量 self. message,用来定义错误信息(输入的数字小于 0)。实际上,也可以用比较简单的方式来定义这个自定义类：class BadAgeException(Exception)：pass,然后抛出该类的匿名实例时,传递给构造函数 __init__() 的参数都会保存在实例的 args 元组属性中,并且在直接打印该实例的时候自动显示。甚至可以传递多个参数,此时可以用实例的 args[0]、args[1]…等表示。

try 子句块中判断年龄如果小于 0,就用 raise 抛出一个刚建立的 BadAgeException 类的匿名实例。

在 try 的 except 子句中捕捉该异常类名,同时也可以用 as　x 给抛出的异常类的实例一个变量名字,然后就可以用该实例变量的名字引用自定义异常类中的错误信息了。

当然,由于存在用户的输入,就要将前面所学的对于 Ctrl＋Z 的捕捉也编写进去。

运行该程序,输入 20,结果如下。

```
C:\mypython>python except-raising1. py
输入你的年龄－－＞20
你的年龄是 20 岁,你生于1994 年
加油！
```

这是正常的运行结果。接着来试试看输入负数,观察一下引发的异常是否工作正常。输入－9,得到的结果如下。

```
C:\mypython>python except-raising1. py
输入你的年龄－－＞－9
你来自未来世界吗？连年龄都是负数－9！请仔细考虑一下,重新输入！
加油！
```

输入你的年龄——＞9
你的年龄是 9 岁,你生于 2005 年
加油!

到目前为止,看来一切似乎都很正常。但是,如果输入一些字母,或者小数,会发生什么呢?

```
C:\mypython>python except-raising1.py
输入你的年龄——＞ok
加油!
Traceback(most recent call last):
   File"except-raising1.py",line 12,in<module>
      yourAge＝int(input('输入你的年龄——＞'))
ValueError:invalid literal for int()with base 10:'ok'
```

在程序中没有与 except 子句匹配的异常发生了,默认异常处理器被启动了。这个错误是:ValueError:invalid literal for int()with base 10:'ok,它告诉我们"ok"是非法的字面值,不能转换成整型数。

【例 6-3-8】 要修改例 6-3-7,捕获异常 ValueError,将程序修改后另存为 except-raising2.py

```
#Filename:except-raising2.py
import datetime
class BadAgeException(Exception):
    '''一个用户自定义异常类.'''
    def__init__(self):
        Exception.__init__(self)
        self.message='你来自未来世界吗? 连年龄都是负数%d! \
请仔细考虑一下,重新输入! '

while True:
    try:
        yourAge＝int(input('输入你的年龄——＞'))
        if yourAge<＝0:
            raise BadAgeException()#抛出自定义异常类的匿名实例
    except EOFError:
        print('\n 为何给我个 Ctrl＋Z 文件结束符? 重新来过! ')
    except BadAgeException as x:#给抛出的自定义匿名实例一个变量名
        print(x.message%yourAge)
    except ValueError:
```

```
            print('请输入不带小数的阿拉伯数字！重新来过！')
        else:
            print('你的年龄是%d 岁,你生于%d 年'%(yourAge,
datetime.date.today().year-yourAge))
            break
    finally:
        print('加油！')
```

运行后依然输入 ok 等错误信息进行测试,结果如下。

```
C:\mypython>python except-raising2.py
输入你的年龄——>ok
请输入不带小数的阿拉伯数字！重新来过！
加油！
输入你的年龄——>23.5
请输入不带小数的阿拉伯数字！重新来过！
加油！
输入你的年龄——>—12
你来自未来世界吗？连年龄都是负数—12！请仔细考虑一下,重新输入！
加油！
输入你的年龄——>20
你的年龄是 20 岁,你生于 1994 年
加油！
```

到此为止,大功告成了!

由此可以看到,编程不是一蹴而就的,编程的过程中很大一部分工作就是测试、找出缺陷、修改,再测试……循环往复,不断升级,不断提高,永无止境。

通常而言,自己编写自己使用的一些小工具程序可以少用一些异常处理,以节约编程时间。而提供给其他用户使用的程序,必须具备足够的强壮性。但这种说法有时也不一定正确,比如编写与网络相关的应用,必须考虑到由于网络状态的随机性和不稳定性,会引发出很多异常。因此,哪怕是自用的小工具,也必须使用异常来全力应对。

对 Python 中异常处理基本语句的介绍到此告一段落,还有一些更高级的异常处理语句不在本书所涉及的范围内。

6.4 习题

一、单选题

1. 下面选项中，不属于面向对象要素的是_____。
   A. 对象　　　　　　B. 类　　　　　　C. 过程　　　　　　D. 继承

2. 下面关于对象属性和方法叙述中，正确的是_____。
   A. 属性是描写静态特性的数据元素，方法是描写动态特性的一组操作。
   B. 属性是描写动态特性的一组操作，方法是描写静态特性的数据元素。
   C. 属性是描写内在静态特性的数据元素，方法是描写外在静态特性的数据元素。
   D. 属性是描写自身动态特性的一组操作，方法是描写作用于外界的动态特性的一组操作。

3. 下面关于面向对象方法优点的叙述中，不正确的是_____。
   A. 符合人类习惯的思维方法
   B. 以功能分析为中心
   C. 良好的可重用性
   D. 良好的可维护性

4. 当 Python 中的一个类定义了_____方法时，类实例化时会自动调用该方法。
   A. auto()　　　　　　　　　　　　B. __auto__()
   C. init()　　　　　　　　　　　　D. __init__()

5. 下面关于类继承的叙述中，错误的是_____。
   A. 一个基类可以有多个子类，一个子类可以有多个基类。
   B. 继承描述类的层次关系，子类可以具有与基类相同的属性和方法。
   C. 一个子类可以作为其子类的基类。
   D. 子类继承了父类的特性，故子类不是新类。

6. 有关异常说法正确的是_____。
   A. 程序中抛出异常终止程序
   B. 程序中抛出异常不一定终止程序
   C. 拼写错误会导致程序终止
   D. 缩进错误会导致程序终止

7. 表达式'1'+1会触发异常处理器，显示的错误类型为_____。
   A. SyntaxError　　　B. NameError　　　C. TypeError　　　D. ValueError

8. 表达式 math. sqrt(—2)会触发异常处理器，显示的错误类型为_____。
   A. SyntaxError　　　B. NameError　　　C. TypeError　　　D. ValueError

9. 已有 L=[1,2,3],表达式 L[3]会触发异常处理器，显示的错误类型为_____。

A. SyntaxError   B. IndexError   C. TypeError   D. ValueError

10. 执行下面程序代码,当输入:2b 时,输出是_____。

```
try：
    number＝int(input("请输入数字："))
    print("number:",number)
    print("======hello======")
except Exception as e：
    print("打印异常信息:",e)
else：
    print("没有异常")
finally：
    print("finally")
    print("end")
```

A.

number:1

打印异常信息:invalid literal for int()with base 10：

finally

end

B.

打印异常信息:invalid literal for int()with base 10:'1a'

finally

end

C.

打印异常信息:invalid literal for int()with base 10:'1a'

D. 以上都不正确

二、 填空题

1. 面向对象的三大特性是:封装、_____和多态。
2. 面向对象方法中,用_____表示事物的性质,用方法表示事物的行为。
3. 面向对象的继承性和_____相结合,可使所开发的软件系统具有更广泛的重用性和可扩充性。
4. _____是对现实世界中一组具有共同特征的事物的抽象描述,即是一组具有相同数据结构和相同操作的客观实体的集合。
5. 类的具体化就是_____。
6. 继承有单继承和多继承,_____指的是子类(派生类)只有一个父类(基类),而_____则是子类(派生类)有多个父类(基类)。
7. 在 Python 中,定义类的关键字是_____。
8. Python 类普通方法中的第一个参数具有特定含义,代表的是_____。

9. 在 Python 3.x 中，类多继承情况下，类方法解析顺序采用_____优先算法搜索。

10. 在 Python 中，_____是所有类的基类。

三、 思考题

1. 对象方法和一般函数有何区别？

2. 继承的含义是什么？

3. Python 中的类变量与对象（实例）变量有何区别？ 类变量有何作用？

4. 默认"异常处理器"在何种情况下被触发启动？ 它是如何处理异常的？

5. 不带任何错误名的 except 子句该如何使用？

6. 为何要用 else 子句？

7. finally 子句有什么特点？

8. raise 语句有什么用途？

PART 07

第 7 章　图形界面编程

<本章概要>

前面章节介绍的程序都是基于字符的命令行界面,界面不是太友好,为编写实用程序,本章将介绍图形界面编程的基本概念和方法、Python 图形框架以及 Python Tkinter 图形编程的基本方法。

<学习目标>

- 理解 GUI 编程的基本概念和基本方法
- 了解 Python 的图形框架
- 掌握 Python Tkinter 图形编程的基本方法

7.1 图形界面编程概述

7.1.1 GUI 简介

GUI(Graphical User Interface,图形用户界面,又称图形用户接口)是指采用图形方式操作计算机的用户界面。较之于通过键盘输入字符来执行任务的命令行操作界面,图形界面允许用户使用鼠标等输入设备操作窗口或菜单等图形对象来执行任务,因而对用户来说在视觉上更易于接受、操作更为便捷。

GUI 采用面向用户的设计,使人们不用记忆和键入繁琐的字符命令,减轻了使用者的认知负担,更适合用户的操作需求。

GUI 的组成部分包括:视窗、图标、菜单、对话框、标签和按钮等等。

7.1.2 GUI 程序开发简介

GUI 程序是一种基于事件驱动的程序,程序的运行依赖和用户的交互,必须对用户的操作给予实时响应。

一般而言,开发 GUI 程序时,首先需创建一个顶层窗口,然后在该窗口中创建一些所需的窗口控件(独立的子窗体对象),这些控件可以是标签、按钮、菜单等等,它们共同组成一个完整的 GUI 程序。

通常,用户对控件会有一些操作,例如按下或释放按钮、移动鼠标、在文本框中输入文本、点击菜单选项、按下回车键等等。这些用户操作称为事件,GUI 程序正是由这些伴随其始终的事件体系(除了用户事件外还有系统事件等,本文仅介绍简单的用户事件)所驱动,而 GUI 程序对事件所采取的响应处理称为回调。

一个 GUI 程序启动时,必须先执行一些初始化例程为核心功能的运行做准备。当所有窗口控件(包括顶层窗口)显示在屏幕时,GUI 程序就会进入一个无限事件循环中(等待 GUI 事件——处理事件——再返回等待模式等待下一个事件)。GUI 程序执行后不会主动退出,需要用户关闭窗口,当用户关闭窗口时,必须唤起一个回调来结束程序。

7.2　Python GUI 程序编写

7.2.1　Python 图形框架

　　Python 的默认 GUI 工具集是 Tk。Tk 最初是为工具命令语言(Tcl)设计的,其流行后被许多脚本语言(包括 Python)采用。Tk 是一个可移植的可以管理窗口、按钮、菜单等的 GUI 工具集,Python 借助 Tk 可快速高效地创建实用程序。

　　Tkinter 是 Python 调用 Tcl/Tk 的接口(Tkinter＝Tk＋interface,正是"Tk 接口"之意),它是一个跨平台的脚本图形界面接口。Tkinter 不是唯一的 python 图形编程接口,也不是功能最强的一个。

　　除了 Tkinter 外,还有其他的 GUI 工具集,比如 wxPython 和 PyQ 等。wxPython 是 Python 的一套跨平台的 GUI 工具集,其作为一个 Python 扩展模块,允许程序开发者很方便的创建功能健全的 GUI 用户界面。PyQt 是一个创建 GUI 应用程序的工具包,是 Python 对跨平台的 GUI 工具集 Qt 的包装,PyQt 是作为 Python 的插件实现的,跨平台的支持很好,功能很强大,可以用 PyQt 开发漂亮的界面,不过其在商业授权上似乎存在一些问题。python 中使用 PyQt 需要安装和配置。

　　由于 Tkinter 内置于 python 的安装包中,且其简单易用并能满足轻量级的跨平台 GUI 开发需求,故本书主要介绍 Tkinter 图形编程基础知识。

　　Tkinter 支持 15 个核心窗口控件,它们是 Button(按钮)、Canvas(画布)、Menu(菜单)、Menubutton(菜单按钮)、Label(标签)、Message(消息框)、Listbox(列表)、Entry(单行输入框)、Text(多行文本输入框)、Frame(框架)、Radiobutton(单选按钮)、CheckButton(复选按钮)、Scrollbar(滚动条)、Scale(标尺进度条)和 TopLevel(顶级窗口容器)等。

　　所有这些窗口控件提供了布局管理方法、配置管理方法和控件自己定义的方法。此外,Toplevel 也提供窗口管理接口。

　　在编写 GUI 程序时,有时需要跟踪变量值的变化,以保证值的变更能动态显示在图形界面上。而 Python 内置的 str、int、float 和 bool 类型难以做到这一点,故 Tkinter 提供了相应的变量类型:StringVar(字符串变量类型)、IntVar(整型变量类型)、DoubleVar(浮点型变量类型)和 BooleanVar(布尔型变量类型),通过将所创建的变量类实例与窗口控件类的实例捆绑,就可动态设置并获取控件的相应属性值。Tkinter 的变量类的常用方法有:set()(设置变量对象的值)和 get()(获取变量对象的值)。

7.2.2　Tkinter 创建 GUI 程序

　　Tkinter 创建 GUI 程序的基本步骤如下:
　　① 导入 tkinter 模块。
　　导入 tkinter 模块语句为:

from tkinter import *　　　(或者:import　tkinter)

tkinter 模块导入后,就可以使用 tkinter 的类和方法,语句为:

tkinter.方法名()

② 创建主窗口。

主窗口又称为根窗口,即顶层用户窗口。主窗口由 tkinter 中的 Tk 创建,语句为:

window = Tk()

若采用 import　tkinter 导入 tkinter 的话,则语句为:

window = tkinter.Tk()

③ 在主窗口上创建窗口"控件"对象。

根据需要,在上述所建的主窗口上设置"控件"。通常这些控件会有一些相应的行为,比如鼠标点击,键盘按键等等,这些称为事件,而程序会根据这些事件采取相应的反应,称为回调。这个过程称为事件驱动。

④ 将窗口中的"控件"与对应事件处理程序代码相关联。

⑤ 进入窗口事件主循环。

进入窗口事件主循环语句为:

window.mainloop()

进入窗口事件主循环,接受来自用户的操作(事件),执行相应的事件处理,直到用户关闭窗口。

【例 7-2-1】 第一个 GUI 程序,先创建一个空窗口,体会一下与命令行界面的不同

```
from tkinter import　*　　#导入模块
window = Tk()　　#创建主窗口
window.mainloop()　　#进入主循环
```

图 7-2-1　GUI 空窗口

程序运行后,生成一个空窗口,当用户点击"关闭"按钮后,窗口才结束运行。

利用 Tk 创建的窗口,其默认大小为 200 * 200(像素),默认窗口标题为 tk。

若要指定窗口大小,可使用 Tk 的 geometry(参数)方法(参数为字符型,格式为:"宽度×高度+左上角屏幕水平坐标+左上角屏幕垂直坐标")

若要设置窗口标题,可使用 Tk 的 title(参数)方法(参数为字符型,内容为"新窗口标题")。

【例 7-2-2】 修改上述示例,要求能设置窗口标题、大小和初始位置

from tkinter import　*

```
window=Tk()
window.title("我的窗体")          #设置窗口标题
window.geometry("300x250+0+0")    #设置窗口大小和初始位置
window.mainloop()
```

　　程序运行后,在屏幕左上角出现窗口标题为"我的窗体"、宽为 300 像素、高为 250 像素的窗口,如图 7-2-2 所示:

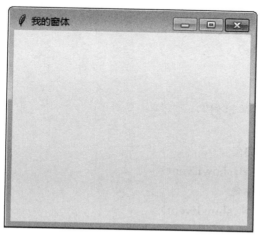

图 7-2-2 "我的窗体"

7.2.3　Tkinter 事件处理

　　一个 Tkinter 应用程序大部分时间处于监听并处理事件的主循环(通过 mainloop()方法进入事件主循环)中。事件包括用户键盘和鼠标操作,以及系统事件(比如窗口管理器的重绘事件等)。

　　Tkinter 提供了强大的事件处理机制。对于任一 GUI 控件对象,可为事件绑定 Python 处理函数,语句为:

控件对象.bind(event,handler)

　　上述 event 表示事件,handler 表示对应的处理函数,即回调函数。当发生在窗口控件对象上的事件与所描述的事件匹配,程序将调用 handler 所指向的回调函数来进行相应处理。

　　Tkinter 的事件都用带左右尖括号的特定字符串描述,下面为常用的鼠标事件:

- **<Button-1>**:鼠标左击事件
- **<Button-2>**:鼠标中击事件
- **<Button-3>**:鼠标右击事件
- **<Double-Button-1>**:鼠标双击事件

【例 7 - 2 - 3】 创建一个空白窗体,当鼠标左击或右击窗体时,在 Python Shell 中显示对应的鼠标事件类型

```
from tkinter import *
#定义鼠标事件对应的回调函数 showEvent
def showEvent(event):
    if   event. num==1:
        mouse_click_type="鼠标左击"
    if   event. num==3:
        mouse_click_type="鼠标右击"
    print(mouse_click_type)


window=Tk()
window. title("鼠标事件简单示例")


#将窗体与鼠标左击事件绑定
window. bind('<Button-1>',showEvent)
#将窗体与鼠标右击事件绑定
window. bind('<Button-3>',showEvent)
window. mainloop()
```

上述回调函数 showEvent()中的参数 event 为系统传入的事件对象。

程序运行后,生成一空窗体,当用户鼠标左击或右击窗体空间部分时,就会产生用户鼠标事件,该事件立即被系统捕获,系统将该鼠标事件以 event 传入程序(若是鼠标左击事件,event. num 为 1;若是鼠标右击事件,event. num 为 3),程序调用鼠标事件所绑定的回调函数 showEvent(),在 Python 的 Shell 窗口内显示对应的鼠标事件。

程序运行后界面,当在窗体上鼠标左单击和右单击后,在 Python 的 Shell 窗口内显示对应的鼠标事件如图 7 - 2 - 3 所示:

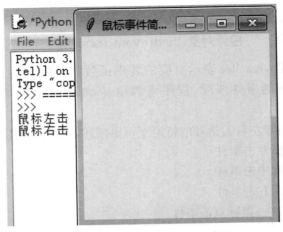

图 7 - 2 - 3　窗口捕获鼠标事件

7.2.4 Tkinter 常用的窗口控件

1. Label 控件

Label 为标签控件,用来显示文本或图像。标签可包含多行文本。利用 Tkinter 的 Label 可创建标签,语句为:

$$Label(父窗口,[text="xxx",width=xx,height=xx])$$

上述父窗口后面的参数为可选参数,其中 text 为欲显示的文本,width 和 height 为标签的宽和高。

若要在应用程序中动态设置标签的显示文本,可使用 Label 的 config 方法,语句为:

$$Label 对象.config(None,text="欲显示的新文本")。$$

【例 7-2-4】 创建一个窗口,窗口中包含有一标签控件

```
from tkinter import    *
window=Tk()
window.title("标签简单示例")
#创建 Label 对象 lbl
lbl=Label(window,text="欢迎使用图形界面",width=50,height=10)
#将 lbl 对象置于窗口中
lbl.grid()
window.mainloop()
```

程序运行后,界面如图 7-2-4 所示:

图 7-2-4 标签控件示例

2. Button 控件

Button 是按钮控件,用于鼠标点击操作等。一般按钮对应一个回调函数,当按钮被激活的时候,就调用该回调函数。利用 Tkinter 的 Button 可创建按钮对象,语句为:

$$Button(父窗口,text="xxx",command=xx)$$

上述 text 参数为按钮文字,command 参数指明回调函数或命令语句。

【例 7-2-5】 创建一个窗口,窗口中包含有一按钮,点击按钮后,在 Python Shell 窗口内显示相应内容

```python
from tkinter import    *
#定义 Button 的回调函数 hello()
def   hello():
        print("嗨! 你好!")


window=Tk()
window. title("按钮简单示例")


#创建 Button 对象 btn,通过 command 属性来指定 Button 的回调函数 hello
btn=Button(window,text='点我试试! ',width=30,command=hello)
#将 btn 置于窗口中
btn. grid()
window. mainloop()
```

程序运行后,界面如图 7-2-5 所示:

图 7-2-5 按钮控件示例

当单击窗体中的"点我试试!"按钮后,在 Python 的 Shell 窗口中显示"嗨! 你好!"。

【例 7-2-6】 创建一图形界面程序,该界面包含一个标签和一个按钮,单击按钮后,标签显示单击的次数

```python
from tkinter import    *
count=0   #count 用于记录单击次数
#定义按钮的回调函数 show()
def   show():
      global count
      count+=1
      #动态刷新标签
      lbl1. config(None,text="按钮被你点击了"+str(count)+"次!")


window=Tk()
window. title("动态刷新标签示例")
```

```
lbl1=Label(window,text='开始时你未点按钮！',width=50)
lbl1.grid()
btn=Button(window,text='点我试试！',command=show)
btn.grid()
window.mainloop()
```

程序运行后，界面如图 7-2-6(a)所示；当鼠标点击了"点我试试！"按钮 3 次后，界面如图 7-2-6(b)所示：

(a) 开始时窗口状态　　　　　　　　　　(b) 点击 3 次后窗口状态

图 7-2-6　动态刷新标签图示

3. Entry 控件

Entry 是单行文本框控件，用来收集用户输入的信息。利用 Tkinter 的 Entry 控件可创建单行文本框对象，语句为：

Entry(父窗口,可选参数)

Entry 控件对象的常用方法如下：
- insert(index,text)

向文本框中插入值，index：插入位置，text：插入值
- get()

获取文件框内的文本
- delete(index1,[index2])

删除文本框内从位置 index1 至位置 index2（不包括位置 index2）之间的字符，若参数 index2 省略，则只删除位置 index1 上的字符。

【例 7-2-7】 创建一个窗口，窗口中包含有上下二个单行文本框，两个文本框中间有一按钮，单击此按钮，可将上文本框中的内容显示于下文本框中

```
from tkinter import  *
#定义 Button 的回调函数 show()
def show():
        inputTxt=entry1.get()
        entry2.delete(0,END)    #删除文本框内所有字符
        entry2.insert(0,inputTxt)

window=Tk()
window.title("单行文本框简单示例")
```

```
#创建上文本框对象 entry1
entry1＝Entry(window,width＝36)
entry1. grid()
#创建中间按钮对象 btn
btn＝Button(window,text='回显',command＝show)
btn. grid()
#创建下文本框对象 entry2
entry2＝Entry(window,width＝36)
entry2. grid()
window. mainloop()
```

程序运行后,界面如图 7－2－7 所示:

图 7－2－7　单行文本框控件示例

4. Text 控件

Text 是多行文本框控件,较之 Entry 控件,Text 控件功能更强:其既可以编辑多行文本,也可以格式化文本(比如设置文本颜色和字体等),还能在文本中嵌入其他窗体控件和图像等。

Text 对象创建语句为:

Text(父窗口,可选参数)

可选参数之间以逗号分隔,常见的参数有:bg(背景色),fg(文本颜色),font(字体),height 和 width(文本框的行高和列宽)等。

Text 常用方法如下:

• insert(index[,string]...)

在指定的 index 位置插入文本 string。index 可以用数字行和列 line. col 表示,也可以用关键字 INSERT(插入点的当前位置)和 END(Text 的最后位置)等表示。

• delete(startindex[,endindex])

删除文本框内从位置 startindex 至位置 endindex(不包括位置 endindex)之间的字符,若参数 endindex 省略,则只删除位置 startindex 上的字符。

• get(startindex[,endindex])

获取文本框内从位置 startindex 至位置 endindex(不包括位置 endindex)之间的字符,若参数 endindex 省略,则只获取位置 startindex 上的字符。

此外,Text 可使用 tags 对自定义区域的文本进行标识,可方便进行格式设置。以下为

tags 常用的方法：
- tag_add(tagname,startindex[,endindex]...)

对自定义区域添加 tag 标识。
- tag_config

对所定义的 tag 进行格式设置。

【例 7-2-8】　创建一个多行文本框,在其中进行简单编辑,并将全文文字设置为红色、背景色设置为黄色。

```
from tkinter import *
#定义 Button 的回调函数 setColor()
def setColor():
    txt.tag_add("myArea",1.0,END)
    txt.tag_config("myArea",foreground="red",background="yellow")


window=Tk()
window.title("多行文本框简单示例")
#创建多行文本框
txt=Text(window)
txt.insert(1.0,"请在此多行文本框内编辑你的文本\n")
txt.insert(END,"可以使用 Ctrl+C,ctrl+x,Ctrl+V 等操作\n")
txt.insert(END,".....")
txt.grid()
#创建用于设置颜色的按钮
btn1=Button(window,text="红字黄底",command=setColor)
btn1.grid()
window.mainloop()
```

程序运行后,界面如图 7-2-8 所示：

图 7-2-8　多项文本框控件示例

5. Radiobutton 控件

Radiobutton 为单选按钮控件,在同一组选项内一次只能选择一个,当组内某个按钮被选中时,其他按钮自动转成非选中状态。创建 Radiobutton 控件对象的语句为:

$$Radiobutton(父窗口,可选参数)$$

Radiobutton 可选参数间以逗号分隔,常用参数如下:

- text

单选按钮旁所显示的文字。

- variable

为组控制参数,该参数将一组按钮联系在一起,其类型为 IntVar 或 StringVar。

- value

按钮被选中时,当前按钮的 value 值返回给控制参数 variable。

【例 7-2-9】 单选按钮简单示例

```
from tkinter import *
#定义单选按钮的回调函数
def sele():
    seleItem="你选了选项"+str(rVar.get())
    lbl.config(text=seleItem)


window=Tk()
window.title("单选按钮简单示例")


#创建整型变量类的实例
rVar=IntVar()
#创建3个单选按钮,并一同绑定到整型变量rVar,组成一组单选按钮
for i in range(3):
    r=Radiobutton(window,text="选项"+str(i+1),variable=rVar,value=i+1,
                  command=sele)
    r.grid()
#创建1个Label,用于在窗体下方显示选择结果
lbl=Label(window,text="你尚未选择!",width=36)
lbl.grid()
window.mainloop()
```

程序运行后,界面如图 7-2-9(a)所示,当点击了"选项 2"后,界面如图 7-2-9(b)所示:

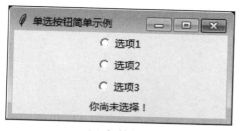

（a）初始窗口

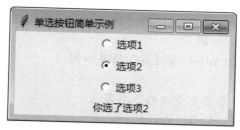

（b）选择状态

图 7 - 2 - 9　单选按钮示例

6. Checkbutton 控件

Checkbutton 为复选按钮控件，可以在一系列相关选项中选取单个或多个选项。创建复选按钮控件对象的语句为：

Checkbutton(父窗口,可选参数)

Checkbutton 可选参数间以逗号分隔，常用参数如下：

- onvalue

通常情况下，按钮选中（有效）时该值为 1，应用时，可视情况按需设置

- offvalue

通常情况下，按钮不选（无效）时该值为 0，也可视情况按需设置

- text

按钮旁所显示的文字

- variable

通过此参数可获取多选按钮的状态。按钮选中（有效）时，其值为 onvalue 所设定的数值，按钮未选中（无效）时，其值为 offvalue 所设定的值。

【例 7 - 2 - 10】　复选按钮简单示例

```
from tkinter import *
#定义复选按钮的回调函数
def sele():
  showStr="你选了"
  checkVar=checkVar1.get()+checkVar2.get()
  if checkVar==1:
      showStr+="滑雪!"
  elif checkVar==2:
      showStr+="射击!"
  elif checkVar==3:
      showStr+="滑雪和射击!"
  else:
```

```
        showStr="你去掉了所有选项!"
    lbl.config(text=showStr)
window=Tk()
window.title("复选按钮简单示例")

#创建整型变量类的 2 个实例
checkVar1=IntVar()
checkVar2=IntVar()
c1=Checkbutton(window,text="滑雪",variable=checkVar1,
                onvalue=1,offvalue=0,command=sele)
c2=Checkbutton(window,text="射击",variable=checkVar2,
                onvalue=2,offvalue=0,command=sele)
c1.grid()
c2.grid()
#创建 1 个 Label,用于在窗体下方显示选择结果
lbl=Label(window,text="你尚未选择!",width=36)
lbl.grid()
window.mainloop()
```

程序运行后,界面如图 7－2－10(a)所示:当点击了"滑雪"和"射击"选项后,界面如图 7－2－10(b)所示:

(a) 初始状态　　　　　　　　　　(b) 选择状态

图 7－2－10　复选按钮示例

7. ComboBox 控件

ComboBox 为下拉列表控件,创建下拉列表控件对象的语句为:

ttk.Combobox(父窗口,可选参数)

ComboBox 常用的可选参数有:
- height 和 width
设置下拉列表的高度和宽度
- state
设置下拉列表的可读状态,如 state='readonly',设置为只读模式
- textvariable
设置下拉列表的 textvariable 属性

ComboBox 常用的函数有：

- get()

获取在下拉列表中所选的数据

- current(i)

指定下拉列表显示其索引项 i 的数据,如 current(1),显示下拉列表第 2 项数据

下拉列表的数据通过其['values']设定,下拉列表的虚拟事件是"<<ComboboxSelected>>"

【例 7-2-11】　下拉列表简单示例

```
from tkinter import *
from tkinter import ttk
window=Tk()
window.title("下拉列表简单示例")
#创建一标签用于显示所选内容
lbl1=Label(window,text="请从下拉列表中选择",width=50)
lbl1.grid()


#创建一个下拉列表
value=StringVar()    #绑定变量
cbox=ttk.Combobox(window,width=10,textvariable=value)
#设置下拉列表数据
cbox['values']=("高中","大专","本科","硕士","博士")
cbox.grid()
#设置下拉列表初次显示的项
cbox.current(0)


#绑定事件
def show_msg(event):
    lbl1.config(text="你的选择是:"+cbox.get())
cbox.bind("<<ComboboxSelected>>",show_msg)


window.mainloop()
```

　　程序运行后,界面如图 7-2-11(a)所示;当在下拉列表中选了"本科"后,界面如 7-2-11(b)所示:

（a）初始状态

（b）选择状态

图 7-2-11　下拉列表控件示例

8. Menu 控件

利用 Tkinter 的 Menu 控件可创建菜单,步骤为:

① 创建菜单栏:

$$Menu(父窗口)$$

② 创建属于上述菜单栏的下拉菜单:

$$Menu(所属菜单栏)$$

③ 向下拉菜单添加菜单项(命令):

add_command(label = "下拉菜单中菜单项文字", command = "命令或回调函数名")

在创建多个菜单项时,可选 add_separator() 添加菜单项分隔线。

④ 将下拉菜单添加到所建菜单栏中,语句为:

所建菜单栏. add_cascade(label = "菜单栏中菜单项文字", menu = 所建下拉菜单)

⑤ 显示所创建的菜单栏

$$父窗口. config(menu = 所建菜单栏)$$

【例 7 - 2 - 12】 创建一个含有"File"(其含有"Open"、"Save"和"Exit"子菜单)和"Edit"(其含有"About"子菜单)菜单的简单菜单示例

```python
from tkinter import *
window = Tk()
window. geometry("500×300")
window. title("菜单简单示例")


#定义菜单项对应的回调函数
def openCall():
        print('你点击了 Open 选项')
def saveCall():
        print('你点击了 Save 选项')
def aboutCall():
        print('这是 Menu 菜单的简单演示')
#创建菜单栏 menubar
menubar = Menu(window)
#创建下拉菜单 File,然后将其加入到顶级的菜单栏 menubar 中
filemenu = Menu(menubar)                               #生成下拉菜单
#在下拉菜单中添加各项菜单项(命令)
filemenu. add_command(label = "Open", command = openCall)
filemenu. add_command(label = "Save", command = saveCall)
```

```
filemenu. add_separator( )                              #添加菜单项分割线
filemenu. add_command(label="Exit",command=window. destroy)
menubar. add_cascade(label="File",menu=filemenu)    #将下拉菜单增加到菜单栏中
#创建另一个下拉菜单 Help
helpmenu=Menu(menubar)
helpmenu. add_command(label="About",command=aboutCall)
menubar. add_cascade(label="Help",menu=helpmenu)
#显示菜单
window. config(menu=menubar)
window. mainloop( )
```

程序运行后,界面如图 7-2-12 所示:

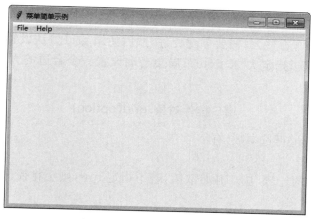

图 7-2-12　菜单控件示例

当点击各子菜单(除了"Exit")后,在 python 的 shell 窗口显示对应的操作,当点击"Exit"子菜单或"关闭"按钮后,窗口关闭,程序结束运行。

7.2.5　Tkinter 的布局管理

在 GUI 编程时,每个控件的布局是很繁琐的,不仅要调整自身大小,还要调整和其他控件的相对位置。

1. Tkinter 的几何布局管理器

Tkinter 提供了三个几何布局管理器:pack、grid 和 place。

(1) pack 管理器

pack 管理器采用块的方式组织配件,在快速生成界面设计中广泛采用,适用于控件简单的布局。pack 根据控件创建的顺序将控件自上而下地添加到父控件中。

pack 使用很简单,语句为:

窗口控件对象.pack(option)

pack 常用的 option(可选参数)有：

- Side

设置在父控件中的相对位置,可取值:TOP(默认),BOTTOM,LEFT,RIGHT。

- Expand

当窗口大小变化时,设置控件是否随之同比例变化,可取值为:"no"或 0(不变),"yes"或 1(变化)。

- Fill

设置填充方式,可取值为:"X","Y","BOTH"。

(2) grid 管理器

grid 管理器采用类似表格的结构进行布局管理,其根据需要将主控件分成一组行和列构成的表格空间(网格),表格中的每个单元格均可放置一个控件。

使用 grid 布局非常方便,只需要创建控件,然后使用 grid 方法设置其在父窗口空间的行和列,不需要为每个格子指定大小,grid 布局会自动设置一个合适的大小。创建 grid 管理器语句为:

窗口控件对象.grid(option)

grid 常用的 option(可选参数)有：

- row

设置在父控件中的行号,从 0 开始取值,若不指定 row,则会将控件放置到下一个可用的行上。

- rowspan

一般情况下,一个控件放入一个单元格中,但有时可根据需要,通过设置 rowspan 值将一列中多个相邻的单元格合并为一个单元格来放置控件。

- column

设置在父控件中的列号,从 0 开始取值,默认值为 0。

- columnspan

通过设置 columnspan 值,可将一行中多个相邻的单元格合并为一个单元格来放置需要的控件。

ipadx:设置在控件内左右方向各填充指定长度的空间。

ipady:设置在控件内上下方向各填充指定长度的空间。

padx:设置在控件外左右方向各填充指定长度的空间。

pady:设置在控件外上下方向各填充指定长度的空间。

sticky:设置控件在单元空间中的位置。tk.N 为靠上,tk.S 为靠下,tk.W 为靠左,tk.E 为靠右,tk.N+tk.S+tk.W+tk.E 表示在垂直和水平方向上延伸控件,填满单元空间。

注意: 不要尝试在一个主窗口中混合使用 pack 和 grid。

(3) place 管理器

place 管理器可以精确指定一个控件的位置和大小,但使用较为复杂,本教材不作介绍,有兴趣者可参考相关资料。

【例 7 - 2 - 13】 使用 pack 简单布局示例

```
from tkinter import *
window=Tk()
window.title("pack 简单示例")
lbl=Label(window,text='Hi! ',width=30)
lbl.pack()
btn1=Button(window,text='BUTTON1')
btn1.pack(side=LEFT)
btn2=Button(window,text='BUTTON2')
btn2.pack(side=RIGHT)
window.mainloop()
```

程序运行后,界面如图 7 - 2 - 13 所示:

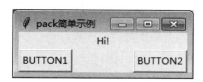

图 7 - 2 - 13 pack 管理器示例

考虑一下,若将上例中的第 7、9 行 pack() 中的参数 side 去掉,则上述控件如何显示? 若将第 5 行改为 lbl.pack(side=BOTTOM),则上述控件又如何显示?

【例 7 - 2 - 14】 使用 grid 简单布局示例 1

```
from tkinter import *
window=Tk()
window.title('Grid 布局演示 1')

count=0
for i in range(4):
    for j in range(4):
        count+=1
        sample=Label(window,text='控件'+str(count),bg='light green')
        sample.grid(row=i,column=j,ipadx=5,ipady=10,padx=10,pady=10)

window.mainloop()
```

上述代码利用 grid 在窗体上均匀放置 16 个样例控件,试一下,若去掉 grid()中的 ipadx,ipady,padx,pady 参数,显示效果将会怎样?

程序运行后,界面如图 7-2-14 所示:

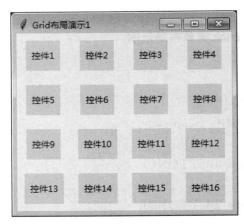

图 7-2-14　Grid 布局管理器示例 1

【例 7-2-15】　使用 grid 简单布局示例 2:创建一窗体,在该窗体的第 1 行均匀放置 4 个样例控件,在第 2 行的第 2、3 列单元中放置一个样例控件,要求样例控件填满合并后的单元空间,然后在窗体的第 3 行再放置 4 个样例控件

```
from tkinter import *
window＝Tk()
window. title('Grid 布局演示 2')

count＝0
＃在窗体第 1 行放置 4 个样例控件
for j in range(4):
    count＋＝1
    sample＝Label(window,text＝'控件'＋str(count),bg＝'light green')
    sample. grid(row＝0,column＝j,ipadx＝5,ipady＝10,padx＝10,pady＝10)

count＋＝1
sample＝Label(window,text＝'控件'＋str(count),bg＝'light green')
＃在第 2 行,第 2、3 列单元(合并此 2 单元)中,放置'样例控件 5'
＃并在水平方向上填满合并后的单元(sticky＝E＋W)
sample. grid(row＝1,column＝1,columnspan＝2,
            ipadx＝5,ipady＝10,padx＝10,pady＝10,sticky＝E＋W)

＃在窗体第 3 行放置 4 个样例控件
for j in range(4):
```

```
count+=1
sample=Label(window,text='控件'+str(count),bg='light green')
sample. grid(row=2,column=j,ipadx=5,ipady=10,padx=10,pady=10)
window. mainloop()
```

程序运行后,界面如图 7-2-15 所示:

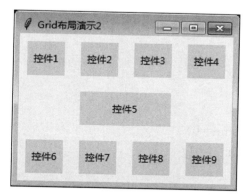

图 7-2-15　Grid 布局管理器示例 2

2. Frame 控件

Frame(框架)控件是屏幕上的一块矩形区域,作用类似容器,通过将其他控件置于其中来布局窗体。创建 Frame 控件对象的语句为:

Frame(父窗口)

若有必要,可在 Frame()中选用相应参数对框架作进一步的管理。

【例 7-2-16】　简单框架应用——简单聊天室控件布局示例
布局效果如图 7-2-16 所示:

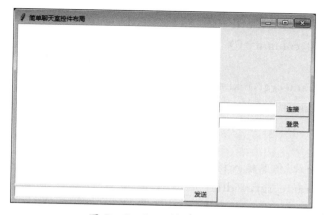

图 7-2-16　简单聊天室

分析:根据图7-2-16,窗口分成左右两部分,故采用左右两个框架来布局。左框架中的大部分空间用于信息显示的多行文本框,在其底部放入一输入信息框和"发送"按钮;右框架中放入一个输入IP地址框和"连接"按钮,在其下放入"登录"信息输入框和"登录"按钮。源代码如下:

```
from tkinter import *
window=Tk()
window.title('简单聊天室控件布局')

#创建左右两个框架
frame_lft=Frame(window)
frame_rgt=Frame(window)
frame_lft.grid(row=0,column=0)
frame_rgt.grid(row=0,column=1)

#在左框架中创建一信息显示文本框
text_msg=Text(frame_lft,width=49)
text_msg.grid(row=0,column=0,columnspan=2,sticky=W+N+S+E)

#在左框架中创建一输入信息框和'发送'按钮
entry_msg=Entry(frame_lft,width=46)
entry_msg.grid(row=1,column=0)

button_snd=Button(frame_lft,height=1,text='发送')
button_snd.config(width=8)
button_snd.grid(row=1,column=1)

#在右框架中创建IP地址框和'连接'按钮
entry_IP=Entry(frame_rgt,width=15)
entry_IP.grid(row=0,column=0)

button_IP=Button(frame_rgt,text='连接')
button_IP.config(height=1,width=8)
button_IP.grid(row=0,column=1)

#在右框架中创建'登录'信息输入框和'登录'按钮
entry_login=Entry(frame_rgt,width=15)
entry_login.grid(row=1,column=0)

button_login=Button(frame_rgt,text='登录')
```

button_login. config(width=8)
button_login. grid(row=1,column=1)

window. mainloop()

7.3 Python 图形绘制

Python 绘图方式很多,有许多功能强大的绘图模块(如 Matplotlib 等)供选择。若想直接利用 Python 自带的模块绘图,可选用 turtle(海龟)模块或 Tkinter 的 canvas(画布)。下面只对 canvas 作简要介绍。

7.3.1 Canvas 控件简介

Canvas 为画布控件,既可用来画图(包括画线形、矩形、圆弧、扇形、椭圆、圆形等),还可以在画布范围内放置其他控件。

利用 Tkinter 的 Canvas 可创建画布,语句为:

Canvas(父窗口,可选参数)

Canvas 常用的可选参数如下:

- width 和 height

设置画布的宽度和高度,单位是像素。

- bd 或 borderwidth

设置画布的边框宽度,单位为像素,默认为 2 个像素。

- bg 或 background

设置画布的背景颜色,默认为亮灰色。

- relief

设置画布的边框样式,可选值为 FLAT、SUNKEN、RAISED、GROOVE、RIDGE,默认为 FLAT。

Python 的 Canvas 坐标系统的原点(0,0)位于 Canvas 控件左上角顶点处,X 轴水平向右为正方向,Y 轴垂直向下为正方向,坐标单位是像素。

Canvas 在自身坐标系统中,绘制各图形对象的语句如下:

Canvas 对象.create_图形对象(位置坐标,options)

绘制图形对象的 options 是个变长列表可选参数,常用的参数如下:

- fill

对直线,设置直线颜色;对区域图形(如矩形、圆、扇形等),设置区域填充颜色。

- outline

设置区域图形边框颜色。

- width

指定线段(边框)宽度。如果不指定该选项,边框宽度默认为 1。

- dash

指定线段(边框)用虚线绘制,该属性值设置虚线中线段的长度。

位置坐标根据所画对象不同,其表示内容也不同。下面简要介绍 Canvas 绘制基本图形的方法。

1. 绘制直线

Canvas 画直线的语句如下:

$$Canvas\ 对象.create\_line(x0,y0,x1,y1,options)$$

$(x0,y0)$为直线起点坐标,$(x1,y1)$为直线终点坐标,例如 create_line(1,1,10,10)表示的是画从点(1,1)到(10,10)两点的直线。

options 参数如前所述。

【例 7-3-1】　创建一宽为 350 像素、高为 200 像素、背景色为白色的画布,并在该画布中绘制两条对角直线:一条为黑色实线,一条为红色虚线(虚线片段长为 5 像素)

```
from tkinter import *
window=Tk()
window. title("画布绘制直线示例")

#创建画布
cnv=Canvas(window,width=350,height=200,bg='white')
cnv. grid()

#使用 create_line 方法绘制直线
cnv. create_line(0,0,350,200)
cnv. create_line(0,200,350,0,fill='red',dash=5)

window. mainloop()
```

程序运行后,界面如图 7-3-1 所示:

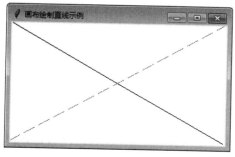

图 7-3-1　画布画直线示例

2. 绘制矩形

Canvas 画矩形的语句如下：

Canvas 对象.create_rectangle(x0,y0,x1,y1,options)

(x0,y0)为矩形左上角坐标,(x1,y1)为矩形右下角坐标。

options 参数如前所述。

【例 7 - 3 - 2】 创建一宽为 350 像素、高为 200 像素、背景色为白色的画布,并在该画布中绘制一边框为红色、填充色为黄色的矩形

```
from tkinter import *
window＝Tk()
window.title("画布画矩形示例")

#创建画布
cnv＝Canvas(window,width＝350,height＝200,bg='white')
cnv.grid()

#使用 create_rectangle 方法绘制矩形
cnv.create_rectangle(50,50,300,150,fill＝'yellow',outline＝'red')

window.mainloop()
```

程序运行后,界面如图 7 - 3 - 2 所示:

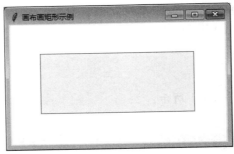

图 7 - 3 - 2　画布画矩形示例

3. 绘制圆或椭圆

Canvas 画圆或椭圆的语句如下：

Canvas 对象.create_oval(x0,y0,x1,y1,options)

(x0,y0)、(x1,y1)分别为圆(椭圆)外接矩形的左上角与右下角两个点的坐标。

options 参数如前所述。

【例 7-3-3】　创建一宽为 350 像素、高为 200 像素、背景色为白色的画布,并在该画布左面绘制一个边框为蓝色虚线(虚线片段长为 5 像素)的圆,在画布右面绘制一个边框线为红色且线宽为 3 像素、填充色为 lightgreen 的椭圆

```
from tkinter import *
window＝Tk()
window. title("画布圆或椭圆语示例")

#创建画布
cnv＝Canvas(window,width＝350,height＝200,bg='white')
cnv. grid()

#使用 create_oval 方法绘制圆
cnv. create_oval(50,50,150,150,outline＝'blue',dash＝5)
#使用 create_oval 方法绘制椭圆
cnv. create_oval(200,60,320,140,fill＝"lightgreen",outline＝'red',width＝3)

window. mainloop()
```

程序运行后,界面如图 7-3-3 所示:

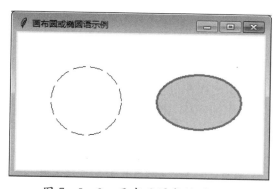

图 7-3-3　画布画圆或椭圆示例

4. 绘制弧形或扇形

Canvas 画弧形或扇形的语句如下:

Canvas 对象. create_arc(x0,y0,x1,y1,start＝s,extent＝e,style＝ARC,options)

在以(x0,y0)为左上角、(x1,y1)为右下角的矩形内相切圆或椭圆上,画以 s 角度开始,扩展 e 角度至(s＋e)角度结束的圆弧或扇形,start 默认值为 0 度;

style 设置圆弧的样式:style＝ARC 画圆弧,style＝PIESLICE 画扇形,style＝CHORD 画弓形,Style 默认画扇形;其他 options 参数如前所述。

【例7-3-4】 创建一宽为350像素、高为200像素、背景色为白色的画布,并在该画布中绘制一段圆弧和一个扇形

```
from tkinter import *
window=Tk()
window.title("画布绘制弧形或扇形示例")

#创建画布
cnv=Canvas(window,width=350,height=200,bg='white')
cnv.grid()

#使用create_arc方法绘制圆弧
cnv.create_arc(100,20,250,170,start=0,extent=180,style=ARC,width=5,outline='red')
#使用create_arc方法绘制扇形
cnv.create_arc(100,20,250,170,start=225,extent=90,
                style=PIESLICE,width=5,fill='yellow',outline='red')

window.mainloop()
```

程序运行后,界面如图7-3-4所示:

图7-3-4 画布画弧形或扇形示例

5. 绘制多边形

Canvas画多边形的语句如下:

> Canvas对象.create_polygon(x0,y0,x1,y1,x2,y2,…options)

(x0,y0),(x1,y1),(x2,y2),…为多边形各顶角坐标,至少3对。

options参数如前所述。

【例7-3-5】 创建一宽为350像素、高为200像素、背景色为白色的画布,并在该画布中绘制一个多边形(星形)

```
from tkinter import *
window=Tk()
```

window. title("画布绘制多边形示例")

#创建画布
cnv＝Canvas(window,width＝350,height＝200,bg='white')
cnv. grid()

#使用 create_polygon 方法绘制一个多边形(星形)
points＝[175,140,185,110,215,100,185,90,175,60,165,90,135,100,165,110]
cnv. create_polygon(points,outline＝"red",fill='yellow',width＝3)

window. mainloop()

程序运行后,界面如图 7-3-5 所示:

图 7-3-5 画布画多边形示例

6. 在画布上书写文字、显示图片

Canvas 在画布上书写文字的语句为:

Canvas 对象. create_text(x,y,text＝"…",font＝"…",fill＝"…")

(x,y)为文字的坐标位置,text 设置所书写的文字,font 设置文字格式(可用列表或元组表示),fill 设置文字颜色。

Canvas 在画布上显示图片的语句为:

Canvas 对象. create_image(x,y,anchor＝"…",img＝'…')

(x,y)为图片在画布中的坐标位置;参数 anchor 指明如何根据(x,y)放置图片,若不设置该属性值,默认值为 CENTER,即(x,y)为图片中心的坐标位置,若设置 ancho＝NW,则(x,y)为图片左上角的坐标位置;参数 img 设置图片对象,该图片对象可以使用 tkinter 的 PhotoImage 来获取,语句为:

图片对象＝PhotoImage(file＝'图片文件所在路径//图片文件全名')

注: 目前版本的 PhotoImage 仅识别 gif、png、PGM、PPM 格式的图片。

【**例 7 - 3 - 6**】 创建一宽为 350 像素、高为 400 像素、背景色为白色的画布,并在该画布上部和下部分别显示子目录 images 中的 ECNU_1. gif 和 ECNU_2. png 两张图片,在图片下面分别书写红色文字"华东师范大学校徽"(文字格式为:"宋体",16)和蓝色文字"华东师范大学校门"(文字格式为:"幼圆",18,'bold')

```
from tkinter import *
window＝Tk()
window. title("画布书写文字、显示图片示例")

#创建画布
cnv＝Canvas(window,width＝350,height＝400,bg='white')
cnv. grid()

#获取图片对象
img1＝PhotoImage(file＝"images//ECNU_1. gif")
img2＝PhotoImage(file＝"images//ECNU_2. png")
#使用 create_image 方法显示图片
cnv. create_image(130,30,anchor＝NW,image＝img1)
cnv. create_image(350/2,260,image＝img2)

#使用 create_text 方法书写文字
cnv. create_text(175,150,text='华东师范大学校徽',fill='red',font＝("宋体",16))
cnv. create_text(170,360,text='华东师范大学校门',fill='blue',font＝["幼圆",18,'bold'])

window. mainloop()
```

程序运行后,界面如图 7 - 3 - 6 所示:

图 7 - 3 - 6　画布书写文字、显示图片示例

7.3.2　Canvas 简单应用

1. 制作动画效果

在 GUI 程序中增加一个定时器,周期性地改变界面上图形项的外观(比如颜色、大小等属性)和位置等选项,就可以产生类似"动画"的效果。

Canvas 在画布上移动图形对象的语句为:

Canvas 对象.move(item,dx,dy)

Item 为画布上所创建的图形对象,dx,dy 分别为水平和垂直方向上的移动量,即从原位置(x,y)移动到新位置(x+dx,y+dy)。

若图形对象有多次移动,每次移动后,需执行 window.update()(刷新画布所在的窗口),为便于观察多次移动的效果,最好加上 time.sleep(x)函数(程序暂停 x 秒)或 canvas.after(n)函数(程序暂停 n 毫秒)

【例 7-3-7】　创建一背景为黄色、边框样式为 RIDGE、边框线宽为 10 像素的画布(画布长与宽均为 600 像素),画布下方创建一个"开始移动"的按钮。当点击"开始移动"按钮后,画布上所创建的红色小球先沿画布对角线从左上角移动到右下角,然后再从右下角返回到左上角

```python
from tkinter import *

def myMove():
    for x in range(0,110):
        #移动所画的圆形
        cnv.move(myCircle,5,5)
        ##刷新窗口
        window.update()
        cnv.after(50)
    for x in range(0,110):
        cnv.move(myCircle,-5,-5)
        window.update()
        cnv.after(50)

window=Tk()
window.title("画布移动对象简单示例")

##创建背景为黄色、边框样式为 RIDGE 的画布
cnv=Canvas(window,width=600,height=600,bd=10,bg='yellow',relief=RIDGE)
cnv.grid()
```

```
##创建一圆形
myCircle＝cnv.create_oval(10,10,60,60,fill="red")

btn1＝Button(window,text="开始移动!",command＝myMove)
btn1.grid()
window.mainloop()
```

程序运行后,界面如图 7-3-7 所示:

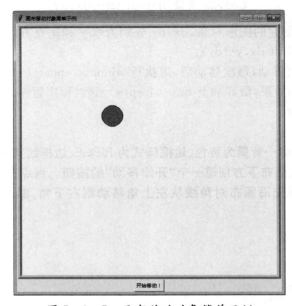

图 7-3-7 画布移动对象简单示例

2. 绘制 y＝f(x)函数图像

由于 Canvas 的坐标系统与直角坐标系统不同,故在绘制 y＝f(x)函数图像前,应当在 Canvas 上根据需要设置并画出直角坐标系统的原点、X 轴和 Y 轴。然后在直角坐标系中,在函数定义域内,取 X 轴上相邻的 2 个点:x1 和 x2,由给定的函数关系 y＝f(x)获取对应的 y1 和 y2,再将直角坐标系中的两坐标点(x1,y1)和(x2,y2),根据所设置的直接坐标系和 Canvas 坐标系的映射关系,调整表示为 Canvas 坐标系下的两个坐标点(x'1,y'1)和(x'2,y'2),并以该两个坐标点为起始端点画线段(x1 和 x2 的间隔取得越小,画出的直线段越逼近所求的函数曲线)。如此这般,X1 从所需绘制区间的一端开始取值,不断画出一系列微小直线段,直至该区间另一端结束,最后就可构成所需的函数曲线。

【例 7-3-8】 用画布绘制函数 y＝sin(x),曲线坐标原点处于画布左端中点,x∈[0, 2π]。坐标轴线为蓝色,函数曲线为红色,效果如图 7-3-8 所示

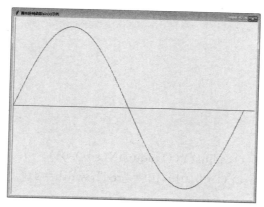

图 7-3-8　画布绘制函数 sin(x)

```
from tkinter import *
import math
window=Tk()
window.title("画布绘制函数 sin(x)示例")

#设置画布的宽和高
cvs_width,cvs_height=800,600
w=Canvas(window,width=cvs_width,height=cvs_height)
w.grid()

#设置曲线坐标原点
#为使 Y 轴可见,originalX 取比 0 大点的数值(比如取画布宽度的 200 分之一)
originalX,originalY=cvs_width/200,cvs_height/2
#画蓝色的坐标轴线
w.create_line(originalX,0,originalX,cvs_height,fill="blue")
w.create_line(originalX,originalY,cvs_width,originalY,fill="blue")

#根据曲线的空间范围和画布大小,设置曲线对应画布的合适比例 scaleX,scaleY
scaleX,scaleY=0.95 * (cvs_width/(2 * math.pi)),0.9 * (cvs_height/2)

#调整函数曲线在 canvas 上的坐标
#注意:canvas 坐标系的原点在左上角,X 轴水平向右、Y 轴垂直向下
def adjustX(t):
    #平移 x 轴
    x=originalX+scaleX * t
    return x
def adjustY(t):
```

```
y=scaleY * math. sin(t)
#y轴反向,并平移
y=originalY-y
return y


#绘制红色函数曲线
t=0. 0
while t<2 * math. pi：
    w. create_line(adjustX(t),adjustY(t),adjustX(t+0. 01),
                   adjustY(t+0. 01),fill="red",width=2)
    t+=0. 01


window. mainloop()
```

7.4 习题

一、 单选题

1. 为使 Tkinter 创建的 GUI 程序进入窗口事件主循环,顶层窗口对象应调用_____方法。
   A. wait()
   B. enter()
   C. mainloop()
   D. start()

2. 为使 Tkinter 创建的按钮能起作用,应在创建按钮时,利用按钮控件的_____参数指明回调函数或命令语句。
   A. root
   B. command
   C. text
   D. bind

3. 下面 Tkinter 的控件中,_____可用于创建单行文本框。
   A. Button
   B. Label
   C. Entry
   D. Text

4. 下面选项中,_____可用于将 Tkinter 创建的控件放置于窗体。
   A. grid
   B. show
   C. set
   D. bind

5. 下面 Tkinter 的控件中,_____可用于画矩形、椭圆等图形。
   A. Frame
   B. Message
   C. Menu
   D. Canvas

二、 填空题

1. GUI 程序是基于_____驱动的程序,程序的运行依赖和用户的交互。

2. 通常,编写 GUI 程序时,首先需要创建一个_____窗口。

3. Tkinter 通过调用_____方法进入窗口事件主循环中。

4. 若要在 GUI 应用程序中动态设置标签的显示文本,可使用 Label 的_____方法。

5. 若要创建按钮对象,可使用 Tkinter 的_____控件。

6. 若要创建多行文本框对象,可使用 Tkinter 的_____控件。

7. Tkinter 几何布局管理器主要有:pack、_____和 place。

8. 若要在画布上绘画,可使用 Tkinter 的_____控件。

9. Canvas 坐标系的原点位于该控件_____处。

0. 若要在画布上绘制直线,可使用 Canvas 的_____方法。

三、 思考题

1. Tkinter 创建一般 GUI 应用程序有哪些基本步骤？
2. 如何理解事件驱动机制？
3. 使用 Python Tkinter 编写 GUI 程序时，如何设置窗口屏幕居中？

PART 08

第 8 章 数据库操作

< 本章概要 >

数据库技术在信息化社会中起着重要的作用,在 Python 的诸多应用中,同样离不开与数据库的协同工作。本章主要介绍数据库的基本概念、SQL 基本语法、Python 操作 SQLite 及 MySQL 数据库的基本方法。

< 学习目标 >

当完成本章的学习后,要求:

- 理解数据库的基本概念
- 了解关系型数据库的基本特点
- 掌握 Python 操作数据库的基本方法和步骤
- 掌握 SQLiter3 数据表的建立、查询、更新和删除等基本操作方法
- 了解 Python 操作 MySQl 数据库的基本方法

8.1　数据库系统概述

8.1.1　数据库基本概念

1. 数据库

数据库是按一定数据模型组织、持久性贮存在计算机存储设备上、可共享的大量数据集合。

虽然文件系统也可存储数据，但在管理数据时有明显弱点：由于文件之间缺乏联系，有可能相同的数据在多个文件中重复贮存，故数据冗余度大，并且其数据是面向特定的应用程序，数据独立性差，容易导致数据不一致性问题。

较之于文件系统，数据库可高效管理大规模数据。数据库中的数据具有自身完整的数据结构，数据冗余度小，多个用户和应用程序可同时共享数据中的数据，并且具有完善的自我保护和数据恢复能力。

2. 数据库管理系统

数据库管理系统（DataBase Management System，简称 DBMS）是位于用户与操纵系统之间，对数据进行管理的系统软件，它是数据库系统的核心组成部分。

数据库管理系统的主要功能如下：

（1）**数据库定义功能**

提供数据定义语言（DDL），用以定义数据库的结构、定义数据库中的数据对象。

（2）**数据操纵功能**

提供数据操纵语言（DML），实现对数据库的基本操作（查询、插入、修改和删除等）。

（3）**数据库运行管理功能**

对数据进行安全性控制、完整性控制、并发控制、事务管理和发生故障后的系统恢复等。

（4）**数据库的建立和维护功能**

完成数据库数据批量装载、数据转换、数据备份和恢复、数据重构、数据库性能分析和检测等。

（5）**数据通信功能**

提供数据库接口（访问数据库的方法），供用户或应用程序访问数据库。

3. 数据库系统

数据库系统就是基于数据库的计算机应用系统，其由数据库集合、数据库管理系统

（DBMS）、操作系统、计算机硬件、数据库管理人员和用户组成。

数据库系统的特点如下：

（1）数据结构化

数据库系统不仅能描述数据本身，还要能描述数据之间的相互联系。数据不局限于具体的应用程序，具有整体的结构化。

（2）数据共享性高、冗余度小

数据库系统可供多个用户和多个应用程序同时共享数据，数据库设计原则和共享机制可使数据冗余度大大减少，避免数据间的不相容性和不一致性。

（3）数据独立性、易扩展性

数据库系统使数据独立于应用程序，两者互不影响。

数据独立性指逻辑独立性和物理独立性。逻辑独立性是指当数据的总体逻辑结构改变时，数据的局部逻辑结构不变，由于应用程序是基于局部逻辑结构编写的，故应用程序可不必调整。物理独立性指应用程序与数据库数据的物理存储是独立的，数据的物理存贮由 DBMS 管理，当数据物理存储改变时，数据的逻辑结构不变，故应用程序也不必修改。

数据库设计面向整个系统，注重数据的结构化，易于扩展。

（4）有统一的数据控制功能

对数据有严格的管理机制，有较高的数据安全性、较好的数据完整性和较强的并发控制能力等。

数据库、数据库管理系统和数据库系统是三个不同的概念，数据库强调的是数据，数据库管理系统是专业系统软件，而数据库系统强调的是基于用户数据库的整个系统。

8.1.2 关系型数据库

数据库根据数据的组织方式可以分为关系型数据库和非关系型数据库，通常情况下使用的是关系型数据库。

关系型数据库是指采用关系模型组织的数据库，其将复杂的数据结构处理为简单的二元关系，可视为二维表格模型，即以行和列的形式表示和储存数据，一系列相关的行和列称为关系（表），一组相互联系的表构成了数据库。

下表是一个二维表的示例。

表 8-1-1　Student 表

Sno	Name	Gender	Major
S110677	张　山	男	信息学
S130586	李　斯	女	英语
S113965	王　武	男	信息学
S112872	张榴慧	女	信息学

Sno	Name	Gender	Major
S125571	孙　琪	男	数学
S155573	张　合	男	物理

1. 关系模型中的基本术语

关系模型源于数学,有其严格的定义和相关术语。下面为关系模型的基本术语。

(1) 关系(数据表)

通俗而言,一个关系 R 对应一张二维表,每个关系都有一个关系名(数据表名),比如表 8-1-1 对应的是一个 Student 关系。

(2) 元组(记录)

关系模型的元组为二维表中的一行,在数据库中也称为记录,比如上述 Student 表中的一个学生记录即为一个元组。

(3) 属性(列或字段)

关系模型的属性为二维表中的一列,在数据库中也称为字段,比如上述 Student 表有 4 个属性:Sno(学号)、Name(姓名)、Gender(性别)和 Major(专业)。

(4) 值域

关系模型的域为属性的取值范围,也就是对数据库中某列(字段)的取值限定,比如上述 Student 表中属性 Gender 的域为"男"或"女"。

(5) 候选关键字(候选码)

关系模型的候选关键字为可以唯一标识元组的属性或一组属性集(不含多余属性),候选关键字又称为候选码或候选键。一个关系中可以有多个候选关键字。

(6) 主关键字(主码)

若一个关系中有多个候选关键字,可选择其中一个作为主关键字,在数据库中称为主键或关键键、主码,每一个关系都有一个并且只有一个主关键字。比如在上述 Student 表中,Sno(学号)可以唯一确定一个学生,故为 Student 表的主关键字(主码或主键)。

(7) 外部关键字

若一个属性或属性集不是所在关系的关键字,而是其他关系的关键字,则称该属性或属性集为外部关键字,有时也称外码或外键。

(8) 关系模式

关系模式是对关系的描述,或者说是二维表的结构。

关系模式可表示为:关系名(属性 1,属性 2,…,属性 n)。

关系模型主要描述数据的组织结构,是关系模式的设计理论。

关系型数据库是基于关系模型构建的数据库。

2. 关系模型的完整性约束

在关系模型中,为保证数据的正确性、精确性和有效性,需要对关系施加完整性约束。关系模型有三类完整性约束:实体完整性、参照完整性和用户定义完整性。

(1) 实体完整性

实体完整性保证关系中的每个元祖可唯一识别。

实体完整性规则为:若某属性(或属性组)是基本关系的主关键字(或主码),则该属性(或属性组)不能为空值。

上述的空值是一个未知值,既不是数值 0,也不是空字符串,为尚未确定的值。

比如:在表 8-1-1 Student 关系中,由于 Sno 属性为主关键字,故该属性不能取空值。

实体完整性是关系模型必须满足的完整性约束条件。关系型数据库管理系统可用主关键字来实现实体完整性,由关系系统自动支持。

(2) 参照完整性

关系模型是描写实体及实体之间联系的,由于客观世界中的实体之间是相互关联的,故自然需要保证关系和关系之间能正确参照或引用。

【例 8-1-1】 某集团公司为了管理旗下销售员的工作,建立了销售员关系、分公司关系、产品关系和销售业务关系(所有关系中的主关键字用下划线标识)

销售员(<u>销售员编号</u>,姓名,分公司编号)

分公司(<u>分公司编号</u>,分公司名,所在地)

产品(<u>产品编号</u>,产品名,产品信息)

销售业务(<u>业务编号</u>,销售员编号,产品编号,产品数量,销售日期)

在获取销售员姓名与所在分公司信息的应用中,销售员关系需要引用分公司关系的主关键字"分公司编号"。显然,销售员关系中的"分公司编号"对应的是实在的分公司,即分公司关系中应有相关记录,销售员关系通过参照分公司关系中的"分公司编号"来获取对应的属性值。由于销售员关系中的"分公司编号"不是该关系的主关键字,而"分公司编号"是分公司关系的主关键字,故"分公司编号"是销售员关系的外部关键字(外码)。

在获取销售员姓名及所销售产品信息的应用中,销售业务关系引用了销售员关系的主关键字"销售员编号"和产品关系的主关键字"产品编号",销售业务关系中的"销售员编号"和"产品编号"的值必须是客观存在的实体,销售业务中某些属性的取值要参照销售员关系和产品关系中的对应属性来获得。

由于销售业务关系的"销售员编号"属性与销售员关系的"销售员编号"属性相对应,"产品编号"属性与产品关系的"产品编号"属性相对应,故而"销售员编号"和"产品编号"是销售业务关系的外部关键字(外码)。此时,销售业务关系为参照关系,销售员关系和产品关系都是被参照关系。

参照完整性就是定义外部关键字和主关键字之间的引用规则。

参照完整性规则为:若属性(或属性组)F 是关系 R 的外部关键字,其与关系 S 的主关键字 M 相对应,则关系 R 中每个元祖在属性(或属性组)F 上的取值只能为:要么为空值要么等于 中对应元组的主关键字的值。

在上例中,按照参照完整性规则,在获取销售员姓名与所在分公司信息的应用中,销售员 关系中的每个元组的"分公司编号"属性只能取两类数值:空值或分公司关系中对应元组的"分 公司编号"的值,若取空值,表示由于某种原因,尚未给该销售员指派分公司。

在获取销售员姓名及所销售的产品信息的应用中,销售业务关系中的"销售员编号"和"产 品编号"属性也可以取两类数值:空值或目标关系中已经经存在的数值。但由于销售业务记录 的是确定的销售人员销售的确定的产品,故销售业务中的"销售员编号"和"产品编号"属性实 际上只能取相应被参照关系中已经存在的主关键字。

(3) 用户定义完整性

实体完整性和参照性完整性是关系模型必须满足的完整性约束条件,称为关系的两个不 变性。此外,不同关系数据库系统视其应用的需要,可以制定一些特定的约束条件,比如某个 属性的取值必须在某个范围内,某些属性之间要求满足特定的函数关系等等。由于这些约束 条件是为满足应用方面的要求而制定的,其完整性需要由用户来定义,故称为用户定义的 完整性。数据库管理系统应提供相应的定义和检验此类完整性的机制和手段,以便进行统 一处理。

3. 关系模型的关系规范化

数据库中的数据不仅需要满足完整性约束,对关系的设计也有一定的要求。为了构建一 个好的数据库系统,需要一个好的关系模式,那么什么是好的关系模式呢? 先看下面的例子:

【例 8-1-2】 现有一个教学数据库,设该数据库只有一个就读关系

就读(学号,姓名,性别,学院名,院办地址,院办电话,课程号,成绩)

分析一下该关系,可发现其存在下面一些问题:

● 数据冗余问题

该关系中的学生和学院信息大量冗余。假设某学院有 M 位学生,该学院每位学生修读 N 门课程,则每位学生自身信息("姓名"和"性别")就要存储 N 次,而学院信息("学院名"、"院办 地址"和"院办电话")就要存储 M×N 次。

● 数据更新问题

若某院办更新了电话,就要修改对应的信息。由于存在数据冗余问题,若操作时不慎漏掉 了一部分元祖的修改,就会造成数据的不一致性。为维护数据的完整性,系统将付出很大 代价。

● 数据插入问题

若成立了一所新学院,暂时还未有学生,则该学院的信息将无法添加进此关系中。这是由 于在就读关系中,主关键字是(学号,课程号)(假设学生一门课程只读一次),而关系模型的实 体完整性规则不允许主关键字为空值,故在未有学生就读前,学院信息也就无法插入。

● 数据删除问题

若某位学生入学不久由于特殊原因中途休学(保留学籍),当删除该学生就读的课程记录后,则其相关信息将会丢失。

可见,上述不是一个好的关系模式。而关系规范化理论,就是研究好的关系模式应具备的理论标准。

根据关系模式满足的标准,把其分成不同等级的范式(Normal Forms,简记 NF)。

(1) 第一范式(1NF)

若关系 R 的所有属性都是基本属性,即所有属性都不可再分,则 R 属于第一范式。

例如:图 8-1-1 就不是第一范式,因为在该表中,"公司员工人数"不是基本属性,其由两个基本属性("本国员工"和"外籍员工")组成。

非第一范式关系转换成第一范式关系很简单,只要将非基本属性分解为基本属性即可。将图 8-1-1 中的"公司员工人数"分解为"本国员工人数"和"外籍员工人数"后,可得符合第一范式的图 8-1-2。

分公司名	公司员工人数	
	本国员工	外籍员工
第一分公司	121	25
第二分公司	150	32

图 8-1-1 非第一范式的关系

分公司名	本国员工人数	外籍员工人数
第一分公司	121	25
第二分公司	150	32

图 8-1-2 符合第一范式的关系

(2) 第二范式(2NF)

在数据库模式设计时,第一范式是最基本的要求,但远不是理想的模式,还需要满足更强范式的要求。

在介绍更强范式之前,先了解一下几个基本术语。

● 主属性与非主属性

包含在任何一个候选码中的属性,称为主属性;不包含在任何候选码中的属性,称为非主属性(或非关键字)。

● 函数依赖

设有一个关系 R(A1,A2,A3,…,An),X 和 Y 为属性集(A1,A2,A3,…,An)的子集,若对于 X 上的任意一个属性值都有 Y 上的一个唯一属性值与之对应,则称 X 和 Y 具有函数依赖关系,并称 X 函数决定 Y,或 Y 函数依赖于 X,记为 X→Y。

例如,有一个学生关系(学号,姓名,性别),由于"学号"是主码,可以唯一确定"姓名",故称"学号"函数决定"姓名",或称"姓名"函数依赖于"学号",记为:"学号"→姓名。同理,也有"学号→性别"。

● 完全函数依赖和部分函数依赖

函数依赖分为完全函数依赖和部分函数依赖。若 X→Y 成立,同时对 X 的一个真子集 X',也存在 X'→Y,则称 X→Y 的函数依赖为部分函数依赖,或者说,X 部分函数决定 Y,Y 部分函数依赖于 X;不然,则称 X→Y 的函数依赖为完全函数依赖。

【例8-1-3】 分析一下就读关系(学号,姓名,性别,学院名,院办地址,院办电话,课程号,成绩)中的函数依赖

在上述就读关系中,由于主码为(学号,课程号),故(学号,课程号)函数依赖"姓名",(学号,课程号)→姓名",同时取该主码的真子集:"学号",当然"学号"→姓名",所以主码(学号,课程号)部分函数依赖"姓名",或"姓名"函数依赖于主码(学号,课程号)。

下面为第二范式:

若关系 R 为第一范式,并且 R 中的每个非主属性都完全函数依赖于主码,则称 R 属于第二范式。

显而易见,若关系 R 属于第一范式,且 R 的主码只有一个属性组成,则其一定属于第二范式。但若主码是有多个属性构成的复合码,并且存在非主属性对主码的部分函数依赖,则该 R 就不属于第二范式。

由【例8-1-3】分析可知,在就读关系(学号,姓名,性别,学院名,院办地址,院办电话,课程号,成绩)中,非主属性"姓名"函数依赖于主码(学号,课程号),"学院名"、"院办地址"和"院办电话"也函数依赖于主码(学号,课程号),故该关系不属于第二范式。

【例8-1-2】中所介绍的就读关系的数据异常问题,正是由于该关系存在部分函数依赖所造成的。在该关系中,主码是(学号,课程号),它们的值唯一决定其他所有属性的值,形成一种依赖关系,而"学院名"、"院办地址"和"院办电话"属性值直接由"学号"决定,与"课程号"无直接联系,把无直接联系的学院信息属性与"课程号"放在一起,就产生了数据异常问题。

可以通过模式分解将非第二范式的关系分解为多个符合第二范式的关系。所谓模式分解就是把一个关系模式分解成两个或多个关系模式,在分解的过程中消除那些不好的函数依赖,从而获得好的关系模式。

对于就读关系(学号,姓名,性别,学院名,院办地址,院办电话,课程号,成绩),由于:

(学号,课程号)→(姓名,性别,学院名,院办地址,院办电话)

(学号)→(姓名,性别,学院名,院办地址,院办电话)

故可通过模式分解消除上面的部分函数依赖,将"课程号"和(姓名,性别,学院名,院办地址,院办电话)分解到不同的关系中,结果如下:

学生(学号,姓名,性别,学院名,院办地址,院办电话)

选课(学号,课程号,成绩)

上面的学生关系、选课关系均为第二范式。再分析一下该学生关系,可发现其仍然存在数据冗余问题("学院名"、"院办地址"和"院办电话"信息冗余)、插入异常问题(若成立了一所新学院,暂时还未有学生,学院信息无法添加入该关系)等问题。由此可见,第二范式同样还可能存在异常情况,故需要对关系作进一步处理。

(3) 第三范式(3NF)

若关系 R 属于第二范式,并且每个非主属性都不传递函数依赖于主码,则称 R 属于第三范式。

分析一下上面的学生关系(学号,姓名,性别,学院名,院办地址,院办电话),由于"学号"→学院名","学院名→(院办地址,院办电话),故主码"学号"传递函数依赖(院办地址,院办电话),或(院办地址,院办电话)传递函数依赖于"学号",因而该关系就不属于第三范式。

由于学生关系中的传递函数依赖造成了异常情况,故可通过模式分解消除上面的部分传递函数依赖,对于不是候选码的函数依赖:"学院名→(院办地址,院办电话)",将其对应属性分解到新关系中,结果如下:

学生(学号,姓名,性别)

学院(学院名,院办地址,院办电话)

选课(学号,课程号,成绩)

这样,原来的就读关系就分解成了符合第三范式的学生、学院和选课关系。

(4) BC 范式(BCNF)

第三范式仍可能存在操作异常问题,为此,Boyce 和 Codd 对 3NF 做了修正,提出了 BC 范式(BCNF)。

若关系模式 R 是第一范式,且对于所有函数依赖 X→(Y 不属于 X),X 都包含 R 的候选码,则称 R 是 BC 范式。

【例 8-1-4】 现有一连锁宾馆集团管理关系(宾馆编号,宾馆经理编号,房客姓名),假设一名宾馆经理只管理一家宾馆。分析一下其所属的范式及可能存在的问题

该管理关系的候选码为(宾馆编号,房客姓名)和(宾馆经理编号,房客姓名),此关系不存在非主属性,都是主属性,故是 3NF。在该关系的所有函数依赖中,根据题意,存在函数依赖:"宾馆经理编号"→"宾馆编号",而"宾馆经理编号"不是候选码,故该关系不是 BC 范式。

该 3NF 关系存在插入异常问题(若新建了一家宾馆,还未有客人入住,则无法添加宾馆经理信息)、删除异常问题(若宾馆被征用,清理所有房客后,"宾馆编号"和"宾馆经理编号"信息也被删除)和更新异常(若某宾馆更换了宾馆经理,关系中所有该"宾馆经理编号"都必须全部修改,这将增加维护成本)等问题。

将该关系分解成新关系 M1(宾馆编号,宾馆经理编号)和 M2(房客姓名,宾馆编号),则关系 M1 和 M2 都是 BCNF,此时可消除上面的问题。

在实际应用中,一般只要达到第三范式的设计规范,数据库就有较好的性能。

除了上述介绍的范式外,还有第四范式(4NF)和第五范式(5NF)。有兴趣的同学可参阅相关资料。

4. 常用的关系型数据库

目前主流的关系数据库有 Oracle,Microsoft SQL Server,MySQL,PostgreSQL,DB2,Microsoft Access,SQLite,SAP 等等,每种数据库的语法、功能和特性都各具特色。

Oracle 是由甲骨文公司开发的一款目前流行的关系型数据库管理系统,该系统是一个通用的数据库系统,具有完整的数据管理功能,系统可移植性好、使用方便、功能强,可在所有主流平台上运行,是一种高效率、可靠性好、适应高吞吐量的数据库解决方案。

Microsoft SQL Server 是一个全面的数据库平台,具有使用方便可伸缩性好与相关软件集成程度高等优点,该数据库伴随着 Windows 操作系统发展而壮大。采用该数据库系统,可以构建和管理复杂业务数据的高性能应用系统。

MySQL 数据库是一种开放源代码的关系型数据库管理系统,可以使用常用的 SQL(结构化查

询语言)进行数据库操作。MySQL 数据库因其体积小、速度快、总体拥有成本低以及开放源码等特点,而受到中小企业的欢迎。与其他大型数据库(例如 Oracle、SQL Server 等)相比,虽其功能的多样性和性能的稳定性略有不足,但在管理非大规模事务化数据时,MySQL 也是常用的选择方案之一。

8.1.3　SQL 概述

SQL 是结构化查询语言(Structured Query Language)的简称,是一种数据库查询语言,用于管理关系型数据库系统。

1. SQL 具有如下特点

(1) 综合通用统一

SQL 集数据描述、操纵、控制等功能于一体,语言风格统一,可满足数据库生命周期内相关活动所需的操作要求,为数据库应用系统的开发提供了良好环境。

(2) 高度非过程化

SQL 允许用户在高层数据结构上工作,无需用户指定数据存放方式和具体底层操作,对数据的实际物理处理由系统自动完成,相同结构化的 SQL 可作为数据输入与管理的接口,具有很强灵活性和强大功能。

(3) 使用方式多样

SQL 有两种使用方式:一种方式是联机交互使用,即作为自含型语言,可在终端上直接键入 SQL 命令操作数据库;另一种方式是嵌入到高级程序设计语言中,供程序设计时使用。而在这两种不同的使用方式下,SQL 的语法结构基本上是一致的。

(4) 简洁易学易用

SQL 语言十分简洁,核心功能只用了 9 个动词。SQL 的语法接近英语口语,所以,用户很容易学习和使用。

SQL 语言(不区分大小写)主要包含三部分:

(5) SQL 数据定义语言(DDL)

在关系型数据库实现过程中,首先需要建立关系模式,定义数据表结构。SQL 的数据定义语言可创建或删除数据表,也可定义索引(键),规定表之间的链接,以及施加数据表间的约束。语句包括动词 Create(创建),Alter(更改),Drop(删除)等。

(6) SQL 数据操作语言(DML)

数据操纵语言一般分为两类:一类是数据检索(查询),从数据表中获取所需的数据(记录);另一类是数据修改,包括在数据表中插入、更新和删除数据(记录)。语句包括动词 Selec(查询),Insert(插入),Update(更新),Delete(删除)。

(7) SQL 数据控制语言(DCL)

主要是管理(或控制)用户对数据库的操作权限,以保证系统的安全性。语句包括动

Grant（授权）、Revoke（撤销）等。

2. SQL 具有如下基本数据类型

（1）int/integer

全字长整数型。

（2）smallint

半字长整数型。

（3）decimal(p[,q])

精确数值型，共 p 位，小数点后有 q 位。

（4）float

双字长浮点数。

（5）char(n)

长度为 n 的定长字符串

（6）varchar(n)

最大长度为 n 的变长字符串。

（7）datetime

日期时间型，格式可以设置。

SQL 是一种 ANSI（American National Standards Institute 美国国家标准化组织）标准的信息处理语言，但不同数据库系统所支持的 SQL 语言有其自身的版本。不过，为了与 ANSI 标准相兼容，它们都以类似方式支持一些基本的数据库操作命令。

下面简要介绍 SQLite3 和 MySQL 数据库的基本内容和其支持的主要 SQL 语句。

8.2 Python 数据库应用程序接口（DB – API）

Python 有两种方式访问数据库：一种是直接通过数据库接口访问，另一种是使用 ORM 访问。所谓 ORM(Object-Relational Mapping)技术，就是把关系数据库的表结构映射到对象上。本章主要介绍 Python 通过数据库接口访问数据库的相关知识。

8.2.1 Python DB – API 简介

DB – API 是一个规范，其定义了一系列所需对象和数据库访问机制，可以为各种不同的数据库接口程序和底层数据库系统提供一致性的访问接口。正是由于 DB – API 为不同的数据库提供了一致性的访问接口，使用它连接各数据库后，就可以用相同的方式操作各数据库。

符合 DB – API 标准的数据库模块通常会提供一个 connect()方法，该方法用于连接数据库，并返回 Connection(数据库连接)对象。

表 8 - 2 - 1   Connection 对象常用的方法和属性

方法	描　述
cursor( )	创建游标对象
commit( )	提交当前事务(数据库事务是构成单一逻辑工作单元的数据库操作集合,这些操作要么全部执行,要么全部不执行)。对支持事务的数据库执行插入、更改或删改等操作后,必须执行 commit( ),对应的操作方能生效,否则数据库默认回滚
rollback( )	回滚事务,取消当前事务
close( )	关闭数据库连接
in_transaction( )	判断当前是否处于事务中

Connection 对象的 cursor()方法可以返回一个游标 Cursor 对象，游标对象是 Python DB – API 的核心对象，该对象主要用于执行各种 SQL 语句。

表 8 - 2 - 2   Cursor 对象常用方法和属性

方法和属性	描　述
execute(sql[,参数])	执行一条 SQL 语句。参数可选,用于为 SQL 语句中的参数指定数值
executemany(sql,参数序列)	重复执行 SQL 语句。可以通过参数序列为 SQL 语句中的参数指定数值,该序列元素的个数决定 SQL 语句的执行次数
executescript(sql 脚本)	可以执行包含多条 SQL 语句的 SQL 脚本,但该方法不是 DB API 2.0 的标准方法

方法和属性	描　　述
fetchone( )	获取查询结果集中的一行记录数据,返回一个元组,并将游标指向下一条记录
fetchmany(n)	返回查询结果集中 n 行组成的列表
fetchall( )	返回查询结果集的全部行组成的列表
close( )	关闭游标
Description	只读属性,该属性获取最后一次查询返回的所有列的信息

8.2.2　DB‑API 操作数据库的基本流程

使用 Python DB‑API 操作数据库的基本流程如下:

1. 引入 DB‑API 模块。
2. 调用 connect()方法建立数据库连接,并返回 Connection 对象。
3. 通过 Connection 对象打开游标。
4. 使用游标执行 SQL 语句(包括 DDL、DML、select 查询语句等)。
5. 关闭游标。
6. 关闭数据库连接。

8.3 Python 操作 SQLite3 数据库

8.3.1 SQLite 简介

SQLite 是一种嵌入式数据库，它将整个数据库（包括定义、表、索引以及数据本身）作为一个单独的、可跨平台使用的文件存储。

SQLite 是使用 C 语言开发的轻量级数据库，体积很小，故经常被集成到各应用程序中。Python 就内置了 SQLite3 模块，该模块提供了一个与 DB-API 2.0 规范兼容的 SQL 接口，不需要安装和配置服务，支持使用 SQL 语句来访问数据库。

SQLite 每个数据库完全存储在单个磁盘文件中，一个数据库就是一个文件，通过直接复制数据库文件就可以实现数据库的备份。

SQLite3 支持五种数据类型，如表 8-3-1 所示：

表 8-3-1　SQLite3 支持的数据类型

数据类型	含　义
Null	空值，如同 python 的 none
Integer	整数
Real	浮点数
Text	文本字符串
Blob	二进制大对象，例如图片、音乐、zip 文件等

实际上 SQLite3 可接受 VarChar(n)、Char(n)、Decimal(p,s)、Date 和 DateTime 等数据类型，只是 SQLite3 在处理它们时，是将其转换为自身支持的五种数据类型中相应的类型。

若要对 SQLite 数据库进行可视化管理，可选用 PyCharm、SQliteStudio、SQLite Expert-Personal Edition、SQLite Database Browser 或其他类似工具。

8.3.2 Python 操作 SQLite3 数据库的主要步骤

Python 操作 SQLite3 数据库的主要步骤及代码如下：
① 导入 SQLite3 模块，代码如下：

```
import sqlite3
```

② 创建或连接数据库,并返回连接对象,代码如下:

conn＝sqlite3. connect("你的数据库文件名.db")

　　上面"你的数据库文件名.db"文件为一个 SQLite 数据库。若"你的数据库文件名.db"文件不存在,则会在当前目录下创建该数据库;若该文件存在,则打开该数据库。

　　如果欲将数据库创建在内存中,则只需将"你的数据库文件主名.db"文件名改成特殊名称:memory:即可。

　　③ 通过连接对象打开游标,代码如下:

curs＝conn. cursor( )

　　④ 使用游标执行 SQL 语句。
　　⑤ 关闭游标,代码如下:

curs. close( )

　　⑥ 关闭数据库连接,代码如下:

conn. close( )

8. 3. 3　SQLite3 创建数据表

　　SQLite3 数据库支持 SQL 语句(不区分大小写),SQLite3 创建数据库表的 SQL 语句如下:

Create Table 数据表名(
　　列(字段)1 datatype　　Primary Key,
　　列(字段)2datatype,
　　列(字段)3 datatype,
　　……
　　列(字段)N datatype,
)

　　关键字 Create Table 表示创建一个数据库表,datatype 为数据类型(参见表 8 - 3 - 1),关键字 Primary Key 表示主键。
　　下面是创建"表 8 - 1 - 1 Student 数据表"SQLite3 所支持的 SQL 语句:

Create Table Student(
　　Sno text　　Primary Key　　　　Not Null,
　　Name text　　　　　　　　　　　Not Null,
　　Gender text　　　　　　　　　　Not Null,
　　Major text　　　　　　　　　　 Not Null
　)

　　上述语句中的 Sno 为主键,Not Null 为约束,表示在表中创建纪录时这些字段不能为 Null。

由于 SQLite3 允许存入数据时忽略底层数据列实际的数据类型,故在建表 SQL 语句中可省略数据列后的类型声明。例如,对于上例,如下 SQL 语句也是允许的:

```
Create Table Student(
    Sno   Primary Key,
    Name,
    Gender,
    Major
  )
```

通过使用游标的 execute() 方法执行 SQL 语句,就可对数据库执行相关操作。

【例 8-3-1】 Python 创建数据库 myDB. db,并在该数据库中创建"表 8-1-1"所示的 Student 数据表

```
#导入 SQLite3 模块
import sqlite3
#创建或连接数据库
conn＝sqlite3. connect('myDB. db')
#获取游标
curs＝conn. cursor()
#执行 SQL 语句创建数据表
curs. execute('''
    Create Table Student(
        Sno text primary key,
        Name text,
        Gender text,
        Major text)
    ''')
#关闭游标
curs. close()
#关闭连接
conn. close()
```

上述代码运行后,在当前路径创建了数据库文件 myDB. db,并在该数据库文件中创建了结构如"表 8-1-1"所示的 Student 空表。

若要可视化上面创建的数据库,可选用相关的 SQLtie 可视化管理工具(参见 8.3.1 SQLite 简介中的相关内容)。由于下面会介绍 python 显示数据库表的基本方法,故在此只选用开源的 SQLiteStudio 工具来简单观察一下 SQLtie 数据库表的内容。

启动 SQLiteStudio 软件,将所创建的 myDB. db 文件拖置 SQLiteStudio 窗口左面的"数据库"面板,在提示对话框中点"OK"后,可在"数据库"面板中看到 myDB. db 库和其中的 Student 表,如图 8-3-1 所示:

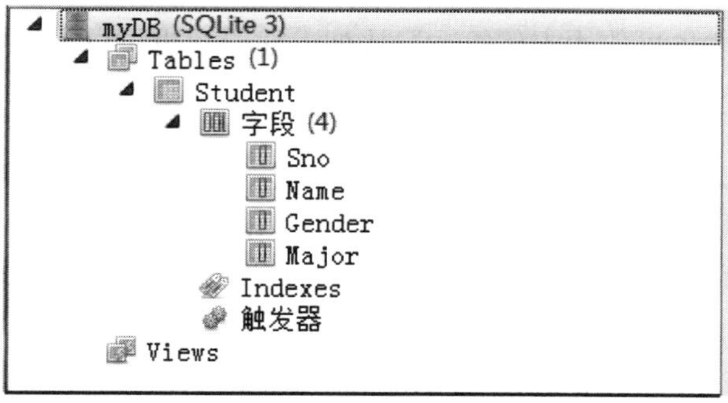

图 8-3-1 数据库 myDB 的结构

【注】当某数据表创建后,若再次运行创建该表的 SQL 语句时,系统会报错。为了在后续创建数据表时,既避免不遗漏创建所需的表,又避免重复创建已有数据表,可使用下述 SQL 语句:

Create Table if not exists 数据表名(

列(字段)1 datatype Primary Key,

列(字段)2 datatype,

列(字段)3 datatype,

......

列(字段)N datatype,

)

上述 SQL 语句在执行时,若指定的数据表不存在,则创建该表,若指定表存在,则不再创建该表。

8.3.4 SQLite3 在数据表中插入记录

SQLite3 的 Insert Into 语句用于向数据库的某个表中添加新的数据行。Insert Into 语法如下:

Insert Into 数据表名［(列 1,列 2,列 3,...... 列 N)］ Values(数值 1,数值 2,数值 3,...... 数值 N);

若要为表中所有列添加数据,也可以不需要指定列名称,但要确保数据的顺序与列在表中的顺序一致。语法如下:

Insert Into 数据表名 Values(数值 1,数值 2,数值 3,...... 数值 N);

例如,若在 myDB. db 的 Student 表中添加一条记录(Sno 为'S110677',Name 为'张山',Gender 为'男',Major 为'信息学'),则 SQL 语句如下:

Insert Into Student(Sno,Name,Gender,Major) Values('S110677','张山','男','信息学');

也可以使用如下语句:

Insert Into Student Values ('S110677','张山','男','信息');

此外,在 SQLite3 中也可使用占位符"?",比如上述语句也可以采用下面表示方式:

游标对象.execute('insert into Student values(?,?,?,?)',('S110677','张山','男','信息'))

由于 Python 的 SQLite3 数据库 DB－API 默认是开启了事务的,因此当数据库中的数据进行更改时(比如插入数据、修改数据、删除数据等)时,除了使用游标的 execute()方法执行相关 SQL 语句外,还必须调用连接对象的 commit()方法来提交事务,否则对数据的更改不会生效。

【例 8－3－2】 在 Student 数据表中插入一条记录(Sno 为'S110677',Name 为'张山',Gender 为'男',Major 为'信息学')

```
#导 SQLite3 模块
import sqlite3
#创建或连接数据库
conn＝sqlite3.connect('myDB.db')
#获取游标
curs＝conn.cursor()
#执行 SQL 语句插入一条记录
curs.execute('insert into Student values(?,?,?,?)',('S110677','张山','男','信息学'))
#必须提交事务
conn.commit()
#关闭游标
curs.close()
#关闭连接
conn.close()
```

上述代码运行后,在 Student 数据表中插入一条所需的记录。

SQLite3 还可以使用 executemany()重复执行同一条 sql 语句,使用 executmany()比循环使用 excute()执行多条 sql 语句效率高。

例如如下程序:

【例 8－3－3】 在 Student 数据表中插入"表 8－1－1"中第 2 至第 5 条记录

```
#导入 SQLite3 模块
import sqlite3
#创建或连接数据库
conn＝sqlite3.connect('myDB.db')
#获取游标
curs＝conn.cursor()
#执行 SQL 语句插入多条记录
```

```
curs. executemany('insert into Student values(?,?,?,?)',
    (('S130586','李斯','女','英语'),
    ('S113965','王武','男','信息学'),
    ('S112872','张榴慧','女','信息学'),
    ('S125571','孙琪','男','数学'),
    ('S155573','张合','男','物理')   )
    )
conn. commit()
#关闭游标
curs. close()
#关闭连接
conn. close()
```

　　上面第 8 条语句调用 executemany()方法重复执行一条 Insert 语句,此时该方法的第二个参数是一个元组,该元组的每个元素都执行该 Insert 语句一次,在执行 Insert 语句时,这些元素为该语句中的"?"占位符提供具体数值。

　　若要查看数据库表 Student 中的数据,可在 SQLiteStudio 左面的"数据库"面板中,选中 Student 表,单击右面面板中"数据"选卡,可看到该表中的数据,如图 8-3-2 所示:

	Sno	Name	Gender	Major
1	S110677	张山	男	信息学
2	S130586	李斯	女	英语
3	S113965	王武	男	信息学
4	S112872	张榴慧	女	信息学
5	S125571	孙琪	男	数学
6	S155573	张合	男	物理

图 8-3-2　Student 表中数据

8.3.5　SQLite3 简单查询

　　SQLite3 的 Select 语句用于查询 SQLite3 数据库表中数据,查询以结果表的形式返回数据,这些结果表也被称为结果集。

　　SQLite3 的 Select 语句的基本语法如下:

Select 列 1,列 2,.....列 N　From 数据表名[Where 条件语句]
　　　　　　　　　　　　　　[Order By 列名[Asc|Desc]];

　　若要获取所有可用列(字段)数据,可使用下面语法:

Select　 *　 From 数据表名　[Where 条件语句][Order By 列名[Asc|Desc]];

　　Select 语句的 Where 子句用于指定从一个表或多个表中获取数据的条件(可使用比较或逻辑运算符指定条件,比如>、<、=、NOT 等等),Where 子句不仅可用在 Select 语句中,也

可用在 Update、Delete 等语句中。

Select 语句的 Order By 子句用于指定查询结果的排序要求,可基于一个或多个列按升序(Asc)或降序(Desc)顺序排列数据,系统默认为升序排列(此时,Asc 可省略)。

要获取查询结果数据,可使用游标对象的 fetchone()方法(从结果中获取一条记录,返回一个元组,并将游标指向下一条记录)、fetchmany()方法(从结果中取多条记录)和 fetchall()方法(从结果中获取所有记录,返回一个二维列表)。

【例 8 - 3 - 4】 在 Student 数据表中查询所有数据,并屏幕显示查询结果

```
#导入 SQLite3 模块
import sqlite3
#创建或连接数据库
conn＝sqlite3. connect('myDB. db')
#获取游标
curs＝conn. cursor()
#调用执行 select 语句查询数据
curs. execute('Select * from Student')
#通过游标的 description 属性获取列信息
for col in(curs. description):
    print(col[0],end='\t')
##在列表名和记录之间画条分隔线(线条格式和长度自拟)
print('\n'+"＝" * 36)
while True：
    #获取一行记录,每行数据都是一个元组
    row＝curs. fetchone()
    #如果抓取的 row 为 None,退出循环
    if not row：
        break
    print(row)
#关闭游标
curs. close()
#关闭连接
conn. close()
```

程序运行结果如下:

```
Sno   Name   Gender   Major
====================================
('S110677','张山','男','信息学')
('S130586','李斯','女','英语')
('S113965','王武','男','信息学')
```

('S112872','张榴慧','女','信息学')

('S125571','孙琪','男','数学')

('S155573','张合','男','物理')

【例8-3-5】 在 Student 数据表中查询专业为"信息学"的所有数据,查询结果按学号升序显示

```
#导入 SQLite3 模块
import sqlite3
#创建或连接数据库
conn＝sqlite3. connect('myDB. db')
#获取游标
curs＝conn. cursor()
#调用执行 select 语句查询数据
sql_1＝"Select * from Student Where Major＝'信息学'Order By Sno"
curs. execute(sql_1)
#通过游标的 description 属性获取列信息
for col in(curs. description):
    print(col[0],end＝'\t')
print('\n'＋"＝" * 36)
recordSet＝curs. fetchall()
for row in recordSet:
    print(row)
#关闭游标
curs. close()
#关闭连接
conn. close()
```

程序运行结果如下:

```
Sno   Name   Gender   Major
====================================
('S110677','张山','男','信息学')
('S112872','张榴慧','女','信息学')
('S113965','王武','男','信息学')
```

8.3.6 SQLite3 修改和删除数据

SQLite 的 Update 语句用于修改表中已有的记录。可以使用带有 Where 子句的 Update

来更新符合条件的行。Update 基本语法如下：

Update　数据表名　Set　列 1＝数值 1，列 2＝数值 2，......列 N＝数值 N

　　　　　　　　［Where 条件］；

　　SQLite 的 Delete 语句用于删除表中已有的记录。可以使用带有 Where 子句的 Delete 来删除符合条件的行，否则所有记录都会被删除，请慎用！ DELETE 基本语法如下：

Delete　From 数据表名 Where 条件；

【例 8－3－6】　在 Student 数据表中将"李斯"的专业改为"音乐"，并删除"孙琪"的记录

```
#导入 SQLite3 模块
import sqlite3
#创建或连接数据库
conn＝sqlite3.connect('myDB.db')
#获取游标
curs＝conn.cursor()
#执行 select 语句，将"李斯"的专业改为"音乐"
sql_1="Update Student Set Major='音乐'Where Name='李斯'  "
curs.execute(sql_1)
conn.commit()

print("更新后表中所有数据如下：")
sql_2="Select * from Student"
recordSet＝curs.execute(sql_2)   ##获取查询结果集，可省去再使用 curs.fetchall()
for row in recordSet：
    print(row)

#执行 select 语句，删除"孙琪"的记录
sql_1="Delete From Student Where Name='孙琪'  "
curs.execute(sql_1)
conn.commit()

print("删除相关数据后，表中所有数据如下：")
recordSet＝curs.execute(sql_2)
for row in recordSet：
    print(row)

#关闭游标
curs.close()
#关闭连接
```

```
conn. close()
```

程序运行结果如下：

更新后表中所有数据如下：
('S110677','张山','男','信息学')
('S130586','李斯','女','音乐')
('S113965','王武','男','信息学')
('S112872','张榴慧','女','信息学')
('S125571','孙琪','男','数学')
('S155573','张合','男','物理')
删除相关数据后，表中所有数据如下：
('S110677','张山','男','信息学')
('S130586','李斯','女','音乐')
('S113965','王武','男','信息学')
('S112872','张榴慧','女','信息学')
('S155573','张合','男','物理')

8.3.7　SQLite3 执行一段 SQL 脚本

SQLite3 模块的游标对象包含了一个 executescript（SQL 脚本）方法，虽然该方法不是一个标准的 DB - API 方法（可能在其他数据库 API 模块中没有这个方法），但是它却很实用，常常用于执行一段 SQL 脚本。

【例 8 - 3 - 7】 执行一段 SQL 脚本，要求在数据库 myDB. db 中创建一个 Course（课程）表和 Score（学生成绩）表

Course 表的列为：课程编号（主键），课程名，学分（Integer 类型）；
Score 表的列为：学号，课程编号，成绩（Integer 类型）。
表创建后，再在每个表中各添加 1 条记录。

代码如下：

```
#导入 SQLite3 模块
import sqlite3
#创建或连接数据库
conn＝sqlite3. connect('myDB. db')
#获取游标
curs＝conn. cursor()

#调用 executescript()方法执行一段 SQL 脚本
```

```
curs. executescript('''
    Create Table Course(课程编号 text Primary Key,
                        课程名    text,
                        学分      Integer);
    Insert Into   Course   Values('C11001','计算机导论',2);
Create Table   Score(学号 text,
                        课程编号   text,
                        成绩       Integer);
    Insert Into Score   Values('S110677','C11001',86);
    ''')
conn. commit()

recordSet=curs. execute("Select * from Course")
print("新建的 Course 表中所有数据如下:")
for row in recordSet:
    print(row)

recordSet=curs. execute("Select * from Score")
print("新建的 Score 表中所有数据如下:")
for row in recordSet:
    print(row)

#关闭游标
curs. close()
#关闭连接
conn. close()
```

程序运行后,在数据库 myDB. db 中创建了 Course 表和 Score 表,并显示如下查询结果:

```
新建的 Course 表中所有数据如下:
('C11001','计算机导论',2)
新建的 Score 表中所有数据如下:
('S110677','C11001',86)
```

8.3.8 从文本文件导入批量数据

有时候,需要从格式文本文件将批量数据导入数据库,此时,应先创建对应的数据表(若数据库中已有对应的数据表,则无需重建),然后从文本文件读取数据,根据格式进行相应处理后,将数据插入对应的数据表中。

【例 8-3-8】 从文本文件导入批量数据示例

当前路径下有文本文件 file1.txt(行数据间以西文逗号分隔)和 file2.txt(行数据间以 Tab 分隔),结构分别对应数据库 myDB.db 中的表 Course 和表 Score,内容如图 8-3-3 和图 8-3-4 所示:

```
C11002,多媒体技术与应用,2
C11003,计算机综合实践,1
C11004,数据库原理及应用,2
C11005,计算机新技术讲座,1
C31001,艺术概论,2
C31002,曲式与作品分析,2
C31003,和声学,2
C31004,形体与舞蹈,1
C52001,材料科学基础,2
```

图 8-3-3　file1.txt 文件内容

```
S110677  C11002    78
S110677  C11003    80
S130586  C31004    68
S130586  C31002    82
S130586  C31003    92
S112872  C31004    76
S113965  C11004    52
S113965  C11002    72
S130586  C31001    91
```

图 8-3-4　file2.txt 文件内容

将两文件中数据导入数据库的代码如下:

```python
##定义显示查询结果的函数 showRecords()
def showRecords(cursor,sql):    ##参数 cursor,sql 表示游标和 SQL 查询语句
    cursor.execute(sql)
    for col in(cursor.description):
        print(col[0],end='\t')
    print('\n'+"-"*36)
    recordSet=cursor.fetchall()
    for row in recordSet:
        print(row)


#导入 SQLite3 模块
import sqlite3
#创建或连接数据库
conn=sqlite3.connect('myDB.db')
#获取游标
curs=conn.cursor()
#执行 SQL 语句
curs.execute('''
Create Table if not exists Course(课程编号 text Primary Key,课程名 text,学分 Integer);
    ''')
curs.execute('''Create Table if not exists Score(学号 text,课程编号 text,成绩　Integer);
    ''')
##打开要读取的文本文件
with open('file1.txt','r')as myFile1:
    for line in myFile1:
```

```
        rec＝line. strip("\n"). split(",")
        curs. execute('insert into Course values(?,?,?)',rec)

with open('file2. txt','r')as myFile2：
    for line in myFile2：
            rec＝line. strip("\n"). split("\t")
            curs. execute('insert into Score values(?,?,?)',rec)
conn. commit()

print("course 表中数据如下：")
sql＝"Select * From Course"
showRecords(curs,sql)

print("score 表中数据如下：")
sql＝"Select * From Score"
showRecords(curs,sql)

#关闭游标
curs. close()
#关闭连接
conn. close()
```

程序运行后,将文件中的数据库导入对应的数据表,并显示如下验证结果：

```
course 表中数据如下：
课程编号   课程名   学分
————————————————————————————————————————

('C11001','计算机导论',2)
('C11002','多媒体技术与应用',2)
('C11003','计算机综合实践',1)
('C11004','数据库原理及应用',2)
('C11005','计算机新技术讲座',1)
('C31001','艺术概论',2)
('C31002','曲式与作品分析',2)
('C31003','和声学',2)
('C31004','形体与舞蹈',1)
('C52001','材料科学基础',2)
score 表中数据如下：
学号   课程编号   成绩
————————————————————————————————————————

('S110677','C11001',86)
```

('S110677','C11002',78)
('S110677','C11003',80)
('S130586','C31004',68)
('S130586','C31002',82)
('S130586','C31003',92)
('S112872','C31004',76)
('S113965','C11004',52)
('S113965','C11002',72)
('S130586','C31001',91)

8.3.9　SQLite3 查询进阶

由于查询是数据库的重要操作,本节在"8.3.5 SQLite3 基本查询"基础上,进一步介绍查询的相关知识。

1. Like 匹配通配符查询

SQLite3 的 Where 子句中可使用 Like 运算符匹配通配符指定模式的查询。Like 与下面二个通配符一起使用:

%(百分号):该通配符代表个数不限(包括零个)的数字或字符。

_(下划线):该通配符代表单个数字或字符。

例如:若要查询前述 myDB 数据库表 Student 中所有姓张的学生信息,SQLite3 的查询语句如下:

Select ＊ From Student Where Name Like'张%'

若要查询表 Student 中所有姓张名为单字的学生信息,SQLite3 的查询语句如下:

Select ＊ From Student Where Name Like'张_'

若要查询表 Course 中所有课程名中含"技术"的课程信息,SQLite3 的查询语句如下:

Select ＊ From Course Where 课程名 Like'%技术%'

【例 8-3-9】　按下面查询要求,完成并显示对应查询结果

(1) 查询 Student 表中所有姓张的学生信息

(2) 查询 Student 中所有姓张名为单字的学生信息

(3) 查询 Course 表中所有课程名中含"技术"的课程信息

＃＃定义显示查询结果的函数 showRecords( )

def showRecords(cursor,sql):　　＃＃参数 cursor,sql 表示游标和 SQL 查询语句
　　cursor. execute(sql)

```
    for col in(cursor. description):
        print(col[0],end='\t')
print('\n'+"-" * 36)
recordSet=cursor. fetchall()
    for row in recordSet:
        print(row)


#导入 SQLite3 模块
import sqlite3
#创建或连接数据库
conn=sqlite3. connect('myDB. db')
#获取游标
curs=conn. cursor()
#执行 SQL 语句并显示查询结果


print("第 1 条查询语句查询结果如下:")
sql_1="Select * From Student Where Name Like'张%'"
showRecords(curs,sql_1)


print("\n 第 2 条查询语句查询结果如下:")
sql_2="Select * From Student Where Name Like'张_'"
showRecords(curs,sql_2)


print("\n 第 3 条查询语句查询结果如下:")
sql_3="Select * From Course Where 课程名 Like'%技术%'"
showRecords(curs,sql_3)


#关闭游标
curs. close()
#关闭连接
conn. close()
```

程序运行后,显示如下结果:

```
第 1 条查询语句查询结果如下:
Sno   Name   Gender   Major
------------------------------------------------
('S110677','张山','男','信息学')
('S112872','张榴慧','女','信息学')
('S155573','张合','男','物理')
```

第2条查询语句查询结果如下：
Sno　Name　Gender　Major
————————————————————————————————————
('S110677','张山','男','信息学')
('S155573','张合','男','物理')

第3条查询语句查询结果如下：
课程编号　课程名　学分
————————————————————————————————————
('C11002','多媒体技术与应用',2)
('C11005','计算机新技术讲座',1)

2. 使用聚合函数查询

　　SQLite3 可使用聚合函数（从一组记录中计算聚合值）进行查询。常用到的聚合函数如下。

函数	描　　述
COUNT	获取一个数据库表中满足查询条件的记录数。
MAX	获取某列的最大值。
MIN	获取某列的最小值。
AVG	获取某列的平均值。
SUM	获取某列的计算总和。

　　例如：若要查询数据库表 Student 中所有同学的人数，SQLite3 的查询语句如下：

Select Count(＊)From Student

　　若要查询表 Score 中所有成绩的最大值和最小值，SQLite3 的查询语句如下：

Select Max(成绩)，Min(成绩)From Score

3. 多关系(表)查询

　　SQLite3 可以进行多关系（表）查询，SQLite3 支持数据表间的多种连接方式（内连接、外连接等）。本节只介绍普通内连接，即根据连接条件（两表中相同列进行比较），返回两表中均有对应内容的结果，语法如下：

Select 列 1，列 2,……列 N　From 数据表 1　Inner　Join　数据表 2　On 连接条件

　　也可以省略 Inner，写成如下语句：

Select 列 1，列 2,……列 N　From 数据表 1　Join　数据表 2　On 连接条件

也可写成下列语句：

Select 列 1,列 2,.....列 N　From 数据表 1,数据表 2　Where 连接条件

例如：若要在 Student 表和 Score 表中,查询所有有成绩的 Name(学生姓名)、课程编号和成绩,则 SQLite3 的查询语句如下：

Select Name,课程编号,成绩 From Student Inner Join Score on Student. Sno＝Score. 学号

或省略 Inner 写成下列语句：

Select Name,课程编号,成绩 From Student Join Score on Student. Sno＝Score. 学号

或写成下列语句：

Select Name,课程编号,成绩 From Student,Score Where Student. Sno＝Score. 学号

【注】若要将查询的原列名显示为新列名,可在 Select 中在原列名后添加 As 新列名。

比如上面的查询结果显示的列名是：Name、课程编号和成绩,若要将列名 Name 指定显示为姓名,则语句如下：

Select Name As 姓名,课程编号,成绩 From Student Join Score
　　　　　　　　　　　　on Student. Sno＝Score. 学号

【例 8－3－10】 **按下面查询要求,完成并显示对应查询结果**

(1) 在 Student 表和 Score 表中,查询所有有成绩的学生姓名、课程编号和成绩。

(2) 在 Student 表、Course 表和 Score 表中,查询所有有成绩的学生姓名、课程名和成绩,并按成绩倒序排列。

代码如下：

```
##定义显示查询结果的函数 showRecords()
def showRecords(cursor,sql): ##参数 cursor,sql 表示游标和 SQL 查询语句
    cursor. execute(sql)
    for col in(cursor. description):
        print(col[0],end='\t')
    print('\n'+"—" * 36)
    recordSet=cursor. fetchall()
    for row in recordSet:
        print(row)

#导入 SQLite3 模块
import sqlite3
#创建或连接数据库
conn=sqlite3. connect('myDB. db')
#获取游标
```

```
curs＝conn. cursor()
#执行 SQL 语句并显示查询结果
print("第 1 条查询语句查询结果如下:")
sql1=''' Select Name As 姓名,课程编号,成绩 From Student Join Score
                          on Student. Sno＝Score. 学号        '''
showRecords(curs,sql1)

print("\n 第 2 条查询语句查询结果如下:")
sql2=''' Select Name As 姓名,课程名,成绩 From Student Join Score,Course
              on Student. Sno＝Score. 学号 and Course. 课程编号＝Score. 课程编号
                    Order by 成绩 Desc    '''
showRecords(curs,sql2)


#关闭游标
curs. close()
#关闭连接
conn. close()
```

　　程序运行后,显示结果如下:

```
第 1 条查询语句查询结果如下:
姓名   课程编号   成绩
――――――――――――――――――――――――――――――――――――――――――
('张山','C11001',86)
('张山','C11002',78)
('张山','C11003',80)
('李斯','C31004',68)
('李斯','C31002',82)
('李斯','C31003',92)
('张榴慧','C31004',76)
('王武','C11004',52)
('王武','C11002',72)
('李斯','C31001',91)

第 2 条查询语句查询结果如下:
姓名   课程名   成绩
――――――――――――――――――――――――――――――――――――――――――
('李斯','和声学',92)
('李斯','艺术概论',91)
('张山','计算机导论',86)
```

('李斯','曲式与作品分析',82)
('张山','计算机综合实践',80)
('张山','多媒体技术与应用',78)
('张榴慧','形体与舞蹈',76)
('王武','多媒体技术与应用',72)
('李斯','形体与舞蹈',68)
('王武','数据库原理及应用',52)

*8.4　Python 操作 MySQL 数据库

MySQL 是一款开源的数据库软件，目前较为流行。

pymysql 是在 Python3. x 版本中用于连接 MySQL 服务器的一个模块（接口程序），其遵循 Python 数据库 DB－API 2.0 规范。

Python 使用 MySQL 数据库前，应在机器上安装好 MySQL 数据库和 pymysql 模块（如何安装 MySQL 数据库和 pymysql，请参阅相关资料）。

使用 Python 的 DB－API 2.0 操作 MySQL 数据库与操作 SQLite 数据库并没有太大的区别，因为不管是 SQLite 数据库模块，还是 MySQL 数据库模块，它们遵循的是相同的 DB API 2.0 规范。

Python 操作 MySQL 数据库（使用 pymysql）的主要步骤及代码如下：

① 导入 pymysql 模块，代码如下：

```
import pymysql
```

② 连接数据库，并返回连接对象。

与 SQLite3 不同，MySQL 数据库有服务器进程，默认通过 3306 端口对外提供服务。因此，Python 程序在连接 MySQL 数据库时可指定远程服务器 IP 地址和端口，如果不指定服务器 IP 地址和端口，则使用默认的本地服务器（IP 地址为 localhost）和默认端口 3306。

代码如下：

```
conn＝pymysql. connect(参数)
```

连接时可用参数如下：

- host：MySQL 服务器主机名，默认是本地主机（localhost 或 127. 0. 0. 1）
- use：MySQL 数据库登录名，默认是当前用户
- password：数据库登录密码
- database：欲使用的数据库名
- port：MySQL 服务器使用的 TCP 端口，默认是 3306
- charset：数据库编码，比如 utf8 等

③ 通过连接对象打开游标，代码如下：

```
curs＝conn. cursor()
```

④ 使用游标执行 SQL 语句。

⑤ 关闭游标，代码如下：

```
curs. close()
```

⑥ 关闭数据库连接，代码如下：

```
conn. close()
```

8.4.1　MySQL 创建数据表

在 Python 使用 MySQL 数据库前，应确保在机器上已安装好了 MySQL 数据库和 pymysql 模块，并且在运行下面示例代码前，先在本机的 MySQL 数据库中创建一个库名为 "python_mysql"的数据库（设用户名为"root"，密码为"123456"）。

【注意】为了避免在 MySQL 中出现中文乱码问题，建议采用 utf8 编码。

【例 8-4-1】　Python 连接 MySQL 数据库"python_mysql"，并在该数据库中创建"表 8-1-1"所示的 Student 数据表

```
#导入 pymysql 模块
import  pymysql
#连接数据库
conn=pymysql. connect(host='localhost',user='root',password='123456',
                      database='python_mysql',charset='utf8')
#获取游标
curs=conn. cursor()
#执行 SQL 语句创建数据表
curs. execute('''
 create table student(
    Sno varchar(255)primary key,
    Name varchar(255),
    Gender varchar(255),
    Major varchar(255))Charset=utf8
    ''')

#关闭游标
curs. close()
#关闭连接
conn. close()
```

上述代码运行后，在 MySQL 的数据库"python_mysql"中，创建了结构如"表 8-1-1"所示的 Student 空表。

8.4.2　MySQL 添加、修改、删除和查询数据

与使用 SQLite3 数据库模块类似，MySQL 数据库模块同样可以使用游标的 execute()方法执行 Insert、Update、Delete 和 Select 等 SQL 语句，对数据库进行插入、修改、删除和查询数据等操作。

MySQL 数据库模块与 SQLite 数据库模块的差别体现在占位符的差别。

在 Python 中,使用 pymysql 连接 mysql 数据库,插入语句的占位符为"％s"。

例如:

```
cursor. execute("insert into user values(％s,％s,％s)",(1,name,100))
```

【例 8 - 4 - 2】　在 MySQL 数据库"python_mysql"的 Student 数据表中插入一条记录(Sno 为'S110677',Name 为'张山',Gender 为'男',Major 为'信息学')

```
#导入 pymysql 模块
import    pymysql
#连接 MySQL 数据库
conn=pymysql. connect(host='localhost',user='root',password='123456',
                        database='python_mysql',charset='utf8')
##conn=pymysql. connect('localhost','root','123456','python_mysql',charset='utf8')
#获取游标
curs=conn. cursor()

#执行 SQL 语句插入一条记录
sql_1="Insert Into Student Values('S110677','张山','男','信息学')"
curs. execute(sql_1)
#必须提交事务
conn. commit()

#执行 select 语句查询所有数据
sql_2="Select * from Student"
curs. execute(sql_2)
print("添加记录后,Student 表中所有数据如下:")
recordSet=curs. fetchall()
for row in recordSet:
        print(row)

#关闭游标
curs. close()
#关闭连接
conn. close()
```

程序运行结果如下:

```
添加记录后,Student 表中所有数据如下:
('S110677','张山','男','信息学')
```

MySQL 数据库模块同样支持使用 executemany()方法重复执行一条 SQL 语句。例如如下程序：

【例 8-4-3】 在 MySQL 数据库"python_mysql"的 Student 数据表中插入"表 8-1-1"中第 2 至第 5 条记录

```
#导入 pymysql 模块
import    pymysql
#连接 MySQL 数据库
conn=pymysql. connect(host='localhost',user='root',password='123456',
                      database='python_mysql',charset='utf8')
#获取游标
curs=conn. cursor()


#执行 SQL 语句插入多条记录
curs. executemany('insert into Student values(%s,%s,%s,%s)',
    (('S130586','李斯','女','英语'),
     ('S113965','王武','男','信息学'),
     ('S112872','张榴慧','女','信息学'),
     ('S125571','孙琪','男','数学')   )
    )
conn. commit()


#执行 select 语句查询所有数据
sql_2="Select * from Student"
curs. execute(sql_2)
print("添加记录后,Student 表中所有数据如下:")
recordSet=curs. fetchall()
for row in recordSet:
    print(row)


#关闭游标
curs. close()
#关闭连接
conn. close()
```

　　程序运行结果如下：

添加记录后,Student 表中所有数据如下:
('S110677','张山','男','信息学')
('S112872','张榴慧','女','信息学')
('S113965','王武','男','信息学')

```
('S125571','孙琪','男','数学')
('S130586','李斯','女','英语')
```

　　此外 MySQL 数据库模块的连接对象有一个 autoconunit 属性,若将该属性设为 True,则关闭该连接的事务支持,程序每次执行 DML 语句之后都会自动提交,这样就无须调用连接对象的 commit()方法来提交事务了。例如如下程序:

　　【例 8-4-4】　在 MySQL 数据库"python_mysql"的 Student 数据表中将"李斯"的专业改为"音乐",并删除"孙琪"的记录

```python
#导入 pymysql 模块
import    pymysql
#连接 MySQL 数据库
conn=pymysql. connect(host='localhost', user='root', password='123456',
                       database='python_mysql', charset='utf8')
#将连接对象的 autocommit 设置 True,关闭事务
conn. autocommit=True
#下面执行的 DML 语句会自动提交

#获取游标
curs=conn. cursor()

#执行 select 语句,将"李斯"的专业改为"音乐"
sql_1="Update Student Set Major='音乐'Where Name='李斯'"
curs. execute(sql_1)
print("更新后表中所有数据如下:")
sql_2="Select * from Student"
curs. execute(sql_2)
recordSet=curs. fetchall()
for row in recordSet:
    print(row)

#执行 select 语句,删除"孙琪"的记录
sql_1="Delete From Student Where Name='孙琪'    "
curs. execute(sql_1)
print("删除相关数据后,表中所有数据如下:")
curs. execute(sql_2)
recordSet=curs. fetchall()
for row in recordSet:
    print(row)
```

＃关闭游标
curs. close()
＃关闭连接
conn. close()

在上面程序中,连接对象的 autocommit 属性设为了 True,则该连接将会自动提交每条 DML 语句,相当于关闭了事务,故就无需调用连接对象的 commit()方法来提交事务。

程序运行结果如下:

更新后表中所有数据如下:
('S110677','张山','男','信息学')
('S112872','张榴慧','女','信息学')
('S113965','王武','男','信息学')
('S125571','孙琪','男','数学')
('S130586','李斯','女','音乐')
删除相关数据后,表中所有数据如下:
('S110677','张山','男','信息学')
('S112872','张榴慧','女','信息学')
('S113965','王武','男','信息学')
('S130586','李斯','女','音乐')

8.5　习题

一、单选题

1. 数据库管理系统更适合于下面_____方面的应用。

　A. 过程控制　　　　　　　　　B. 多媒体处理

　C. 数据处理　　　　　　　　　D. 科学计算

2. 下面关于 SQL 叙述中,正确的是_____。

　A. SQL 是一种过程化语言。

　B. SQL 是一个综合的、通用的关系型数据库语言

　C. SQL 不能嵌入到高级语言程序中。

　D. SQL 是一种 DBMS。

3. 下列数据库产品中,不属于关系型数据库的是_____。

　A. MySQL　　　　　　　　　　B. Microsoft SQL Server

　C. Oracle　　　　　　　　　　D. MongoDB

4. 下面_____不是数据库系统的特点。

　A. 数据冗余度低　　　　　　　B. 数据结构化

　C. 数据独立性高　　　　　　　D. 数据共享性高

5. Python 标准数据库接口是_____。

　A. JSON　　　　　　　　　　　B. Python DB‐API

　C. PyCharm　　　　　　　　　D. Tkinter

6. 下列中的_____是 SQLite3 数据库文件的扩展名。

　A. .mysql　　　　　　　　　　B. .sql

　C. .db　　　　　　　　　　　　D. .mdf

7. SQLite3 修改数据记录时,使用下面_____语句。

　A. Modify　　　　　　　　　　B. Replace

　C. Alter　　　　　　　　　　　D. Update

8. SQLite3 进行数据查询时,使用下面_____语句。

　A. Insert　　　　　　　　　　　B. Select

　C. Create　　　　　　　　　　D. Delete

9. 在 SQL 查询时,Where 子句用于_____。

　A. 查询条件　　　　　　　　　B. 查询结果

　C. 查询目标　　　　　　　　　D. 查询视图

10. Python 可通过 PyMySQL 模块操作下面_____数据库。

　A. SQLite　　　　　　　　　　B. Access

    C．MySQL   D．Microsoft SQL Server

二、 思考题

1. 目前常见的关系型数据库和非关系型有那些？

2. Python 访问数据库的方式有哪些？各访问方式的特点是什么？

3. Python 数据库操作的基本流程是什么？

4. 如何理解游标？

5. 如何解决 MYSQL 数据库中文乱码问题？

PART —— 09

第9章 网络数据的爬取和分析

<本章概要>

这一章重点介绍基于 python 的网络数据爬取和分析技术。随着人类进入信息化和大数据时代,如何快速从浩如烟海的数据海洋中获得你所需要的有价值的信息,是一种现实和迫切的需求。数据采集也是下一步进行数据分析及应用人工智能技术的基础。本章将介绍如何使用 Python 从网站服务器请求信息、如何以自动化手段与网站进行交互并获取所需数据;如何使用正则表达式及 Python 的 re 模块对获取的信息进行查找、匹配、过滤等各种处理技术等。

由于本章所设计的技术和知识相当广泛,如果像使用手册那样列出某种技术或库的全部要点或详细的模块和函数,不仅篇幅极长且可读性很差。因此,本章采用实例导向,面向实际应用,通过一些典型的例子,重点将某种技术或某个函数库中最基本或最主要的用法介绍清楚,其余的技术细节同学如需了解,可根据书中列出的文档链接自行查阅。

<学习目标>

- 了解和掌握网页的结构和原理,了解 HTML 常用标签
- 掌握使用 Request/Requests 库爬取网页的方法,掌握使用 python 第三方库如 BeautifulSoup 对爬取内容进行解析的技巧
- 了解和掌握正则表达式及 Python 的 re 模块的使用方法;掌握使用正则表达式结合 BeautifulSoup 库来实现信息的查找、匹配、过滤等各种数据处理方法

9.1 网页数据获取和解析

9.1.1 网页的结构

20 世纪 90 年代初,WWW(World Wide Web,万维网)的发明,使 Internet(因特网)迅速得到普及,并发展为连通世界各个角落的互联网。WWW 使用超文本标记语言 HTML 来组织信息,并可在网络上共享这些信息。接入互联网的用户只要使用浏览器和鼠标就可浏览世界各地的网页,查看新闻、下载文件、购买商品,这使得互联网的使用门槛大大降低,促使了互联网的爆炸性发展。

互联网的精髓是通过互联网提供的内容服务。全球所有网站的网页组成了互联网的内容服务。这些网页又可分为静态网页与动态网页两类。其中,静态网页是单纯用超文本标记语言 HTML 及客户端脚本语言(如 JavaScript)编写,给所有访问者呈现的页面是相同的。而动态网页是由程序动态生成的,对不同的访问者能呈现不同的页面。

用来编写网页的 HTML(Hypertext Markup Language)是一种超文本标记语言,用来描述万维网上的超文本文件。从文件的角度来说,一个网页就是一个 HTML 文件。严格地说,HTML 不是一种编程语言,而是一种固定格式的超文本标记语言,其独立于平台,浏览器能在任何平台上阅读它。以 HTML 编写的文档称为 HTML 文件,通常以 .htm 或 .html 为后缀。

HTML 作为一种标记语言,其基本语法是在文本文档中嵌入一些标签(Tag),用以控制文本显示的外观。HTML 标签其本身并不在浏览器中显示,而用于提示浏览器如何处理包含在标签之间或在标签之后的文本。

HTML 的标签需要符合以下规则:

- 标签由英文尖括号"<"和">"包括。
- HTML 标签一般是成对出现,分开始标签和结束标签,结束标签比开始标签多了一个斜杠"/"。少数标签可单独使用,称为"单标签"。
- 标签与标签之间可以嵌套,但先后顺序必须保持一致。
- 标签不区分大小写,习惯上同一标签要么全部大写,要么全部小写。

HTML 标签类型有很多,与文件结构相关的标记包括:

➢ <HTML>

表示文件的内容是用 HTML 实现的。所有网页中的文本与其他标签都包含在这对标签中。

➢ <HEAD>

头部标签。包含了文档的元数据(用来定义数据的结构,通常用 meta 标签表示),如<meta charset="utf-8">定义当前网页的编码格式为 utf-8。标题等标签也包括在头部标签中。

➢ <TITLE>

标题标签。夹在标签中的标题内容通常显示在浏览器的左上角。

➢ ＜BODY＞

主体标签，定义文档的主体，即网页可见的页面内容。

一个最简单的网页文件的结构大致如下：

```
<HTML>
<HEAD>
<TITLE>标题</TITLE>
</HEAD>
<BODY>
主体内容
</BODY>
</HTML>
```

上述 HTML 文档分为头部＜HEAD＞和主体＜BODY＞两块。头部包含标题＜TITLE＞，网页主要内容在主体部分（这里省略）。另外，在 HTML 文件中，缩排、空格、空行和换行都不影响语法，只是为了提高可靠性。

HTML 的常用标签还包括：

1. HTML 标题

标题是通过＜h1＞-＜h6＞标签进行定义的，其中，＜h1＞标题字号最大，＜h6＞标题最小。

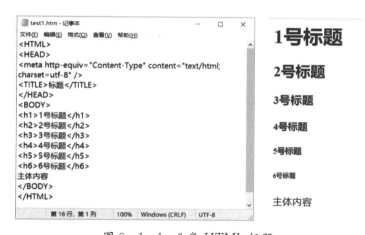

图 9-1-1　6 类 HTML 标题

注意，浏览器会自动地在标题的前后添加空行。

2. HTML 段落

段落是通过＜p＞标签定义的。如：

＜p＞这是一个段落＜/p＞

注意，浏览器会自动地在段落的前后添加空行。一般情况下，结束标签＜/p＞缺省也能正常显示。

3. HTML 换行

如果仅仅只需要换行(新起一行),可使用
标签(或
)。该标签被定义为一个换行符,只换行,不分段。

是单标签。

4. HTML 文本格式化标签

HTML 中定义了一些格式化文本的标签,可直接使用。如:

<b>对应字体加粗(Bold),而<i>对应斜体字(Italic)。

还有一类标签称为逻辑标签,如<strong>和<em>,这类标签用于指示浏览器突出显示标签包含的文本,具体如何显示标签包含的文本由浏览器自行决定。通常可用标签<strong>替换加粗标签<b>来使用,<em>替换<i>标签使用。

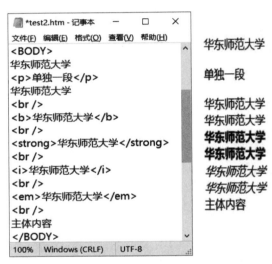

图 9-1-2 HTML 格式化标签

5. HTML 链接

HTML 使用超级链接与网络上的另一个页面(文档)相连。几乎所有的网页都会有链接,点击链接可以从一个页面跳转到另一个页面。

超链接的格式为:

<a href="链接对象" target="目标">链接的例子</a>

HTML 使用标签<a>来设置超文本链接,标签<a>有一些属性,如 href 属性来描述链接的地址,即鼠标点击后要跳转的网页的 URL 地址。URL 的中文名称是统一资源定位器,它给出了网页在互联网上的唯一地址。我们在浏览器的地址栏看到的类似"https://www.ecnu.edu.cn/"就是 URL 地址。targe 属性指出要跳转的文档是在原网页所在的窗口打开还是新开一个窗口打开。默认在原窗口中打开,如设置 target="_blank",则在一个新的浏览器

窗口中打开。

超链接可以是文字,也可以是图像,甚至是图像的一部分,点击后可跳转到新的网页或者当前网页中的某个部分。

6. HTML 图像

HTML 图像是通过<img>标签进行定义的。其格式为:

<img src="图像对应 URL 或图像文件"height=#width=#align=#>

这里<img>标签有一些属性:src 属性指定图像所在的 URL,如图像就在网页所在的服务器上,则可给出图像文件存放的文件路径;height 与 width 属性用于设置图像在网页中显示的高度与宽度;align 属性设置图片的对齐方式,有 left(左对齐)、right(右对齐)、top(顶部对齐)、middle(居中对齐)和 bottom(底部对齐)几种。一些浏览器还支持 center(居中对齐)方式。

7. HTML 表格

HTML 表格是通过<table>标签进行定义的。每个表格均有若干行(由<tr>标签定义),每行被分割为若干单元格,单元格有两类,<td>表示数据单元格,<th>表示标题单元格,它们之间的区别是标题单元格其内容用黑体显示。<th>和<td>可设置相应的属性,如 align 属性表示水平对齐方式(属性值可选 left、center、right 等);valign 属性表示纵向对齐方式(属性值可选 top、middle、bottom 等);colspan 属性表示表格单元跨列(clospan=2 表示当前单元格跨两列,即与右边的单元格合并在一起了);rowspan 表示表格单元跨行。同时单元格可以包含文本、图片、列表、段落、表单、水平线、表格等。

下面是一个表格的例子:

```
test3.htm - 记事本
文件(F) 编辑(E) 格式(O) 查看(V) 帮助(H)
<HTML>
<HEAD>
<meta http-equiv="Content-Type" content="text/html; charset=utf-8" />
<TITLE>标题</TITLE>
</HEAD>
<BODY>
<center>
<h2>环境现状</h2>
<br />
<table width="200" border="1" align="center">
  <tr>
   <td align="center"><img src="img/photo1.jpg" width="300" height="150" align="middle" /><br />水土流失</td>
   <td align="center"><img src="img/photo2.jpg" width="300" height="150" /><br />草原退化</td>
   <td align="center"><img src="img/photo3.jpg" width="300" height="150" /><br />森林锐减</td>
  </tr>
  <tr>
   <td align="center"><img src="img/photo4.jpg" width="300" height="150" /><br />物种灭绝</td>
   <td align="center"><img src="img/photo5.jpg" width="300" height="150" /><br />水体污染</td>
   <td align="center"><img src="img/photo6.jpg" width="300" height="150" /><br />大气污染</td>
  </tr>
</table>
<p>请联系我们: <a href="mailto:mimi@sina.cn">环保志愿组</a></p>
<p>点击访问: <a href="http://www.sees.ecnu.edu.cn/" target="_blank">华东师范大学生态与环境科学学院</a></p>
</center>
</BODY>
</HTML>
```

第1行,第1列　　100%　　Windows (CRLF)　　UTF-8

图 9-1-3 含表格的 HTML 文件(test3.htm)

网页中定义了一张表格。该表格有两行,每行有 3 个单元格(数据单元)。每个单元格包含两部分内容,一张图片,换行后有 4 个字的文字说明。单元格内容设置水平居中对齐。

图 9-1-4　上例中的网页在浏览器显示的画面

这个网页的单元格中还用<img>标签插入了图像。其属性给出了图像对应源文件所在的位置(URL)、图像在网页上显示的宽度和高度等。表格下方使用了超链接,点击最下面的超链接的显示部分,会打开一个新网页,这个网页的地址是超链接的属性 href 指定的,这里对应华东师范大学生态与环境科学学院的网站首页。该超链接的上方也是一个超链接,超链接的属性 href 中包含了 mailto 语句,点击后能打开当前电脑系统默认的邮件代理软件,给mailto 之后的邮箱发邮件。

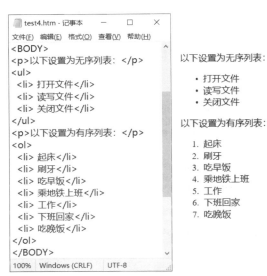

图 9-1-5　列表的例子

8. HTML 列表

HTML 支持有序、无序两类常用的列表。

(1) 无序列表

无序列表是一个项目的列表,此列项目使用粗体圆点(典型的小黑圆圈)进行标记。无序列表始于<ul>标签。每个列表项始于<li>。

(2) 有序列表

有序列表也是一列项目,列表项目使用数字进行标记。有序列表始于<ol>标签。每个列表项始于<li>标签。

9. HTML 表单

HTML 表单用于收集不同类型的用户输入。表单是一个包含表单元素的区域。表单元素是一些图形控件,这些控件允许用户在表单中输入内容,比如:文本框(text)、文本域(textarea)、下拉列表(select)、单选框(radio)、复选框(checkbox)等。

表单使用表单标签<form>来设置。有关表单的详细内容在后面 9.1.3 节还会介绍。

10. HTML 样式 - CSS

CSS(Cascading Style Sheet)可译为"层叠样式表"或"级联样式表",它定义如何显示 HTML 元素,用于控制网页外观。当浏览器读到一个样式表,它就会按照这个样式表来对文档进行格式化。如一些文字的字体、颜色和大小,常用 CSS 来定义。

通过使用 CSS 实现页面的内容与表现形式分离,极大提高了工作效率。样式存储在样式表中,通常放在<head>部分或存储在外部 CSS 文件中。作为网页标准化设计的趋势,CSS 取得了浏览器厂商的广泛支持,正越来越多地被应用到网页设计中去。

目前新标准的网页,通常采用 HTML+CSS+JavaScript 模式。其中,HTML 是网页的结构,CSS 是网页的样式,JavaScript 是行为。就像盖房子,先用 HTML 搭出结构,再用 CSS 来进行装饰。

HTML 的标签还有不少,有兴趣进一步了解的同学可参考 W3C(万维网联盟)官方提供的 HTML 教程:https://www.w3cschool.cn/html/。

HTML 文件的编写主要有两个途径:直接编写或使用网页制作工具。因为 HTML 文件其实是一个文本文件,可使用任何文本编辑器(如记事本)来输入代码,保存时将文件扩展名改写为. html 或. htm,但这种方式需记忆各种标签,十分繁琐,除编写十分简单的网页外一般不用这种方式。一般是通过网页制作工具来制作网页。这些网页制作工具能在集成开发环境中提供大量的工具,自动或半自动地生成 HTML 代码。

常用的网页制作工具包括:Dreamweaver、FrontPage、Adobe Pagemile 等。

9.1.2　爬虫概述

随着互联网技术的迅速发展,万维网(WWW)成为大量信息的载体,如何有效地提取并利用这些信息成为一个巨大的挑战。传统搜索引擎(Search Engine),如百度、Google 等,作为一个辅助人们检索信息的工具成为用户访问万维网的入口和指南。但是,搜索引擎也存在着一定的局限性,大多提供基于关键字的检索,难以支持用户的个性需求且无法自动过滤和处理检索结果。为了解决上述问题,能够自动抓取相关网页资源的网络爬虫应运而生。

网络爬虫(又被称为网页蜘蛛,网络机器人),是一种按照一定的规则,自动地抓取万维网信息的程序或者脚本。

要了解网络爬虫的工作原理,首先要了解万维网的工作机制。万维网(WWW)采用 B/S 模式进行通信。这里 B(Browser)指用户机器上的浏览器,S(Server)指存放网页的 Web 服务器。从网络通信的角度看,一般来说,提供服务的一方称为服务器端,而接受服务的一方称为客户端。浏览器请求并接受 Web 服务器的服务,可看成是客户端;而 Web 服务器则是服务器端。

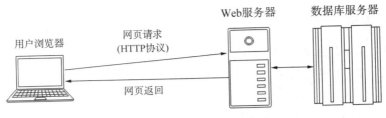

图 9-1-6　B/S 模式工作原理

我们以用户张三访问搜索网站百度为例。张三首先在电脑上打开浏览器(如 IE、Google Chrome、Firefox 等),在浏览器的地址栏输入百度网站首页的网址(https://www.baidu.com/),这时,浏览器会通过网络向百度的服务器发起一个文档请求,请求百度网站的首页文件(一般为 index.html)。百度网站的服务器收到这个文档请求后,接受请求,并根据请求返回相应的文件作为应答;浏览器收到文件后,解析该网页文件并显示给用户看,同时关闭与百度服务器的连接。这时用户张三就看到了期望的百度搜索引擎的网页。

由于网络通信非常复杂,通信双方必须遵守一定的规则才能保证通信能够有条不紊地进行,这些规则我们称为协议。为了让复杂的问题简单化,我们不倾向于写一个非常庞大的协议来完成所有功能,而是将协议分层,每一层完成特定的功能,网络的层与层相对独立,位于低层的协议向高层的协议提供支持。浏览器请求文档一般使用的是 HTTP 协议(HyperText Transfer Protocol,超文本传输协议),它通常运行在 TCP 协议(该协议位于传输层,是因特网的核心协议之一)之上,指定了客户端可能发送给服务器什么样的消息以及得到什么样的响应。请求和响应消息的头以 ASCII 码形式给出;而消息内容则具有一个类似 MIME(多用途互联网邮件扩展,是当前广泛应用的一种电子邮件技术规范)的格式。

HTTP 是基于客户/服务器模式,且面向连接的。典型的 HTTP 事务处理有如下的过程:
① 客户与服务器建立连接;
② 客户向服务器提出请求;
③ 服务器接受请求,并根据请求返回相应的文件作为应答;
④ 客户与服务器关闭连接。

如果使用浏览器,那么与服务器的交互过程完全由浏览器承担,它创建信息的数据包,发送它们,然后把你获取的数据解析成漂亮的图像、声音、视频和文字。但是,浏览器与网站的交互是手动的、机械的,无法满足用户的个性化需求(如自动抓取、定时抓取或选择性抓取),网络爬虫程序则正好满足了这方面的需要。

虽然网络爬虫本身并不违法,但使用爬虫进行网络数据采集时应有所为有所不为。必须遵守国内外有关网络数据保护的法律法规,必须尊重知识产权,并严格控制网络数据采集的速度,降低被采集网站服务器的负担。有些网站会限制爬虫的数据采集,如在网站的 robots.txt 文件中给出爬虫应遵守的规则或网站的哪些部分允许爬虫访问、哪些部分禁止爬虫访问,自编爬虫程序时强烈建议遵守相应规则。

9.1.3　request/requests 库

为了处理与网络相关的数据,Python 标准库中提供了 urllib 库(python2.x 中对应的是 urllib2)。该库包含 urllib.request、urllib.parse 和 urllib.error 等子模块。模块中包含了许多函数,能够处理网络请求数据、处理 cookie 等,甚至能改变像请求头和用户代理这些元数据。

　　urllib. request 模块可以实现基本的网页访问和处理功能,且包含在标准库中,不需要额外下载,使用也相当方便。该模块的详细用法可参见 python 文档(https://docs. python. org/3/library/urllib. request. html)。以下是一个使用 urllib. request 的 python 程序,能够输出指定网站中某一网页的全部代码(该网页的 URL 假设为 http://something. com. cn/pages/page1. html,实际运行时应用真实的网址替代它)。

【例 9-1-1】　使用 urllib. request 的 urlopen 方法打开网页

```
#filename:9-1-1. py
from urllib. request import urlopen

html=urlopen('http://something. com. cn/pages/page1. html')    #参数是虚拟的网址
print(html. read())
```

　　这里,urllib. request 模块的 urlopen()方法用来打开并读取一个从网络获取的远程对象。urlopen 方法如果打开的是一个采用 HTTP 或 HTTPS 协议的 URL,则返回一个 http. client. HTTPResponse 对象,用该对象的 read 方法可返回服务器响应文件的正文(通常是个 HTML 文件)。

　　但是有的网站进行了反爬虫设置,上述代码可能会返回一个 40X 之类的响应码,因为该网站识别出了是爬虫在访问网站,所以拒绝返回网页。这时可让爬虫模拟个人用户行为,即通过给爬虫设置 headers(User-Agent)属性,模拟浏览器访问网站。

【例 9-1-2】　给爬虫设置 headers(User-Agent)属性来模拟浏览器行为

```
#filename:9-1-2. py
import urllib. request
url='http://something. com. cn/pages/page1. html'
headers={'User-Agent':'Mozilla/5. 0(Windows NT 10. 0;Win64;x64)AppleWebKit/537. 36(KHTML,like Gecko)Chrome/65. 0. 3325. 146 Safari/537. 36'}
request=urllib. request. Request(url=url,headers=headers)
res=urllib. request. urlopen(request)
page_source=res. read(). decode('utf-8')
print(page_source)
```

　　这里的 headers 模拟某个浏览器(谷歌 Chrome 浏览器)向网站服务器发送 HTTP 请求头中的浏览器身份标识字符串即浏览器的用户代理(user-agent)信息,该信息一般可在当前浏览器网页上输入 about://version(谷歌浏览器为:chrome://version/)得到。程序通过 urlopen 方法获取网站服务器返回的响应页面对应的 HTTPResponse 对象,通过该对象的 read 方法获得网页对应的 bytes 类型的数据流,再按"utf-8"的编码格式用 decode 方法进行解码(假设网页对应的字符编码为 utf-8,该编码由网页代码中 charset 属性设定,其他常用编码还有

GB2312、GBK、英文的 ISO － 8859 － 1 等），最后转换成 string 类型的网页内容（HTML 代码）在屏幕上打印。

除了使用 Python 标准库中的 urllib. request 模块，另一选择是使用第三方的 Requests 库。该库基于 urllib，采用 Apache2 Licensed 开源协议的 HTTP 库，提供了丰富且易于调用的多种方法实现来实现 HTTP 相关方式的模拟，可以完成绝大部分与 HTTP 应用相关的工作，功能比 urllib. request 模块更强，擅长处理那些复杂的 HTTP 请求、cookie、header（响应头和请求头）等内容。

Requests 库需要额外安装。一般可用 pip 安装，如：

pip install requests

或者直接下载源代码（https://github. com/kennethreitz/requests/tarball/master）并解压后用自带的 setup. py 程序安装。

Requests 库主要提供 4 种请求方法：

- GET：向特定的资源发出请求。
- HEAD：只请求页面的首部（报头）。
- POST：向指定资源提交数据进行处理请求（例如提交表单或者上传文件）。数据被包含在请求体中。POST 请求可能会导致新的资源的创建和/或已有资源的修改。
- PUT：从客户端向服务器传送数据取代指定的文档的内容。

请求网页时最常见的是 GET 和 POST 方法。GET 方法将提交的数据放置在 HTTP 请求协议头中，大多数网页访问方式都是 GET，你可以在浏览器的 URL 栏看到浏览器向网站传递的参数，即附在网址后以问号开始的键值对，类似：

http：//网址？参数名1＝参数值1& 参数名2＝参数值2...

而 POST 方法提交的数据则放在实体数据中，通常用于表单数据的提交。

下例是一段简单的使用 Requests 库来爬取网页的代码。

【例 9 - 1 - 3】 使用 Requests 库爬取网页

```
#filename:9-1-3. py
import requests
url="http://something. com. cn/pages/page1. html" #虚拟网址
response=requests. get(url)
print(response. text)
```

这几行简单的代码就能将指定网页的内容（HTML 代码）打印出来。上述程序中的 URL 为虚拟值，实际运行时应用真实的网址替代。

使用 Requests 库还能让程序代替人自动提交网页中的表单。表单是网站服务器与访问网站的用户进行交互的通道。通过表单，用户可以在表单对象中输入或选择相关的信息，然后提交到网站服务器，由表单指定的服务器脚本程序对这些信息进行处理，通常根据处理结果形成一个响应页面（一般也为 HTML 页面），并由服务器将该响应页面发送回用户或客户端，从而达到人与网站交流的目的。

假设网页中有这样一个表单：

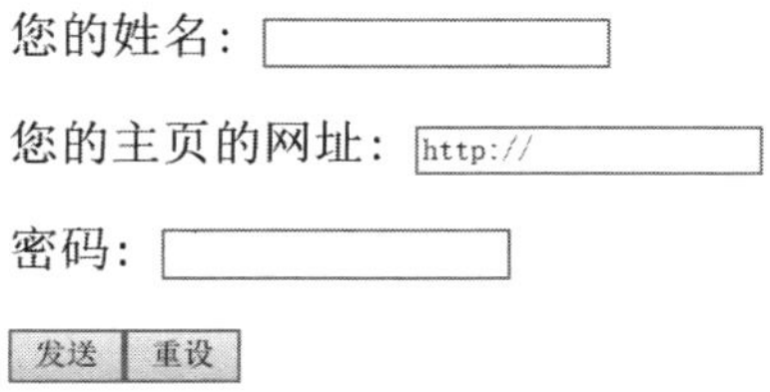

您的姓名：

您的主页的网址：http://

密码：

发送　重设

图 9-1-7　示例表单显示画面

表单对应部分的 HTML 代码如下：

```
<form name="myform"action="/cgi-bin/post-query"method="POST">
<p>您的姓名：<input type="text"name="姓名"></p>
<p>您的主页的网址：<input type="text"name="网址"value="http://"></p>
<p>密码：<input type="password"name="密码"></p>
<p><input type="submit"value="发送"><input type="reset"value="重设"></p>
</form>
```

这里，标签<form>用来定义一个表单，表单有一些属性，其中 name 指定表单名称；action 属性指出对表单进行处理的 Web 应用程序的地址，这里给出的也是一个虚拟的网址，假设该网址对应的是一个能处理这种表单的 Web 应用程序；method 属性指出将表单信息传送给 Web 应用程序的方法，具体有 POST 和 GET 两种，POST 是缺省的方式，将表单内容作为整个数据块传送，而 GET 方式则将表单内容附在 URL 后面作为查询字符串传送。本例使用 POST 方式。

在表单中，可以创建一些字段标记，让用户输入文字以便进行交互。常用的标记有：

<input>：对应文本字段，复选框，单选按钮，其他按钮等；

<select>：对应列表/菜单，跳转菜单；

<textarea>：对应文本区域。

其中，input 是一个收集信息的单标记选项，可提供多种类型的输入。主要属性有：name、size、value、type 等，其中，name 定义选项名称；size 指出文本或口令输入字段的初始大小，以字符数表示；value 指出文本字段初始时显示的默认文字；type 则设置表单中输入字段的类型，有多种类型，包括：

text：文本框；

password：密码框，输入字符不显示；

checkbox：复选框；

radio：单选框；

button：普通按钮；

reset：清除(重设)按钮；

submit：发送(提交)按钮；

……

上述表单中包含两个文本框、一个密码框及"发送"和"重设"按钮各一个。

当用户按下"发送"按钮时，表单的内容就会传送给 action 参数指定的位于网站服务器的 Web 应用程序去处理，这时每个文本或密码框传送的是一对数据：参数名/参数值，参数名一般对应 name 参数的属性值，参数值默认是用户在文本框或密码框输入的内容。如姓名对应的文本框中，如输入"张三"，传送的数据为：姓名＝张三(实际传输时会对汉字编码)。

使用 requests 库，可以用一段简单的程序模拟人来填写表单内容并提交给网站。

【例 9-1-4】 爬虫程序模拟表单的填写和提交

```
#filename:9-1-4.py
import requests
keys=["姓名","网址","密码"]
values=["张三","http://xxx/pages/zhangsan.html","123456"]
actionUrl="http://something.com.cn/cgi-bin/post-query" #表单处理程序 url
params={}
for i in range(len(keys)):               #生成要提交参数的键值对组成的字典
    params[keys[i]]=values[i]
r=requests.post(actionUrl,data=params)    #以 POST 方式递交表单内容
print(r.text)                             #标准输出上打印回应页面的内容
```

程序通过 requests 模块的 post 方法以 POST 方式将模拟表单输入的键值对传给网站服务器上处理表单的 Web 应用程序，程序最后打印的是 Web 应用程序接收并处理表单完毕后生成的回应页面的 HTML 代码。

9.1.4 BeatifulSoup4

1. BeautifulSoup 的简介

BeautifulSoup 库的名字取自刘易斯. 卡罗尔在《爱丽丝梦游仙境》里的同名诗歌。与一般软件模块以功能命名的规则不同，这个奇怪的名字也许包含了开发者的美好期许，即模块能化平淡为神奇。事实上这个模块确实能完成许多看似神奇的工作，它通过定位 HTML 标签来格式化和组织复杂的网络信息，为网络信息采集和处理提供了很多方便。

BeautifulSoup 库不是 Python 的标准库，因此需要单独安装。本书使用的是目前最新的 BeautifulSoup 4 版本(也叫 BS4)。BeautifulSoup 4 的下载地址为 https://www.crummy. com/software/BeautifulSoup/#Download，安装和使用的文档页面地址为：https://www. crummy. com/software/BeautifulSoup/bs4/doc。

以 windows 环境为例介绍如何安装 BeautifulSoup4 库，其他环境的安装可参见文档。

(1) 使用 pip 安装

如果当前环境中的 python 版本带 pip 模块，安装就非常方便。只要打开命令行窗口(或

运行 CMD 命令），在窗口中用 cd 命令切换到 pip 模块所在目录，然后执行命令：

pip install beautilfulsoup4

就会自动将 BeautifulSoup4 的最新版本安装上。注意，pip 是在线安装，必须保证网络是可用的。

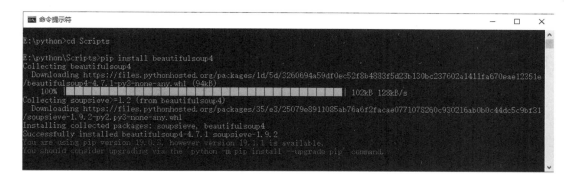

安装建议：建议安装 python 的最新版本如 python3.7 以上，低版本的 python3 未带 pip 安装模块，安装第三方库不是很方便。

（2）下载安装包安装

从 BeautifulSoup 4 的下载地址下载需要的版本到本地，通常是一个后缀为 .tar.gz 的压缩包，可用 winrar 等解压工具解压到某个目录。

打开命令行窗口（或运行 CMD 命令），在窗口中用 cd 命令切换到解压后的根目录，运行命令：

python setup.py install

这时会进行当前下载版本 beautilfulsoup4 模块的安装，当安装完成后会看到有 "Finished…"的字样。

如果已下载了 anaconda 软件(一个开源的 Python 发行版本),则 BeautifulSoup4 模块一般已集成在内,不需要另外安装,但需使用其内置的 Spyder 或 Jupter 编译器来开发程序。

2. BeautifulSoup 的使用

BeautilfulSoup 库最常用的对象就是 BeautilfulSoup 对象。一般可通过 urllib. request 模块的 urlopen 方法打开指定的网页,然后用返回的 http. client. HTTPResponse 对象的 read 方法读取网页的 HTML 内容,并将内容传给生成的 BeautifulSoup 对象。该对象将 HTML 的文本内容转换为相应标签的层次结构。

假设有如下的 HTML 文档结构:

<html><head><title>华东师范大学</title>...</head><body>...</body></html>,其中<body>标签又有<h1>、<table>等子标签,BeautilfulSoup 将其转换为按标签作用范围分层的层次结构:

html—顶层标签
    head—第 1 层标签
        title—第 2 层标签
    body—第 1 层标签
        h1—第 2 层标签
        table—第 2 层标签
        ...

如要在网页中提取 BeautilfulSoup 对象 bs 中第二层标签 title 的内容,可直接用 bs. title 语句,将输出<title>标签对应的标题内容"华东师范大学"。

【例 9-1-5】 提取给定网页(华师大网站中的校情简介页面)中的标题内容

```
# filename:9-1-5. py
from urllib. request import urlopen
from bs4 import BeautifulSoup

html=urlopen('https://www. ecnu. edu. cn/single/main. htm? page=ecnu')
bs=BeautifulSoup(html. read(),'html. parser')
print(bs. title)
```

代码中,BeautilfulSoup 构造方法第一个参数对应读入的 HTML 文本,第二个参数对应要使用的解析器,除了标准的 html 解析器(html. parser)外,还有支持 HTML 和 XML 解析的 lxml 解析器(lxml)及 html5 解析器(html5lib),但后两种解析器还需相应的库支持。生成 BeautilfulSoup 对象后,通过这个对象,任何 HTML(或 XML)文件的任意节点信息都可以被提取处理,只要目标信息的附近有标签、能够被定位就行。所以,上例中,不管是 bs. html. head. title 或 bs. html. title 或 bs. title 都能定位到标题。

BeautifulSoup 不仅能处理远程网站上的网页,同样能处理本地的 HTML 和 XML 文件。因为远程实际网站中网页的内容一般都比较复杂或不十分规范,所以先以 9.1.1 分节中图 9-

1-3中含表格的HTML文件(test3.htm)为例,介绍BeautifulSoup的用法。

在test3.htm文件中,如果除去分段、换行之类只涉及段落或行格式调整的HTML标签,则网页中各标签形成的层次结构如下图所示:

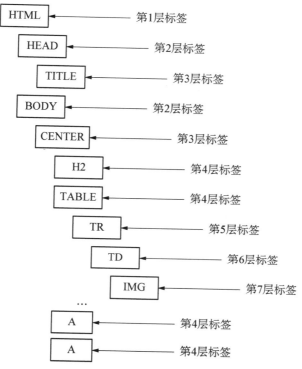

图9-1-8 test3.htm文件中标签形成的层次结构

与前面介绍的使用DOM树处理XML不同,使用BeautifulSoup处理网页时,网页的HTML的标签元素并不一定要按层次结构的从属关系来进行访问,BeautifulSoup可直接定位到某一层的标签,只要定位标签时没有歧义即可。如bs.a可直接定位第4层的超链接标签。

【例9-1-6】 使用BeautifulSoup模块读入本地的HTML文件(c:\sample\test3.htm),解析后打印title标签的内容

```
#filename:9-1-6.py
from bs4 import BeautifulSoup

f=open("c:\\sample\\test3.htm",encoding="utf-8")
bs=BeautifulSoup(f.read(),'html.parser')
print(bs.title)
f.close()
```

上例中,打开test3.htm文件时使用了encoding参数,指定要打开的文件编码格式,这里

是"utf - 8"。如果文件打开格式不对,用 BeautifulSoup 解析时可能会报"UnicodeDecodeError"的异常。

程序运行结果:

```
>>>
<title>标题</title>
>>>]
```

【例9-1-7】 使用 BeautifulSoup 模块读入本地的 HTML 文件(c:\sample\test3.htm),解析后打印第 1 个超链接的内容及超链接对应的 URL

```
#filename:9-1-7.py
from bs4 import BeautifulSoup

f=open("test3.htm",encoding="utf-8")
bs=BeautifulSoup(f.read(),'html.parser')
print("完整超链接:",bs.a)
print("超链接的 URL:",bs.a.get("href"))
print("超链接的文本内容:",bs.a.get_text())
f.close()
```

这里,bs.a 对应的是网页中首先找到的超链接标签<a>的内容。超链接对应的跳转 URL 地址由<a>的属性 href 指定,标签对象的 get 方法可获取相应的属性值。而标签对象的 get_text 方法可获取包含在超链接中的文本,该文本会作为链接内容在网页上显示。

程序运行结果:

```
>>>
完整超链接:<a href="mailto:mimi@sina.cn">环保志愿组</a>
超链接的 URL:mailto:mimi@sina.cn
超链接的文本内容:环保志愿组
>>>
```

如果网页中有多个相同的标签(如这个网页中超链接标签<a>就有两个),可用 BeautifulSoup 对象的 find_all()方法查找到所有符合要求的标签,再进行处理。具体将在 9.2.4 分节中介绍。

3. 异常处理

网络十分复杂。网络数据格式不友好、网站服务器宕机、目标数据的标签找不到,都可能使爬虫程序失败或报错。因此,异常处理是很必要的。下述代码在前面程序的基础上增加了异常处理功能。

【例 9 - 1 - 8】 增加了异常处理的代码的爬虫程序

```
#filename:9-1-8.py
from urllib. request import urlopen
from urllib. error import HTTPError
from bs4 import BeautifulSoup
def getTitle(url):
    try:
        html=urlopen(url)
    except HTTPError as e:  #网站服务器不存在或网页不存在
        return None
    try:
        bsObj=BeautifulSoup(html. read(),"html. parser")
        title=bsObj. title
    except AttributeError as e:  #调用不存在标签的子标签或属性
        return None
    return title
title=getTitle("https://www. ecnu. edu. cn/single/main. htm? page=ecnu")
if title==None:
    print("Title could not be found")
else:
    print(title)
```

对应 urlopen 方法,当参数对应的网站服务器不存在或服务器虽然存在,但无参数对应的网页时均会产生"HTTPError"异常。AttributeError 异常则在下列情况下产生:如果要调用的标签不存在,则会返回 None 对象;如果再调用 None 对象下的子标签,则会发生 AttributeError 异常。上述代码对这两种异常都进行了检查、处理。

9.2 基于正则表达式的文本处理

9.2.1 正则表达式

正则表达式（Regular Expression），又称规则表达式，在代码中常简写为 regex、regexp 或 RE。许多程序设计语言都支持利用正则表达式进行字符串操作。正则表达式通常被用来检索、替换那些符合某个模式（规则）的文本。

我们可以将正则表达式看成是对字符串操作的一种逻辑公式，即用事先定义好的一些普通字符与特殊字符的组合，组成一个"规则字符串"，这个"规则字符串"用来表达对字符串的一种过滤逻辑，使得表达式能够描述在搜索文本时要匹配的一个或多个字符串。

正则表达式是处理字符串的有力工具。Python 的 re 模块提供了大量的方法，实现了正则表达式的各类操作。

re 模块常用的方法包括 compile、find、findall 等。要使用这些方法，必须了解正则表达式的模式（pattern）。模式是由一些普通字符与特殊字符组合而成的一个"规则字符串"，可以匹配与其表示特征相同的一个或多个字符串。模式中可包含一些特殊字符，最常见的是通配符，如"＋"、"＊"、"？"、"．"等。

常用的正则表达式字符和通常的含义见表 9-2-1。更详细的使用说明可参见 Python 关于正则表达式的在线文档（https://docs.python.org/zh-cn/3/library/re.html）。

表 9-2-1 常用正则表达式字符及含义

符号	含　义	符号	含　义
.	匹配除回车外的任意字符	\s	匹配空白字符，等同于[\t\n\r\f\v]。注意，\t 前是空格符
+	匹配前面的子表达式 1 次或多次	\S	匹配任何非空白字符，等同于[^\t\n\r\f\v]
*	匹配前面的子表达式 0 次或多次	\d	匹配数字字符，等同于[0-9]
?	匹配前面的子表达式 0 次或 1 次	\D	匹配任何非数字字符，等同于[^0-9]
{m}	匹配前一个字符 m 次	\w	匹配包括下划线的任何单词字符。类似但不完全等同于[A-Za-z0-9_]
^	匹配字符串的开头（行首）；[^…]表示不匹配其后用省略号表示的字符	\W	匹配任何非单词字符，等同于[^A-Za-z0-9_]
$	匹配字符串的末尾（行末）	\n	匹配一个换行符
[]	表示字符的集合，可用－表示范围；当^出现在[]的第一个字符时表示取反	()	将(和)之间的表达式定义为"组"（group），并且将匹配这个表达式的字符保存到一个临时区域（最多可以保存 9 个），它们可以用\1 到\9 的符号来引用

9.2.2　字符匹配与查找

有了正则表达式,可以方便地进行字符串的匹配和查找,而不用费尽心思写一堆没必要又复杂的查找和过滤函数。下面是一个正则表达式的例子。

假设要查找一个满足如下规则的字符串:

① 字母"a"至少出现一次;

② 后面跟着字母"b"重复 3 次;

③ 后面跟着字母"c"重复偶数次;

④ 最后一位是"d",也可以没有。

满足上述规则的正则表达式如下表示:

aa * bbb(cc) * (d|)

这里,aa * 对应规则 1,a 后面跟着 a * ,表示 a 重复 0 次到多次,这样就可以保证字母 a 至少出现一次。这里如果用 a＋代替也有同样的效果。bbb 对应规则 2,也可写成 b{3};(cc) * 对应规则 3,这个规则用括号内两个 c,后面跟 * ,表示有任意次两个 c(也可以是 0 次)。(d|)对应规则 4,这里的竖线"|"表示"或"的关系,表示最后一位或者是 d,或者是空。

假设邮箱地址表示的规则如下:

① 邮箱地址的第一部分由以下字符组成:大小写字母、数字字符、点号或下划线;

② 之后,是@符号;

③ @符号后至少包含一个大小写字母;

④ 后跟一个点号;

⑤ 后跟 0 个或多个任意字符;

⑥ 最后以 cn、com、org、edu 或 net 结尾。

将上述规则结合起来,邮箱完整的正则表达式可表示为:

[A-Za-z0-9\. _]＋@[A-Za-z]＋\. . * (cn|com|org|edu|net)

这里,规则 1 对应"[A-Za-z0-9\. _]＋"或"(\w|\.)",这里表示点号本身前面需加转义字符"\",因为单独的点号在正则表达式中表示通配符;规则 2 为"@";规则 3 为"[A-Za-z]＋";规则 4 为"\. ";规则 5 为". * ";规则 6 为"(cn|com|org|edu|net)"。

9.2.3　RE 模块

Python 自 1.5 版本起增加了 re 模块,它提供 Perl 风格(perl 是一种古老的脚本语言,常被用于 unix 环境的文本处理)的正则表达式模式,与 Java 等语言的正则表达式语法有所差异。re 模块使 Python 语言拥有全部的正则表达式功能。

re 模块常用的方法包括 compile、findall、match 等。这些方法通常使用一个对应正则表达式的模式字符串作为它们的第一个参数。

1. re. compile 方法

compile 方法用于编译正则表达式,生成一个正则表达式对象(Pattern 对象),供 match()和 search()这两个方法使用。

语法格式为：

re. compile（*pattern*［*,flags*］）

这里的 pattern 对应一个字符串形式的正则表达式；flags 可选，表示匹配模式，比如忽略大小写（re. I），多行模式（re. M）等。

2. re. findall 方法

findall 方法用于在字符串中找到正则表达式所匹配的所有子串，并返回一个包含这些子串的列表，如果没有找到匹配的，则返回空列表。

语法格式为：

findall（*pattern*，*string*［*,flags*］）

这里的 pattern 对应要匹配的正则表达式，string 对应需处理的字符串，可选的参数 flags 表示匹配模式。

【例 9－2－1】 使用 re 模块的 findall 方法查找正则表达式匹配的所有子串

```
#filename:9-2-1. py
import re
L＝re. findall(r'\w＋','two words')   #匹配字符串中 1 个以上的单词字符
print(L)
```

输出结果为：['two','words']

findall 方法第一个参数开始的 r 表示其后是正则表达式，r 可省略；"\w＋"将匹配字符串中 1 个以上的单词字符直至非单词字符如空格，按最大程度匹配，将匹配"two"和"words"两个单词；返回的是所有匹配子串的列表。

另外，正则表达式（Pattern）对象同样有 findall 方法，语法格式为：

findall(string［,pos［,endpos］］)

这里参数 string 对应待匹配的字符串，后两个参数可选，pos 指定字符串的起始位置，默认为 0；endpos 指定字符串的结束位置，默认为字符串的长度。方法将返回一个包含字符串中所有匹配子串的列表或空列表。

【例 9－2－2】 使用正则表达式的 findall 方法查找字符串中的所有数字

```
#filename:9-2-2. py
import re
pattern＝re. compile(r'\d＋')   #查找数字
result1＝pattern. findall('Baidu 123 Google 456')
print(result1)
```

输出结果：['123','456']

(3) re. split 方法

re. split 方法按照能够匹配的子串将字符串分割后返回列表,它的使用形式如下:

$re. split(pattern, string[, maxsplit, flags])$

这里的 pattern 对应要匹配的正则表达式,string 对应需处理的字符串,maxsplit 对应分隔次数,flags 标志位用于控制正则表达式的匹配方式。后两个参数可选。

【例 9 - 2 - 3】 使用 re. split 方法按正则表达式匹配的分隔符来分割字符串

```
#filename:9-2-3. py
import re
result=re. split('\W+','good,better,best. ') #以非单词字符作为分隔符进行分隔
print(result)
```

输出结果为:['good','better','best',"]

程序以非单词字符如逗号、空格、点号作为分隔符。最后的点号后无匹配内容,所以会返回空值("")。另外,对于一个找不到匹配的字符串而言,split 不会对其作出分割。

(4) re. match 方法

re. match 方法尝试从字符串的起始位置匹配一个模式,如果匹配失败,match()就返回 none。

该方法的语法格式为:

$re. match(pattern, string[, flags])$

这里的 pattern 对应要匹配的正则表达式,string 对应需处理的字符串,flags 用于控制正则表达式的匹配方式,如是否区分大小写,多行匹配等。如匹配成功,match 方法返回一个代表真值的 MatchObject 对象(可用于逻辑判断),否则返回 None。

【例 9 - 2 - 4】 使用 re. match 方法判断邮箱是否有效

```
#filename:9-2-4. py
import re
result=re. match('[A-Za-z0-9\. _]+@[A-Za-z]+\.. * (cn|com|org|edu|net)','
zhangsan@cc. ecnu. edu. cn')
if result:
    print("Email Address is right!")
else:
    print("Email Address is wrong!")
```

程序使用前面提到的邮件匹配规则匹配第二个参数对应的代表邮箱的字符串,并根据匹

配结果打印邮件地址是否有效的信息。

(5) re. search 方法

re. search 方法扫描整个字符串并返回第一个成功的匹配。

该方法的语法格式为：

$$re. search(pattern, string[, flags])$$

方法参数与 match 方法类似。如果匹配成功，re. search 方法返回一个代表真值的 MatchObject 对象，否则返回 None。

该方法与 re. match 的区别在于：re. match 只从字符串的开始进行匹配，如果字符串开始不符合正则表达式，则匹配失败；而 re. search 方法在整个字符串范围进行匹配，直到找到一个匹配。

9.2.4 正则表达式和 BeautifulSoup

通常在抓取网页时，BeautifuleSoup 和正则表达式总是配合使用的。BeautifuleSoup 对象的大多数支持字符串参数的方法，如 find、find_all(或 findAll)等，都可以使用正则表达式。

假设我们要抓取某网页中符合一定要求的图片的 URL 链接。这些图片在源代码中具有如下形式：

$$<img\ src=".. /img/gifts/img<i>. jpg">$$

其中的 $<i>$ 是一位或多位的数字。

为了抓取这些图片，我们使用 BeautifuleSoup 对象的 find_all 方法(或 findAll，这两个方法功能基本相同)进行查找，该方法能够搜索网页中所有符合要求的标签并返回搜索结果(符合要求的所有标签对象的集合)，对应 src 属性值的参数使用了正则表达式，re. compile('\. \. \/img\/gifts\/img\d+\. jpg')，其中一些特殊符号如点号和正斜杠前都使用了转义字符"\"，用"\d+"来匹配一位或多位的数字。

【例 9-2-5】 使用 BeautifuleSoup 对象的 find_all 方法找到图片文件的存放路径

```
#filename:9-2-5. py
from urllib. request import urlopen
from bs4 import BeautifulSoup
import re

html=urlopen('http://something. com. cn/pages/page1. html')
bs=BeautifulSoup(html, 'html. parser')
images=bs. find_all('img', {'src':re. compile('\. \. \/img\/gifts\/img\d+\. jpg')})
for image in images:
    print(image['src'])
```

这段代码能打印出该指定网页中所要求图片的相对路径,都是以../img/gifts/img 开头,以.jpg 结尾,如:

../img/gifts/img1.jpg

../img/gifts/img2.jpg

../img/gifts/img3.jpg

...

上例代码中给出的 URL 为虚拟网址,实际运行时请用真实网址替代。

注意,BeautifuleSoup 对象的 find_all(或 findAll)方法与 re 模块的 findall 方法是完全不同的,该方法用于查找给定文档中所有符合要求的标签或内容,返回的类型实际为 bs4.element.ResultSet 对象,是查找到的标签、字符串或其他元素的集合。

find_all(或 findAll)方法的格式为:

$find\_all(tag,attributes,recursive,text,limit,keywords)$

或 $findAll(tag,attributes,recursive,text,limit,keywords)$

虽然参数很多,但一般常用的就是前两个参数 tag 和 attributes,tag 对应要查找的标签名或多个标签组成的列表,attributes 则是用一个 python 字典封装的一个标签的若干属性和对应的属性值。如上例中 src 就是 img 标签的属性,属性值则是任何满足给定的正则表达式规则的文本。find_all 方法的第三个参数 text,可以指定用标签的文本内容而非属性去进行匹配。如假设 bs 是得到的 BeautifuleSoup 对象,bs.find_all(text="华东师范大学")就能匹配所有标签内容为"华东师范大学"的标签。

【例 9 - 2 - 6】 打印对应网页中所有内容包含"华东师范大学"的文本字符串

```
#filename:9-2-6.py
from urllib.request import urlopen
from bs4 import BeautifulSoup
import re


html=urlopen("https://www.ecnu.edu.cn/single/main.htm? page=ecnu")
bs=BeautifulSoup(html,'html.parser')
tags=bs.find_all(text=re.compile("华东师范大学"))
for tag in tags:
print(tag)
```

BeautifuleSoup 对象的 find 方法类似 find_all 方法,但只返回一个满足要求的标签。

前面介绍的网络爬虫只能爬取单个静态页面中的信息,但实际需求可能需要爬虫遍历多个页面或多个网站,这时,就需要爬虫在获取首个网页内容后,查找页面中的 URL 链接,通过 URL 链接获取对应的网页内容,这样用递归方式不断循环,直至爬取全部需要的网页。

前面已经介绍过在本地网页中爬取单个超链接,那么如何爬取网站中所有的超链接呢?下面以华师大网站中的校情简介页面为例,给出了爬取超链接的相关代码。这里超链接对应的标签为<a>。

【例9-2-7】 打印给定 URL 页面中包含的全部链接

```
#filename:9-2-7.py
from urllib.request import urlopen
from bs4 import BeautifulSoup
html=urlopen('https://www.ecnu.edu.cn/single/main.htm? page=ecnu')
bs=BeautifulSoup(html,'html.parser')
for link in bs.find_all('a'):
    if 'href' in link.attrs:
        print(link.attrs['href'])
```

上述代码打印出来的是页面的全部链接,包括侧边栏、页眉、页脚链接、链接到校内网站其他网页的内部链接和链接到其他网站的外部链接。假设我们要找的仅仅是华师大网站内部的链接,则需对爬取的内容进行过滤。假设华师大网站内部链接的形式为:

http://xxx.ecnu.edu.cn/或 https://xxx.ecnu.edu.cn/

这里 xxx 代表任意内容,且最后的"/"可以省略。

我们可以写出对应的正则表达式:

$$\hat{}(http|https).*\.(ecnu.edu.cn)(\backslash/|)\$$$

【例9-2-8】 使用正则表达式过滤掉不需要的外部链接

```
#filename:9-2-8.py
from urllib.request import urlopen
from bs4 import BeautifulSoup
import re

html=urlopen('https://www.ecnu.edu.cn/single/main.htm? page=ecnu')
bs=BeautifulSoup(html,'html.parser')
for link in bs.find_all('a',href=re.compile('^(http|https).*\.(ecnu.edu.cn)(\/|)$')):
    if 'href' in link.attrs:
        print(link.attrs['href'])
```

但上述代码尚存在问题,有些链接是重复的;且页面也没有相应的异常处理。需进行相关处理。

【例 9 - 2 - 9】　增加过滤重复链接和异常处理功能的代码

```python
#filename:9-2-9. py
from urllib. request import urlopen
from urllib. error import *
from bs4 import BeautifulSoup
import re

def searchLinks(url,pattern):
    pages=set()
    try:
        html=urlopen(url)
    except HTTPError:
        print("HTTPError is raised!")
        return
    except URLError:
        print("URL:"+url+"open error!")
        return
    except:
        print("URL:"+url+"is invalidURL!")
        return
    try:
        bs=BeautifulSoup(html,'html. parser')
        for link in bs. find_all('a', href=re. compile(pattern)):
            if 'href' in link. attrs:
                if link. attrs['href']not in pages:
                    #We have encountered a new page
                    newPage=link. attrs['href']
                    print(newPage)
                    pages. add(newPage)
    except AttributeError as e:
        print(e)
return

url='https://www. ecnu. edu. cn/single/main. htm? page=ecnu';
pattern='^(http|https). * \. (ecnu. edu. cn)(\/|) $ ';
searchLinks(url,pattern)
```

　　上述代码,只要稍作修改,使用递归,就可以查找出整个华师大网站上的内部链接并打印。为了让异常不影响整个程序的运行,对异常处理代码的位置也作了调整。代码如下:

【例 9 - 2 - 10】 完整的查找并打印华师大网站上的内部链接的代码

```python
#filename:9-2-10.py
from urllib.request import urlopen
from urllib.error import *
from bs4 import BeautifulSoup
import re

pages=set()
def searchLinks(url,pattern):
    try:
        html=urlopen(url)
    except HTTPError:
        print("HTTPError is raised!")
        return
    except URLError:
        print("URL:"+url+"open error!")
        return
    except:
        print("URL:"+url+"is invalidURL!")
        return
    bs=BeautifulSoup(html,'html.parser')
    for link in bs.find_all('a',href=re.compile(pattern)):    #处理所有满足要求的网页链接
        try:
            if 'href' in link.attrs:
                if link.attrs['href']not in pages:    #如是新发现的网页链接
                    #We have encountered a new page
                    newPage=link.attrs['href']    #得到该链接
                    print(newPage)
                    pages.add(newPage)    #将新链接加入 pages 集合
                    searchLinks(newPage,pattern)    #递归处理新发现的网页链接
        except AttributeError as e:
            print(e)
    return

url='https://www.ecnu.edu.cn/single/main.htm? page=ecnu';
pattern='^(http|https). * \. (ecnu. edu. cn)(\/|) $';
searchLinks(url,pattern)
```

* 9.3　采集 JavaScript 网页

9.3.1　JavaScript 简介

目前的网页文档中,除了 HTML 代码外,往往还有大量的客户端脚本(代码)。客户端脚本是在用户的浏览器上执行而不是在网站服务器上运行的。目前常见的客户端脚本语言只有两种:ActionScript 和 JavaScript。ActionScript 是开发 Flash 应用的语言,目前使用率已远比 10 年前低,经常用于流媒体文件的播放,或在在线游戏平台上使用。JavaScript 则是网络上最常用且浏览器普遍支持的客户端脚本语言,它可以下载网页和图片、与用户进行交互、运行指定的程序等。在网页中,JavaScript 脚本代码一般包含在<script>与</script>标签间。

JavaScript 语言的语法与 Java 语言类似,尤其是操作符、循环条件和数组,与 Java 的语法很接近,因此曾被当作 Java 语言的子集。但实际不是,与 Java 的强类型不同,JavaScript 是一种弱类型的语言,变量可用 var 关键字定义或省略定义直接使用,并根据程序中所赋的值自动决定其数据类型。

假设网页中有以下表单,下述 JavaScript 代码可以对表单提交的数据进行校验:

validate. htm 文件:

```
<html>
<head>
<meta http-equiv="Content-Type"content="text/html;charset=utf-8"/>
<title>用户认证</title>
<script Language="JavaScript">
<! －－Hide
function validate(){
var returnval＝true;
 if(document. myform. text1. value＝＝""){
  alert("please enter a String!");
  returnval＝false;
 }
```

```
  if(document. myform. text2. value=="" || document. myform. text2. value. indexOf('@',
0)==−1)
{
  alert("Not a valid Email address!");
  returnval=false;
}
  return returnval;
}

//-->
</script>
</head>
<body bgcolor="white"><center>
<H1>用户认证</H1>
<table border=1>
<form name="myform"method="post"action="/examples/servlet/RecForm"onSubmit
="return validate();">
<tr><td>用户名:</td><td><input type=text name="text1"size=20></td>
</tr>
<tr><td>Email 地址:</td><td><input type=text name="text2"size=20></td
></tr>
<tr><td colspan=2 align=center><input type=submit value="提交"><input type
=reset value="清除"></td></tr>
</form>
</table>
</body>
</html>
```

从上例中可以看到,JavaScript 能够处理网页中的元素,其将整个网页看成是一个 document 对象,它包含了存在于一个 HTML 文档中的所有 HTML 元素,包括表单、图片、超链接等。其中,forms[]对应网页中所有的表单的集合;images[]对应网页中所有图片的集合;links[]对应网页中所有超级链接的集合。我们可以用 document. forms[0]来定位网页中的首个表单,也可用表单的名字(由 name 属性指定)来定位,如 document. myform,表单下一级的文本框也同样可用名字来定位,如 document. myform. text1,文本框内用户输入的值由 value 属性获取。因此,网页中第一个表单中第一个文本框中用户输入的值可由以下 JavaScript 表达式得到:document. myform. text1. value。document. myform. text2. value 则对应表单第二个文本框输入的值。程序将校验第一个文本框是否为空,同时校验第二个文本框是否为空或不包含"@"字符。只有校验通过,表单才会提交给 Action 对应的 Web 应用程序去处理。

自己编写 JavaScript 代码费时又费力,很多网站使用了 JavaScript 语言的第三方库。其中,jQuery 是一个十分常用的库,被大量流行的网站所使用。某个网站使用了 jQuery,其源码中就会包含 jQuery 的入口,如在＜script＞标签的 src 属性中找到 jQuery 字样。如果要采集这类网站的数据,需要十分小心,因为 jQuery 可以动态地创建 HTML 内容,一些内容只有在 JavaScript 代码执行之后才会显示。如果用前面介绍的传统方法采集页面内容,就只能获得 JavaScript 代码执行之前页面上的内容。另外,这些页面还可能包含动画、用户交互内容和嵌入式媒体,这些内容对网络数据采集都是挑战。

9.3.2　Selenium

　　Selenium(https://www.seleniumhq.org/)是一个强大的网络数据采集工具。最初它是为网站自动化测试而开发,近来还被广泛用于获取精确的网站快照或用于抓取含 JavaScript 动态生成内容的网站。Selenium 可以让浏览器自动加载页面,获取需要的数据,甚至可以页面截屏,或判断网站上某些动作是否发生。

　　Selenium 自己不带浏览器,但可以与多种第三方浏览器如 Firefox、Chrome、IE、Opera 等结合在一起使用。

　　Selenium 库可以使用 pip 进行安装:

pip install Selenium

　　也可以从网站 https://pypi.org/project/selenium/下载源码压缩包,解压后在命令行(cmd)环境进入到 setup.py 文件所在目录,运行 python setup.py install 命令进行安装。

　　Selenium 需要一个 driver 来与指定的浏览器进行交互。可与 Selenium 结合使用的浏览器 Firefox、Chrome、IE 及一个无界面(headless)的浏览器 PhantomJS(http://phantomjs.org/download.html)均有相应的 driver 可供下载,各浏览器对应的 driver 的下载页面为 https://seleniumhq.github.io/selenium/docs/api/py/index.html。

　　相对来说,Selenium 与 Firefox 浏览器的结合相对常见也较方便,除下载 Firefox 浏览器本身并安装外,还需要下载名字为 geckodriver 的 driver,其下载地址为 https://github.com/mozilla/geckodriver/releases。如当前为 windows 系统,可下载 Windows 对应版本(32/64位)的 zip 压缩文件,解压后将.exe 执行文件放入系统的执行路径中(Windows 由 PATH 环境变量设置),或简单地将该文件拷入 python 的安装目录即可。配置完成后即可使用 Selenium 来加载 Firefox 浏览器。

　　【例9－3－1】　下述代码能够启动 Firefox 浏览器抓取指定的网页并将网页内容存入文件

```
#filename:9-3-1.py
from selenium import webdriver
import time                    #引入 time 模块是为了后面调用 sleep 函数
firefox=webdriver.Firefox()    #初始化 Firefox 浏览器
url="https://www.ecnu.edu.cn/single/main.htm? page=ecnu"
firefox.get(url)    #调用 get 方法抓取网页
```

```
time. sleep(5)    #加载页面时,等待5秒时间,以保证页面已经加载完成
f=open("ecnuinfo. html",'w',encoding='utf-8')    #打开文件写
f. write(firefox. page_source)    #将网页内容写入指定文件
f. close()                        #关闭文件
firefox. quit()                   #退出浏览器
```

9.4　习题

1. 用浏览器查看网页,所使用的网络协议是_____协议。

　　A．FTP

　　B．Telnet

　　C．HTTP

　　D．HTML

　　E．XML

2. 下列选项中,用来标识一个 HTML 文件的标签是_____。

　　A．<p></p>

　　B．<html></html>

　　C．<body></body>

　　D．<table></table>

3. 下列选项中,用来标识 HTML 表单的标签是_____。

　　A．<ol></ol>

　　B．<b></b>

　　C．<form></form>

　　D．<table></table>

4. 在 HTML 中,网络链接对应的标签是_____。

　　A．<img src="链接对应的 URL">

　　B．<div class="链接对应的 URL">

　　C．<span class="链接对应的 URL">

　　D．<a href="链接对应的 URL">

5. 下列选项中,万维网 WWW 采用的通信模式是_____。

　　A．B/S

　　B．C/S

　　C．HTTP

　　D．BeautifulSoup

6. 当使用 urllib.request 模块的 urlopen 方法打开网页时,如果网站服务器不存在或网页不存在,会产生异常,产生的异常类型是_____。

　　A．HTTPError

　　B．AttributeError

　　C．ValueError

　　D．FileNotFoundError

7. Python 的 BeautifuleSoup 对象有一个常用的方法,用于查找给定文档中所有符合要求的标签或内容,该方法是_____。（多选）

A．findall

B．findAll

C．find_all

D．find

8. 下列哪个正则表达式不能够满足以下规则？

(1) 字母"a"至少出现一次；

(2) 后面跟着字母"b"重复 3 次；

(3) 最后面是一个数字

A．aa＊bbb\d

B．a＋b{3}\d

C．a＋b{3}[0-9]＋

D．a＋b{3}\D